U0292021

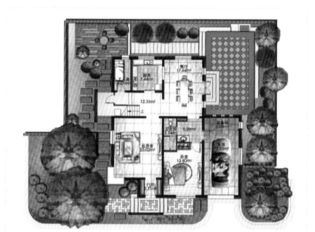

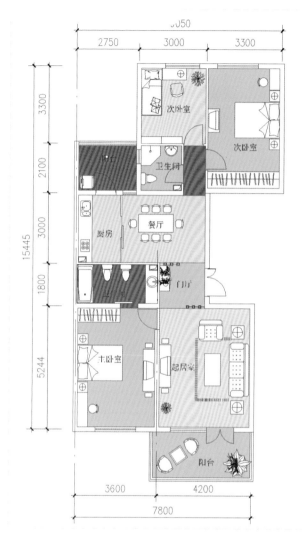

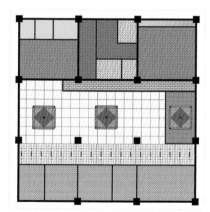

地面装饰图

别墅首层平面图

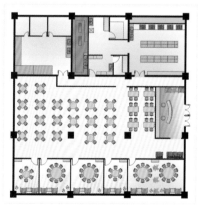

餐厅装饰平面图

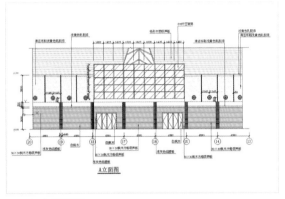

A立面图

办公空间装饰图

标注别墅首层平面图

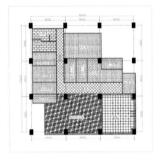

地面装饰图

别墅剖面图

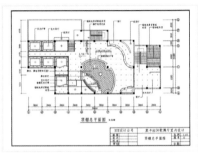

歌舞厅顶棚图

别墅首层平面图

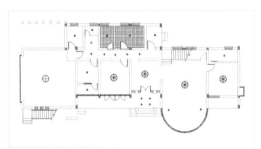

底层顶棚图

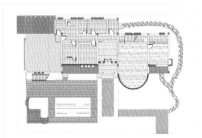

底层地面图

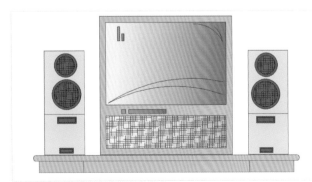

家庭影院

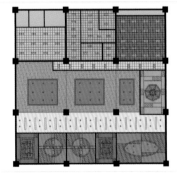

天花平面装饰图

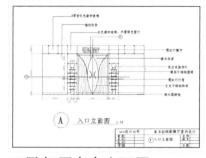

歌舞厅室内1-1剖面图

歌舞厅室内立面图

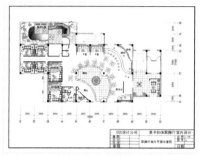

歌舞厅室内平面图

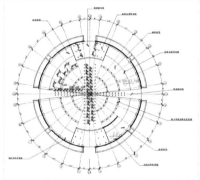

会议中心顶棚图

会议中心平面图

天花平面装饰图

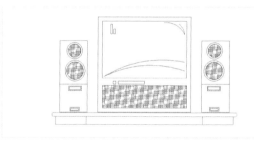

绘制家庭影院

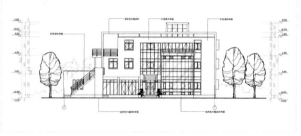

立面图

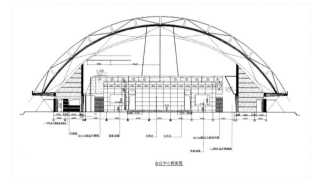

会议中心剖面图

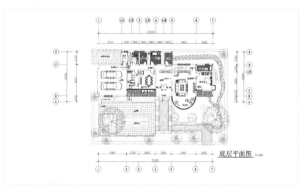

底层平面图

⌐ 客厅效果图3

⌐ 客厅效果图4

⌐ 餐厅效果图

⌐ 儿童房效果图

⌐ 卫生间效果图

清华社"视频大讲堂"大系

CAD/CAM/CAE技术视频大讲堂

AutoCAD 2024中文版室内装潢设计
从入门到精通

CAD/CAM/CAE 技术联盟　编著

清华大学出版社

北京

内 容 简 介

《AutoCAD 2024中文版室内装潢设计从入门到精通》讲述了利用AutoCAD 2024进行室内装潢设计的过程和技巧，全书共分3篇16章：基础知识篇、施工图篇和综合实例篇。其中，基础知识篇（第1~6章）介绍了AutoCAD 2024的基础知识和操作技巧，以及室内设计的基础知识；施工图篇（第7~9章）分别介绍了办公空间、餐厅和卡拉OK歌舞厅室内设计的过程和技巧；综合实例篇（第10~16章）分别介绍了小户型、中等户型和大户型的室内设计的过程和技巧，以及某学院会议中心平面布置图、顶棚布置图、立面图和剖面图等室内设计的方法和技巧。本书另附7章线上扩展学习内容，为设计某别墅和洗浴中心的大型实例。每章的知识点都配有案例讲解，使读者对知识点有更进一步的了解，并在章节最后配有操作与实践，使读者能综合运用所学的知识点。

另外，本书还配备了极为丰富的学习资源，具体内容如下。

1. 192集高清同步微课视频，可先像看电影一样轻松学习，然后对照书中实例进行练习。

2. 28个经典中小型实例，5个大型综合实例，用实例学习上手更快，更专业。

3. 38个操作与实践，学以致用，动手会做才是硬道理。

4. 附赠5套大型设计图集及其配套的长达8个小时的视频讲解，可以增强实战能力，拓宽视野。

5. AutoCAD疑难问题汇总、应用技巧大全、经典练习题、常用图块集、快捷命令速查手册、快捷键速查手册、常用工具按钮速查手册等，能极大地方便读者学习，提高学习和工作效率。

6. 全书实例的源文件和素材，方便按照书中实例操作时直接调用。

本书适合入门级读者学习使用，也适合有一定基础的读者作为参考用书，还可用作职业教育的教材。

图书在版编目（CIP）数据

AutoCAD 2024中文版室内装潢设计从入门到精通 / CAD/CAM/CAE技术联盟编著. —北京：清华大学出版社，2023.10（2024.9重印）

（清华社"视频大讲堂"大系 CAD/CAM/CAE技术视频大讲堂）

ISBN 978-7-302-64789-8

Ⅰ. ①A… Ⅱ. ①C… Ⅲ. ①室内装饰设计—计算机辅助设计—AutoCAD软件 Ⅳ. ①TU238.2-39

中国国家版本馆CIP数据核字（2023）第204803号

责任编辑：贾小红
封面设计：秦 丽
版式设计：文森时代
责任校对：马军令
责任印制：曹婉颖

出版发行：清华大学出版社
　　　　　网　　址：https://www.tup.com.cn, https://www.wqxuetang.com
　　　　　地　　址：北京清华大学学研大厦A座　　　　邮　　编：100084
　　　　　社 总 机：010-83470000　　　　　　　　　邮　　购：010-62786544
　　　　　投稿与读者服务：010-83470000, c-service@tup.tsinghua.edu.cn
　　　　　质量反馈：010-62772015, zhiliang@tup.tsinghua.edu.cn
印 装 者：北京嘉实印刷有限公司
经　　销：全国新华书店
开　　本：203mm×260mm　　印　　张：26.25　　插　　页：2　　字　　数：774千字
版　　次：2023年11月第1版　　　　　　　　　　　印　　次：2024年9月第2次印刷
定　　价：99.80元

产品编号：102815-01

在当今的计算机工程界，恐怕没有一款软件比 AutoCAD 更具有知名度和普适性了。AutoCAD 是美国 Autodesk 公司推出的集二维绘图、三维设计、参数化设计、协同设计及通用数据库管理和互联网通信功能为一体的计算机辅助绘图软件包。AutoCAD 自 1982 年推出以来，从初期的 1.0 版本，经多次版本更新和功能完善，现已发展到 AutoCAD 2024。AutoCAD 不仅在机械、电子、建筑、室内装潢、家具、园林和市政工程等工程设计领域得到了广泛的应用，而且在地理、气象、航海等特殊图形的绘制，甚至乐谱、灯光和广告等领域也得到了广泛的应用，已成为计算机 CAD 系统中应用最为广泛的图形软件之一。同时，AutoCAD 也是最具有开放性的工程设计开发平台之一，其开放性的源代码可以供各个行业进行广泛的二次开发，国内一些著名的二次开发软件，如 CAXA 系列、天正系列等无不是在 AutoCAD 基础上经过本土化开发形成的产品。

近年来，世界范围内涌现了诸如 UG、Pro/ENGINEER、SOLIDWORKS 等一些其他 CAD 软件，这些后起之秀虽然在不同的方面有很多优秀而实用的功能，但是 AutoCAD 毕竟历经实践考验，以其开放性的平台和简单易行的操作方法，早已被工程设计人员所认可，成为工程界公认的规范和标准。

一、编写目的

鉴于 AutoCAD 强大的功能和深厚的工程应用底蕴，我们力图编写一套全方位介绍 AutoCAD 在各个工程行业实际应用情况的书籍。具体就其中每本书而言，我们不求事无巨细地将 AutoCAD 知识点全面讲解清楚，而是针对本专业或本行业需要，利用 AutoCAD 大体知识脉络作为线索，以实例作为"抓手"，帮助读者掌握利用 AutoCAD 进行本行业工程设计的基本技能和技巧。

二、本书特点

☑ **专业性强**

本书作者有多年的计算机辅助室内设计领域的工作经验和教学经验。另外，本书也是作者总结多年的设计经验以及教学的心得体会，历时多年精心编著，力求全面、细致地展现出 AutoCAD 2024 在室内设计应用领域的各种功能和使用方法。

☑ **实例丰富**

本书中引用的餐厅、别墅、洗浴中心和会议中心室内设计的案例，都经过了作者的精心提炼和改编，不仅能够保证读者学好知识点，而且能够帮助读者掌握实际操作技能，并且通过实例演练，找到一条学习 AutoCAD 室内设计的捷径。

☑ **涵盖面广**

本书在有限的篇幅内，包罗了 AutoCAD 常用的功能以及常见的室内设计讲解，涵盖了室内设计基本理论、AutoCAD 绘图基础知识和工程设计等知识。

☑ **突出技能提升**

本书从全面提升室内设计与 AutoCAD 应用能力的角度出发，结合具体的案例来讲解如何利用

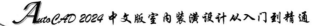

AutoCAD 2024 进行室内设计，使读者在学习案例的过程中潜移默化地掌握 AutoCAD 2024 软件的操作技巧，同时培养读者的工程设计实践能力，真正让读者能使用计算机辅助室内设计，从而能独立完成各种室内工程设计工作。

三、本书的配套资源

本书提供了极为丰富的学习配套资源，以便读者在最短的时间内学会并掌握这门技术。读者可扫描封底的"文泉云盘"二维码，以获取下载方式。

1．配套教学视频

针对本书实例专门制作了 192 集同步教学视频，读者可以扫描书中的二维码观看视频，像看电影一样轻松愉悦地学习本书内容，然后对照课本加以实践和练习，可以大大提高学习效率。

2．AutoCAD 疑难解答、应用技巧等资源

（1）AutoCAD 疑难问题汇总：疑难解答的汇总，对入门者来讲非常有用，可以排除学习障碍，少走弯路。

（2）AutoCAD 应用技巧大全：汇集了 AutoCAD 绘图的各类技巧，对提高作图效率很有帮助。

（3）AutoCAD 经典练习题：额外精选了不同类型的练习，读者只要认真去练，就一定能使自己的实践能力快速提升。

（4）AutoCAD 常用图块集：在实际工作中，积累的大量图块，我们可以拿来就用，或者改改就可以用，这对于提高作图效率是极为重要的。

（5）AutoCAD 快捷命令速查手册：汇集了 AutoCAD 常用快捷命令，熟记可以提高作图效率。

（6）AutoCAD 快捷键速查手册：汇集了 AutoCAD 常用快捷键，绘图高手通常会直接用其进行操作。

（7）AutoCAD 常用工具按钮速查手册：熟练掌握 AutoCAD 工具按钮也可以提高作图效率。

3．5 套不同领域的大型设计图集及其配套的视频讲解

为了帮助读者拓宽视野，本书配套资源赠送了 5 套设计图纸集、图纸源文件，以及长达 8 个小时的视频讲解。

4．全书实例的源文件和素材

本书配套资源中包含实例和练习实例的源文件和素材，读者可以在安装 AutoCAD 2024 软件后，打开并使用它们。

5．线上扩展学习内容

本书附赠 7 章线上扩展学习内容，为设计某别墅和洗浴中心的大型实例，包括绘制平面图、顶棚图和立面图等内容。学有余力的读者可以扫描封底的"文泉云盘"二维码，获取学习资源。

四、关于本书的服务

1．"AutoCAD 2024 简体中文版"安装软件的获取

按照本书的实例进行操作练习，以及使用 AutoCAD 2024 进行绘图，需要事先在计算机上安装 AutoCAD 2024 软件。读者可以登录官方网站联系购买正版软件，或者使用其试用版。

2．关于本书的技术问题或有关本书信息的发布

读者遇到有关本书的技术问题，可以扫描封底"文泉云盘"二维码查看是否已发布相关勘误/解疑文档。如果没有，可在页面下方寻找加入学习群的方式，与我们联系，我们将尽快回复。

3．关于手机在线学习

扫描书后刮刮卡（需刮开涂层）二维码，即可获取书中二维码的读取权限，再扫描书中二维码，可在手机中观看对应教学视频，以充分利用碎片化时间，提升学习效果。需要强调的是，书中给出的是实例的重点步骤，详细操作过程还需读者通过视频来学习并领会。

五、关于作者

本书由 CAD/CAM/CAE 技术联盟组织编写。CAD/CAM/CAE 技术联盟是一个集 CAD/CAM/CAE 技术研讨、工程开发、培训咨询和图书创作于一体的工程技术人员协作联盟，包含众多专职和兼职 CAD/CAM/CAE 工程技术专家。

CAD/CAM/CAE 技术联盟负责人由 Autodesk 中国认证考试中心首席专家担任，全面负责 Autodesk 中国官方认证考试大纲制定、题库建设、技术咨询和师资培训工作，成员精通 Autodesk 系列软件。其创作的很多教材已经成为国内具有引导性的旗帜作品，在国内相关专业方向图书创作领域具有举足轻重的地位。

六、致谢

在本书的写作过程中，编辑贾小红和艾子琪女士给予了很大的帮助和支持，提出了很多中肯的建议，在此表示感谢。同时，还要感谢清华大学出版社的所有编审人员为本书的出版所付出的辛勤劳动。本书的成功出版是大家共同努力的结果，谢谢所有给予支持和帮助的人们。

编　者

目 录

Contents

第1篇 基础知识

第2篇 施 工 图

第 3 篇 综 合 实 例

AutoCAD 扩展学习内容

AutoCAD 疑难问题汇总

AutoCAD 应用技巧大全

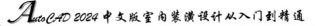

Note

基础知识

本篇主要介绍了 AutoCAD 2024 和室内设计的相关基础知识。

通过本篇的学习，读者将掌握 AutoCAD 制图技巧，为学习后面的 AutoCAD 室内设计打下初步的基础。

☑ 学习 AutoCAD 的相关基础知识

☑ 学习室内设计的基本理论

AutoCAD 2024 入门

本章将初步介绍 AutoCAD 2024 绘图的基本知识。通过本章的学习，读者能熟练操作 AutoCAD 2024 的工作界面，了解如何设置图形的系统参数和绘图环境，掌握 AutoCAD 基本输入操作方法，为后面进行系统学习做好准备。

- ☑ 操作界面
- ☑ 配置绘图系统
- ☑ 设置绘图环境
- ☑ 图形显示工具
- ☑ 基本输入操作

任务驱动&项目案例

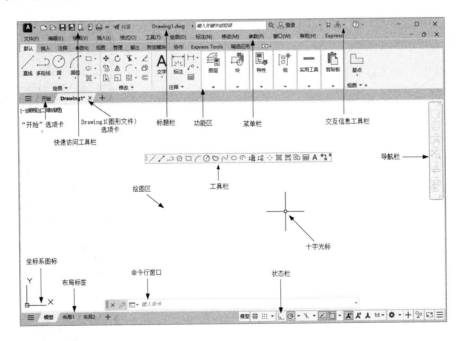

1.1 操作界面

AutoCAD 的操作界面是 AutoCAD 显示、编辑图形的区域。启动 AutoCAD 2024 后的默认界面是采用 AutoCAD 2009 以后版本出现的新风格界面，如图 1-1 所示。为了便于学习和使用 AutoCAD 2024 并且方便以前版本的用户学习，本节对 AutoCAD 的操作界面进行介绍。

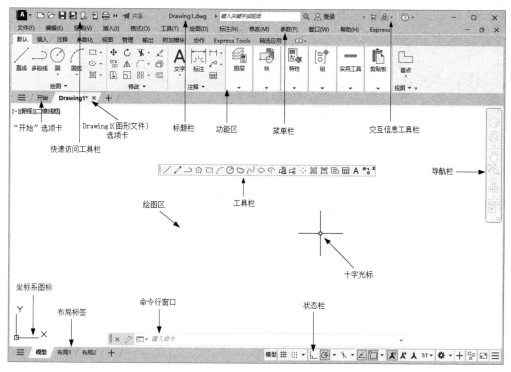

图 1-1　AutoCAD 2024 中文版操作界面

一个完整的 AutoCAD 操作界面包括标题栏、菜单栏、功能区、"开始"选项卡、Drawing1（图形文件）选项卡、绘图区、十字光标、导航栏、坐标系图标、命令行窗口、状态栏、布局标签和快速访问工具栏等。

可对 AutoCAD 的操作界面进行工作空间的转换，具体转换方法是，单击界面右下角的"切换工作空间"按钮 ✿ ▾，在弹出的列表中选择"草图与注释"选项，如图 1-2 所示，这时系统将转换到 AutoCAD 草图与注释界面。

图 1-2　工作空间转换

说明：安装 AutoCAD 2024 后，默认的界面如图 1-3 所示，在绘图区中右击，打开快捷菜单，如图 1-4 所示。①选择"选项"命令，打开"选项"对话框，选择"显示"选项卡，②将"窗口元素"选项组中的"颜色主题"设置为"明"，如图 1-5 所示。③单击"窗口元素"选项组中的"颜色"按钮，打开如图 1-6 所示的"图形窗口颜色"对话框，④先在"颜色"下拉列表框中选择白色，⑤然后单击"应用并关闭"按钮，继续单击"确定"按钮，退出对话框，其界面如图 1-7 所示。

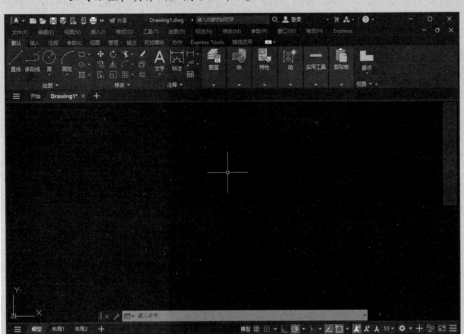

图 1-3　默认界面　　　　　　　　　　　　　　　　　　　　　　图 1-4　快捷菜单

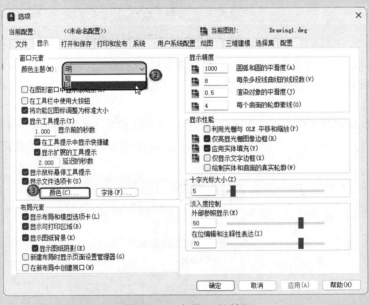

图 1-5　"选项"对话框

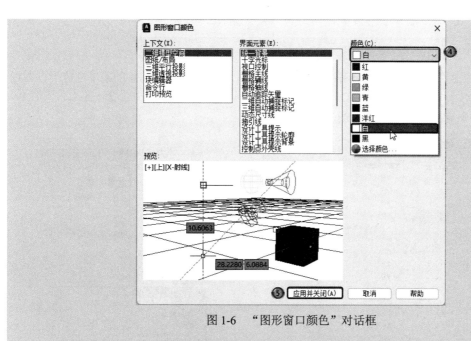

图 1-6 "图形窗口颜色"对话框

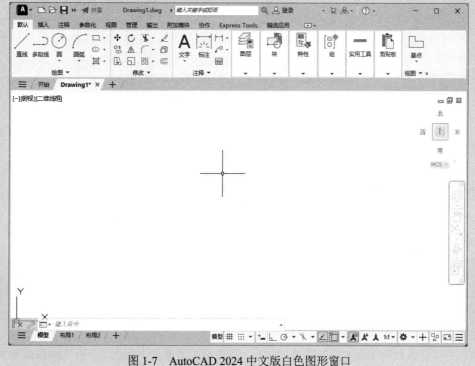

图 1-7 AutoCAD 2024 中文版白色图形窗口

1.1.1 标题栏

　　AutoCAD 2024 操作界面的最上端是标题栏,显示了当前软件的名称和用户正在使用的图形文件,其中,DrawingN.dwg(N 是数字)是 AutoCAD 的默认图形文件名;最右边的 3 个按钮控制 AutoCAD 2024 当前的状态,它们分别为最小化、最大化和关闭。

1.1.2 菜单栏

在 AutoCAD 快速访问工具栏处调出菜单栏，如图 1-8 所示。AutoCAD 2024 的菜单栏位于标题栏的下方，同 Windows 程序一样，AutoCAD 的菜单也是下拉形式的，并在菜单中包含子菜单，如图 1-9 所示。选择菜单命令是执行各种操作的途径之一。

图 1-8 调出菜单栏

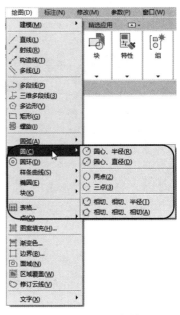

图 1-9 下拉菜单

一般来讲，AutoCAD 2024 下拉菜单有以下 3 种类型。

☑ 右边带有小三角形的菜单项：表示该菜单后面带有子菜单，将光标放在上面会弹出其子菜单。

☑ 右边带有省略号的菜单项：表示选择该项后会弹出一个对话框。

☑ 右边没有任何内容的菜单项：选择它可以直接执行一个相应的 AutoCAD 命令，在命令提示行中显示相应的提示。

1.1.3 工具栏

工具栏是一组按钮工具的集合，在菜单栏中选择"工具"→"工具栏"→AutoCAD 命令，调出所需要的工具栏，把光标移动到某个按钮上，稍停片刻即在该按钮的一侧显示相应的功能提示，此时，单击该按钮就可以启动相应的命令了。

工具栏是执行各种操作最方便的途径，它是一组图标类型的按钮集合，单击这些按钮即可调用相应的 AutoCAD 命令。AutoCAD 2024 提供了几十种工具栏，每一种工具栏都有一个名称。对工具栏的操作说明如下。

☑ 固定工具栏：绘图窗口的四周边界为工具栏固定位置，在此位置上的工具栏不显示名称，在工具栏的最左端显示出一个句柄。

☑ 浮动工具栏：拖曳固定工具栏的句柄到绘图窗口内，工具栏转变为浮动状态，此时显示出该工具栏的名称，拖曳工具栏的左、右、下边框可以改变工具栏的形状。

☑ 打开工具栏：将光标放在任一工具栏的非标题区，右击，系统会自动打开单独的工具栏标签，如图 1-10 所示。单击某一个未在界面中显示的工具栏名称，系统将自动在界面中打开该工具栏。

☑ 弹出工具栏：有些图标按钮的右下角带有▲符号，表示该工具项有弹出工具栏，单击即可打开工具下拉列表，按住鼠标左键，将光标移到某一图标上然后释放鼠标，该图标就成为当前图标，如图 1-11 所示。

图 1-10　打开工具栏

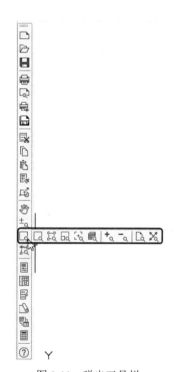

图 1-11　弹出工具栏

1.1.4　绘图区

绘图区是显示、绘制和编辑图形的矩形区域。其左下角是坐标系图标，表示当前使用的坐标系和坐标方向，根据工作需要，用户可以打开或关闭该图标的显示。十字光标由鼠标控制，其交叉点的坐标值显示在状态栏中。下面介绍几种在绘图区中的操作。

1. 改变绘图窗口的颜色

（1）在菜单栏中选择"工具"→"选项"命令，❶打开"选项"对话框。

（2）❷选择"显示"选项卡，如图 1-12 所示，进入相关的设置界面。

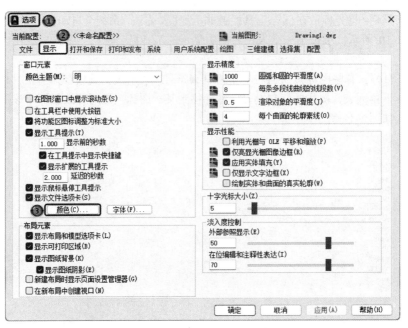

图 1-12 "选项"对话框中的"显示"选项卡

（3）❸单击"窗口元素"选项组中的"颜色"按钮，❹打开如图 1-13 所示的"图形窗口颜色"对话框。

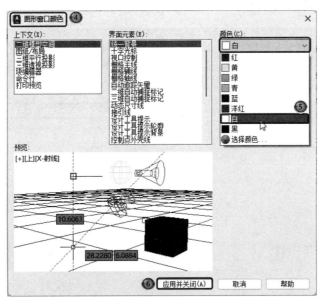

图 1-13 "图形窗口颜色"对话框

（4）❺从"颜色"下拉列表框中选择某种颜色，如白色，❻单击"应用并关闭"按钮，即可将绘图窗口改为白色。

2．改变十字光标的大小

在如图 1-12 所示的"显示"选项卡中拖曳"十字光标大小"选项组中的滑块，或在文本框中直接输入数值，即可对十字光标的大小进行调整。

3．设置自动保存时间和位置

（1）在菜单栏中选择"工具"→"选项"命令，❶打开"选项"对话框。

（2）❷选择"打开和保存"选项卡，如图 1-14 所示。

图 1-14　"选项"对话框中的"打开和保存"选项卡

（3）选中"文件安全措施"选项组中的"自动保存"复选框，在其下方的文本框中输入自动保存的间隔分钟数，建议设置为 10～30min。

（4）在"文件安全措施"选项组的"临时文件的扩展名"文本框中，可以改变临时文件的扩展名，默认为 ac$。

（5）选择"文件"选项卡，在"自动保存文件"选项组中设置自动保存文件的路径，单击"浏览"按钮，修改自动保存文件的存储位置。最后，单击"确定"按钮。

4．布局标签

在绘图窗口左下角有模型空间标签和布局标签来实现模型空间与布局之间的转换。其中，模型空间提供了设计模型（绘图）的环境；布局是指可访问的图纸显示，专用于打印。AutoCAD 2024 可以在一个布局上建立多个视图，同时，一张图纸可以建立多个布局且每一个布局都有相对独立的打印设置。

1.1.5　命令行窗口

命令行窗口位于操作界面的底部，是用户与 AutoCAD 进行交互对话的窗口。在"命令:"提示下，AutoCAD 先接收用户使用各种方式输入的命令，然后显示出相应的提示，如命令选项、提示信息和错误信息等。

命令行窗口显示文本的行数可以改变，将光标移至命令行窗口上边框处，待光标变为双箭头后，按住鼠标左键拖曳即可。命令行窗口的位置可以在操作界面的上方或下方，也可以浮动在绘图窗口内，将光标移至该窗口左边框处，光标变为箭头后，单击并拖曳即可。使用 F2 功能键能放大显示命令行窗口。

1.1.6 状态栏和滚动条

1. 状态栏

状态栏在操作界面的最下部，能够显示有关的信息。例如，当光标在绘图区时，显示十字光标的三维坐标；当光标在工具栏的图标按钮上时，显示该按钮的提示信息，如图 1-15 所示。

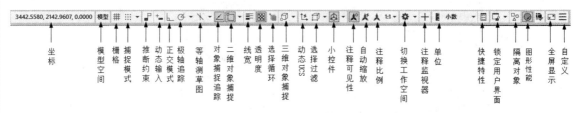

图 1-15 状态栏

状态栏中包括若干个功能按钮，它们是 AutoCAD 的绘图辅助工具，有多种方法控制这些功能按钮的开关。

- ☑ 单击即可打开/关闭相应功能。
- ☑ 使用相应的功能键。如按 F8 键可以循环打开/关闭正交模式。
- ☑ 使用快捷菜单。在一个功能按钮上右击，可弹出相关快捷菜单。

2. 滚动条

滚动条包括水平滚动条和垂直滚动条，用于上下或左右移动绘图窗口内的图形。用鼠标拖曳滚动条中的滑块或单击滚动条两侧的三角按钮，即可移动图形。

1.1.7 快速访问工具栏和交互信息工具栏

1. 快速访问工具栏

快速访问工具栏包括"新建""打开""保存""另存为""从 Web 和 Mobile 中打开""保存到 Web 和 Mobile""打印""放弃""重做"等几个较为常用的工具。用户也可以单击本工具栏后面的下拉按钮设置需要的常用工具。

2. 交互信息工具栏

交互信息工具栏包括"搜索""Autodesk Account""Autodesk App Store""保持连接""单击此处访问帮助"等几个常用的数据交互访问工具。

1.1.8 功能区

AutoCAD 2024 包括"默认""插入""注释""参数化""视图""管理""输出""附加模块""协作"等几个功能区，每个功能区集成了相关的操作工具，方便用户的使用。用户可以单击功能区选项后面的 按钮控制功能的展开与收缩。打开或关闭功能区的操作方式如下。

- ☑ 命令行：RIBBON（或 RIBBONCLOSE）。
- ☑ 菜单栏："工具"→"选项板"→"功能区"。

1.2　配置绘图系统

由于每台计算机所使用的显示器、输入设备和输出设备的类型不同，用户喜好的风格及计算机的目录设置也不同，因此每台计算机都是独特的。一般来讲，使用 AutoCAD 2024 的默认配置就可以绘图，但为了使用用户的定点设备或打印机，以及提高绘图的效率，AutoCAD 推荐用户在开始作图前先进行必要的配置。

1. 执行方式

☑　命令行：PREFERENCES。

☑　菜单栏："工具"→"选项"。

☑　快捷菜单：在绘图区右击，在弹出的快捷菜单中选择"选项"命令，如图 1-16 所示。

2. 操作步骤

图 1-16　快捷菜单

执行上述命令后，系统自动打开"选项"对话框。用户可以在该对话框中选择有关选项，对系统进行配置。下面只对其中主要的几个选项卡进行说明，其他配置选项在后面用到时再做具体讲解。

1.2.1　显示配置

"选项"对话框中的"显示"选项卡用于控制 AutoCAD 窗口的外观，如图 1-12 所示。在该选项卡中可设定颜色主题、滚动条显示与否、AutoCAD 的版面布局设置、各实体的显示精度以及 AutoCAD 运行时的其他各项性能参数等。前面已经讲述了屏幕颜色、改变光标大小等设置，其余有关选项的设置读者可参照"帮助"文件学习。

在设置实体显示分辨率时，请务必记住，显示质量越高，即分辨率越高，计算机计算的时间越长。因此将显示质量设置在一个合理的程度上是很重要的，千万不要将其设置得太高。

1.2.2　系统配置

"选项"对话框中的"系统"选项卡用来设置 AutoCAD 系统的有关特性，如图 1-17 所示。

1. "当前定点设备"选项组

"当前定点设备"选项组用于安装及配置定点设备，包括数字化仪和鼠标。具体的配置和安装方法，请参照定点设备的用户手册。

2. "常规选项"选项组

"常规选项"选项组用于确定是否选择系统配置的有关基本选项。

3. "布局重生成选项"选项组

"布局重生成选项"选项组用于确定切换布局时是否重生成或缓存模型选项卡和布局。

4. "数据库连接选项"选项组

"数据库连接选项"选项组用于确定数据库连接的方式。

图 1-17　"系统"选项卡

1.3　设置绘图环境

一般情况下，可以采用计算机默认的单位和图形边界，但有时要根据绘图的实际需要进行设置。在 AutoCAD 中，可以利用相关命令对图形单位和图形边界以及工作文件进行具体设置。

1.3.1　绘图单位设置

1. 执行方式

☑　命令行：DDUNITS（或 UNITS）。

☑　菜单栏："格式"→"单位"。

2. 操作步骤

执行上述命令后，系统打开"图形单位"对话框，如图 1-18 所示。"图形单位"对话框用于定义单位和角度格式。

3. 选项说明

☑　"长度"与"角度"选项组：这两个选项组用于指定测量的长度与角度的当前单位及当前单位的精度。

☑　"插入时的缩放单位"选项组：该选项组中的"用于缩放插入内容的单位"下拉列表框可控制插入当前图形中的块和图形的测量单位。如果块或图形创建时使用的单位与该选项指定的单位不同，则在插入这些块或图形时，将对其按比例进行缩放。插入比例是原块或图形使用的单位与目标图形使用的单位之比。如果插入块时不按指定单位缩放，则需要在其下拉列表框中选择"无单位"选项。

☑　"输出样例"选项组：该选项组用于显示用当前单位和角度设置的例子。

☑　 "光源"选项组：该选项组用于控制当前图形中光度控制光源的强度测量单位。为创建和使用光度控制光源，必须从下拉列表框中指定非"常规"的单位。如果将"用于缩放插入内容的单位"选项设置为"无单位"，则将显示警告信息，通知用户渲染输出可能不正确。

☑　 "方向"按钮：单击该按钮，系统打开"方向控制"对话框，如图 1-19 所示，可以在该对话框中进行方向控制设置。

图 1-18　"图形单位"对话框　　　　　图 1-19　"方向控制"对话框

1.3.2　图形边界设置

1. 执行方式

☑　 命令行：LIMITS。

☑　 菜单栏："格式"→"图形界限"。

2. 操作步骤

命令：LIMITS✓
重新设置模型空间界限：
指定左下角点或 [开(ON)/关(OFF)] <0.0000,0.0000>：（输入图形边界左下角的坐标后按 Enter 键）
指定右上角点 <12.0000,9.0000>：（输入图形边界右上角的坐标后按 Enter 键）

3. 选项说明

☑　 开(ON)：使绘图边界有效。系统将在绘图边界以外拾取的点视为无效。

☑　 关(OFF)：使绘图边界无效。用户可以在绘图边界以外拾取点或实体。

☑　 动态输入角点坐标：动态输入功能可以直接在屏幕上输入角点坐标，输入横坐标值后，按"，"（在英文状态下输入）键，再输入纵坐标值，如图 1-20 所示。也可以直接在光标位置单击确定角点位置。

图 1-20　动态输入

1.4 图形显示工具

对于一个较为复杂的图形来说，在观察整幅图形时往往无法对其局部细节进行查看和操作，而当在屏幕上显示一个细部时又看不到其他部分。为解决这类问题，AutoCAD 提供了缩放、平移、视图、鸟瞰视图和视口等一系列图形显示控制命令，可以用来任意地放大、缩小或移动屏幕上的图形显示，或者同时从不同的角度、不同的部位来显示图形。AutoCAD 还提供了重画和重新生成命令来刷新屏幕，重新生成图形。

1.4.1 图形缩放

图形缩放命令类似于照相机的镜头，可以放大或缩小屏幕所显示的范围，使用该命令只改变视图的比例，对象的实际尺寸并不发生变化。当放大图形一部分的显示尺寸时，可以更清楚地查看这个区域的细节；相反，如果缩小图形的显示尺寸，则可以查看更大的区域，如整体浏览。

图形缩放命令在绘制大幅面机械图尤其是装配图时非常有用，是使用频率最高的命令之一。该命令可以透明地使用，也就是说，该命令可以在其他命令执行时运行。用户完成涉及透明命令的过程时，AutoCAD 会自动返回在用户调用透明命令前正在运行的命令。执行图形缩放的方法介绍如下。

1. 执行方式

☑ 命令行：ZOOM。
☑ 菜单栏："视图"→"缩放"。
☑ 工具栏："标准"→"缩放" ，如图 1-21 所示。

图 1-21 "标准"工具栏

2. 操作步骤

命令行：ZOOM✓
指定窗口的角点，输入比例因子 (nX 或 nXP)，或者[全部(A)/中心(C)/动态(D)/范围(E)/上一个(P)/比例(S)/窗口(W)/对象(O)] <实时>：

3. 选项说明

☑ 实时：这是"缩放"命令的默认操作，即在输入 ZOOM 命令后，直接按 Enter 键，将自动执行实时缩放操作。实时缩放就是可以通过上下滚动鼠标滚轮交替进行放大和缩小。在使用实时缩放时，系统会显示一个"+"号或"–"号。当缩放比例接近极限时，AutoCAD 将不再与光标一起显示"+"号或"–"号。需要从实时缩放操作中退出时，可按 Enter 键、Esc 键退出，或右击显示快捷菜单。

☑ 全部(A)：执行 ZOOM 命令后，在提示文字后输入 A，即可执行"全部(A)"缩放操作。不论图形有多大，该操作都将显示图形的边界或范围，即使对象不包括在边界以内，也将被显示。因此，使用"全部(A)"缩放选项，可查看当前视口中的整个图形。

☑ 中心(C)：通过确定一个中心点，该选项可以定义一个新的显示窗口。操作过程中需要指定中心点以及输入比例或高度。默认新的中心点就是视图的中心点，默认的输入高度就是当前视图的高度，直接按 Enter 键后，图形将不会被放大。输入比例的数值越大，则图形放大倍数也将越大。也可以在数值后面紧跟一个 X，如 3X，表示在放大时不是按照绝对值变化，而是按相对当前视图的相对值缩放。

☑ 动态(D)：通过操作一个表示视口的视图框，可以确定所需显示的区域。选择该选项，在绘图窗口中出现一个小的视图框，按住鼠标左键左右移动可以改变该视图框的大小，确定后释放鼠标，再按住鼠标左键移动视图框，确定图形中的放大位置，系统将清除当前视口并显示一个特定的视图选择屏幕。该特定屏幕由有关当前视图及有效视图的信息构成。

☑ 范围(E)：可以使图形缩放至整个显示范围。图形的范围由图形所在的区域构成，剩余的空白区域将被忽略。应用该选项，图形中所有的对象都尽可能地被放大。

☑ 上一个(P)：在绘制一张复杂的图形时，有时需要放大图形的一部分以进行细节的编辑。当编辑完成后，有时希望回到前一个视图，这时可以使用"上一个(P)"选项来实现。当前视口由缩放命令的各种选项或移动视图、视图恢复、平行投影或透视命令引起的任何变化，系统都将保存。每一个视口最多可以保存 10 个视图。连续使用"上一个(P)"选项可以恢复前 10 个视图。

☑ 比例(S)：提供了 3 种使用方法。在提示信息下，直接输入比例系数，AutoCAD 将按照此比例因子放大或缩小图形的尺寸。如果在比例系数后面加一个 X，则表示相对于当前视图计算的比例因子。使用比例因子的第 3 种方法就是相对于图形空间，例如，可以在图纸空间打印出模型的不同视图。为了使每一个视图都与图纸空间单位成比例，可以使用"比例(S)"选项，每一个视图可以有单独的比例。

☑ 窗口(W)：是最常使用的选项。通过确定一个矩形窗口的两个对角来指定所需缩放的区域，对角点可以由鼠标指定，也可以输入坐标确定。指定窗口的中心点将成为新的显示屏幕的中心点。窗口中的区域将被放大或者缩小。执行 ZOOM 命令时，可以在没有选择任何选项的情况下，利用鼠标在绘图窗口中直接指定缩放窗口的两个对角点。

☑ 对象(O)：缩放以便尽可能大地显示一个或多个选定的对象并使其位于视图的中心。可以在执行 ZOOM 命令前后选择对象。

📖 **说明：** 这里所提到的诸如放大、缩小或移动的操作，仅仅是对图形在屏幕上的显示进行控制，图形本身并没有任何改变。

1.4.2　图形平移

当图形幅面大于当前视口时，如使用图形缩放命令将图形放大，如果需要在当前视口之外观察或绘制一个特定区域，则可以使用图形平移命令来实现。"平移"命令能将在当前视口以外的图形的一部分移动进来查看或编辑，但不会改变图形的缩放比例。执行图形平移的方法如下。

☑ 命令行：PAN。

☑ 菜单栏："视图"→"平移"。

☑ 工具栏："标准"→"实时平移" 🖐。

☑ 快捷菜单：绘图窗口中右击→"平移"。

激活"平移"命令之后，光标将变成一只"小手"形状，可以在绘图窗口中任意移动，以示当前正处于平移模式。单击并按住鼠标左键将光标锁定在当前位置，即"小手"已经抓住图形，然后拖曳图形使其移动到所需位置上，释放鼠标将停止平移图形。可以反复按住鼠标左键拖曳、释放，将图形平移到其他位置上。

"平移"命令预先定义了一些不同的菜单选项与按钮，可用于在特定方向上平移图形，在激活"平移"命令后，这些选项可以通过选择"视图"→"平移"→"*"命令来调用。

☑ 实时：是"平移"命令中最常用的选项，也是默认选项，前面提到的平移操作都是指实时平移，通过鼠标的拖曳来实现任意方向上的平移。

☑ 点：该选项要求确定位移量，这就需要确定图形移动的方向和距离。可以通过输入点的坐标或用鼠标指定点的坐标来确定位移。

☑ 左：该选项移动图形使屏幕左部的图形进入显示窗口。

☑ 右：该选项移动图形使屏幕右部的图形进入显示窗口。

☑ 上：该选项向底部平移图形后，使屏幕顶部的图形进入显示窗口。

☑ 下：该选项向顶部平移图形后，使屏幕底部的图形进入显示窗口。

1.5　基本输入操作

在 AutoCAD 中，有一些基本的输入操作方法是进行 AutoCAD 绘图的必备基础知识，也是深入学习 AutoCAD 功能的前提。

1.5.1　命令输入方式

AutoCAD 交互绘图必须输入必要的指令和参数。有多种 AutoCAD 命令输入方式（下面以画直线为例）。

1. 在命令行窗口中输入命令名

命令字符可不区分大小写，如命令 LINE。执行命令时，在命令行提示中经常会出现命令选项。如输入绘制直线命令 LINE 后，命令行提示如下。

```
命令：LINE✓
指定第一个点：（在屏幕上指定一点或输入一个点的坐标）
指定下一点或 [放弃(U)]：
```

命令中不带括号的提示为默认选项，因此可以直接输入直线段的起点坐标或在屏幕上指定一点，如果要选择其他选项，则应该首先输入该选项的标识字符，如"放弃"选项的标识字符"U"，然后按系统提示输入数据即可。命令选项的后面有时还带有尖括号，尖括号内的数值为默认数值。

2. 在命令行窗口中输入命令缩写字母

常用的命令缩写字母有 L（LINE）、C（CIRCLE）、A（ARC）、Z（ZOOM）、R（REDRAW）、M（MORE）、CO（COPY）、PL（PLINE）、E（ERASE）等。

3. 选择"绘图"菜单中的"直线"命令

选择"绘图"菜单中的"直线"命令后，在状态栏中可以看到对应的命令说明及命令名。

4. 单击工具栏中的对应图标

单击工具栏中的对应图标后，在状态栏中也可以看到对应的命令说明及命令名。

5. 在绘图区中打开右键快捷菜单

如果在前面刚使用过要输入的命令，可以在绘图区打开右键快捷菜单，在"最近的输入"子菜单中选择需要的命令，如图 1-22 所示。"最近的输入"子菜单中存储最近使用的几个命令，如果是经常重复使用的命令，这种方法就比较快速简便。

图 1-22　在绘图区中打开的右键快捷菜单

6. 在命令行窗口中直接按 Enter 键

如果用户要重复使用上次使用的命令，可以在命令行窗口中直接按 Enter 键，系统立即重复执行上次使用的命令，这种方法适用于重复执行某个命令。

1.5.2　命令的重复、撤销、重做

1. 命令的重复

在命令行窗口中按 Enter 键可重复调用上一个命令，不论上一个命令是完成了还是被取消了。

2. 命令的撤销

在命令执行的任何时刻都可以取消和终止命令的执行。执行方式如下。

☑　命令行：UNDO。

☑　菜单栏："编辑"→"放弃"。

☑　快捷键：Esc。

3. 命令的重做

已被撤销的命令还可以恢复重做，可恢复撤销的最后一个命令。执行方式如下。

☑　命令行：REDO。

☑　菜单栏："编辑"→"重做"。

"放弃"和"重做"命令可以一次执行多重放弃和重做操作。单击"标准"工具栏中的"放弃"按钮 ◁ ⁃ 或"重做"按钮 ▷ ⁃ 后面的小三角，可以选择要放弃或重做的操作，如图 1-23 所示。

图 1-23　多重放弃或重做

1.6　操作与实践

通过前面的学习，读者对本章讲解的知识应该有了大体的了解，本节通过操作实践使读者进一步掌握本章知识要点。

1.6.1　熟悉操作界面

1. 目的要求

操作界面是用户绘制图形的平台，操作界面的各个部分都有其独特的功能，熟悉操作界面有助于用户方便快速地进行绘图。本例要求了解操作界面各部分的功能，掌握改变绘图区颜色和光标大小的方法，并能够熟练地打开、移动、关闭工具栏。

2. 操作提示

（1）启动 AutoCAD 2024，进入操作界面。
（2）调整操作界面大小。
（3）设置绘图区颜色与光标大小。
（4）打开、移动、关闭工具栏。
（5）尝试同时利用命令行、菜单命令和工具栏绘制一条线段。

1.6.2　设置绘图环境

1. 目的要求

任何一个图形文件都有一个特定的绘图环境，包括图形边界、绘图单位、角度等。设置绘图环境通常有两种方法，即设置向导与单独的命令设置方法。通过学习设置绘图环境，可以提高读者对图形总体环境的认识。

2. 操作提示

（1）单击快速访问工具栏中的"新建"按钮，打开"选择样板"对话框，单击"打开"按钮，进入绘图界面。

（2）在菜单栏中选择"格式"→"图形界限"命令，设置界限为（0,0）和（297,210），在命令行窗口中可以重新设置模型空间界限。

（3）在菜单栏中选择"格式"→"单位"命令，打开"图形单位"对话框，设置长度的"类型"为"小数"，"精度"为 0.00；角度的"类型"为"十进制度数"，"精度"为 0；"用于缩放插入内容的单位"为"毫米"；"用于指定光源强度的单位"为"国际"；角度方向为"顺时针"。

第2章

二维绘图命令

二维图形是指在二维平面空间绘制的图形，主要由一些图形元素组成，如点、直线、圆弧、圆、椭圆、矩形、多边形、多段线、样条曲线、多线等几何元素。AutoCAD 提供了大量的绘图工具，可以帮助用户完成二维图形的绘制。本章主要内容包括绘制直线、点、圆、圆弧、圆环、椭圆与椭圆弧、矩形、正多边形、多段线、样条曲线、多线、文字、表格和图案填充等。

- ☑ 直线与点命令
- ☑ 圆类图形
- ☑ 平面图形
- ☑ 多段线
- ☑ 样条曲线

- ☑ 多线
- ☑ 文字
- ☑ 表格
- ☑ 图案填充

任务驱动&项目案例

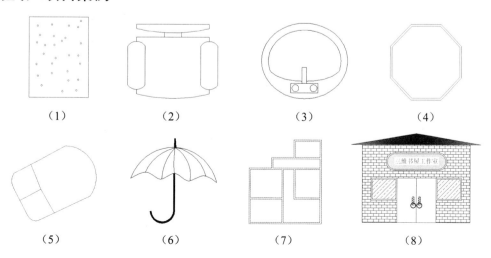

（1）	（2）	（3）	（4）

| （5） | （6） | （7） | （8） |

2.1　直线与点命令

直线类命令主要包括"直线"和"构造线"命令。"直线"和"点"命令是 AutoCAD 中最简单的绘图命令。

2.1.1　绘制直线段

1．执行方式

☑　命令行：LINE。
☑　菜单栏："绘图"→"直线"。
☑　工具栏："绘图"→"直线" 。
☑　功能区："默认"→"绘图"→"直线" ／。

2．操作步骤

> 命令：LINE✓
> 指定第一个点：（输入直线段的起点，用鼠标指定点或者给定点的坐标）
> 指定下一点或 [放弃(U)]：（输入直线段的端点，也可以用鼠标指定一定角度后，直接输入直线段的长度）
> 指定下一点或 [退出(E)/放弃(U)]：（输入下一直线段的端点。输入 U 表示放弃前面的输入；右击或按 Enter 键，结束命令）
> 指定下一点或 [关闭(C)/退出(X)/放弃(U)]：（输入下一直线段的端点，或输入 C 使图形闭合，结束命令）

3．选项说明

（1）若按 Enter 键响应"指定第一个点："的提示，则系统会把上次绘制线（或弧）的终点作为本次操作的起始点。特别地，若上次操作为绘制圆弧，则按 Enter 键响应后，绘出通过圆弧终点的与该圆弧相切的直线段，该线段的长度由鼠标在屏幕上指定的一点与切点之间线段的长度确定。

（2）在"指定下一点"的提示下，用户可以指定多个端点，从而绘出多条直线段。但是，每一条直线段都是一个独立的对象，可以进行单独的编辑操作。

（3）绘制两条以上的直线段后，若用选项"关闭(C)"响应"指定下一点"的提示，则系统会自动连接起始点和最后一个端点，从而绘出封闭的图形。

（4）若用选项"放弃(U)"响应提示，则会擦除最近一次绘制的直线段。

（5）若设置正交方式（单击状态栏中的"正交模式"按钮），则只能绘制水平直线段或垂直直线段。

（6）若设置动态数据输入方式（单击状态栏中的 DYN 按钮），则可以动态输入坐标或长度值。下面的命令同样可以设置动态数据输入方式，效果与非动态数据输入方式类似。下面的操作，除了特别需要（以后不再强调），否则只按非动态数据输入方式输入相关数据。

2.1.2　实例——利用动态输入绘制标高符号

本实例主要练习执行"直线"命令后，在动态输入功能下绘制标高符号流程图，如图 2-1 所示。

视频讲解

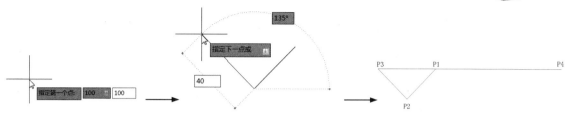

图 2-1　绘制标高符号的流程图

（1）系统默认打开动态输入，如果动态输入没有打开，单击状态栏中的"动态输入"按钮，打开动态输入。单击"默认"选项卡"绘图"面板中的"直线"按钮，在动态输入框中输入第一点坐标为（100，100），如图 2-2 所示。按 Enter 键确认 P1 点。

（2）拖曳鼠标，在动态输入框中输入长度为 40，按 Tab 键切换到角度输入框，输入角度为 135°，如图 2-3 所示，按 Enter 键确认 P2 点。

（3）拖曳鼠标，在鼠标位置为 135° 时，动态输入 40，如图 2-4 所示，按 Enter 键确认 P3 点。

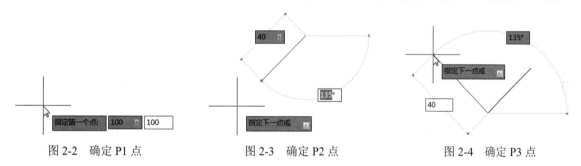

图 2-2　确定 P1 点　　　　图 2-3　确定 P2 点　　　　图 2-4　确定 P3 点

（4）拖曳鼠标，在动态输入框中输入相对直角坐标（@180,0），如图 2-5 所示，按 Enter 键确认 P4 点。也可以拖曳鼠标，在鼠标位置为 0° 时，动态输入 180，如图 2-6 所示，按 Enter 键确认 P4 点，即可完成绘制。

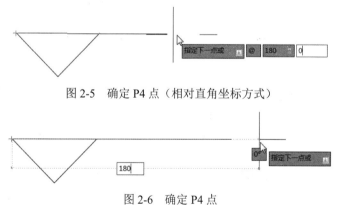

图 2-5　确定 P4 点（相对直角坐标方式）

图 2-6　确定 P4 点

2.1.3　数据输入方法

在 AutoCAD 2024 中，点的坐标可以用直角坐标、极坐标、球面坐标和柱面坐标表示，每一种坐标又分别具有两种坐标输入方式，即绝对坐标和相对坐标。其中，直角坐标和极坐标最为常用，下面主要介绍它们的输入。

（1）直角坐标法。用点的 X、Y 坐标值表示的坐标。

例如，在命令行窗口中输入点的坐标提示下输入"15,18"，则表示输入了一个 X、Y 的坐标值分别为 15、18 的点，此为绝对坐标输入方式，表示该点的坐标是相对于当前坐标原点的坐标值，如图 2-7（a）所示；如果输入"@10,20"，则为相对坐标输入方式，表示该点的坐标是相对于前一点的坐标值，如图 2-7（b）所示。

（2）极坐标法。用长度和角度表示的坐标，只能用来表示二维点的坐标。

在绝对坐标输入方式下，表示为"长度<角度"，如"25<50"，其中长度为该点到坐标原点的距离，角度为该点至原点的连线与 X 轴正向的夹角，如图 2-7（c）所示。

在相对坐标输入方式下，表示为"@长度<角度"，如"@25<45"，其中长度为该点到前一点的距离，角度为该点至前一点的连线与 X 轴正向的夹角，如图 2-7（d）所示。

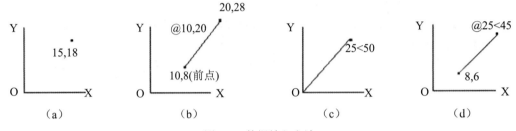

图 2-7　数据输入方法

（3）动态数据输入。单击状态栏中的"动态输入"按钮 ，系统打开动态输入功能，可以在屏幕上动态地输入某些参数数据。例如，绘制直线时，在光标附近会动态地显示"指定第一个点"，以及后面的坐标框，当前显示的是光标所在位置，可以输入数据，两个数据之间以逗号隔开，如图 2-8 所示。指定第一个点后，系统动态显示直线的角度，同时要求输入线段长度值，如图 2-9 所示，其输入效果与"@长度<角度"方式相同。

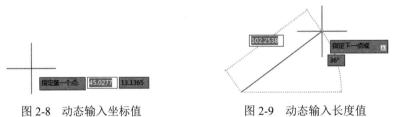

图 2-8　动态输入坐标值　　　　图 2-9　动态输入长度值

下面分别讲述点与距离值的输入方法。

（4）点的输入。绘图过程中，常需要输入点的位置，AutoCAD 提供了如下几种输入点的方式。

☑ 用键盘直接在命令行窗口中输入点的坐标。直角坐标有两种输入方式，即"X,Y"（点的绝对坐标值，如"100,50"）和"@X,Y"（相对于前一点的相对坐标值，如"@50,-30"）。坐标值均相对于当前的用户坐标系。

☑ 极坐标的输入方式为长度<角度（其中，长度为点到坐标原点的距离，角度为原点至该点连线与 X 轴的正向夹角，如"20<45"）或"@长度<角度"（相对于前一点的相对极坐标，如"@50 <-30"）。

☑ 用鼠标等定标设备移动光标并单击在屏幕上直接取点。

☑ 用目标捕捉方式捕捉屏幕上已有图形的特殊点（如端点、中点、中心点、插入点、交点、切点、垂足点等）。

☑ 直接距离输入：先用光标拖拉出橡筋线确定方向，然后用键盘输入距离，这样有利于准确控制对象的长度等参数。如要绘制一条长度为 10 的线段，命令行提示与操作如下。

> 命令：LINE↙
> 指定第一个点：（在绘图区指定一点）
> 指定下一点或［放弃(U)］：

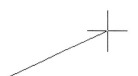

这时先在屏幕上移动鼠标指明线段的方向（但不要单击确认），如图 2-10 所示，然后在命令行窗口中输入"10"，这样就在指定方向上准确地绘制出了长度为 10 的线段。

（5）距离值的输入。在 AutoCAD 2024 命令中，有时需要提供高度、宽度、半径、长度等距离值。AutoCAD 2024 提供了两种输入距离值的方式：一种是用键盘在命令行窗口中直接输入数值；另一种是在屏幕上拾取两点，以两点的距离值定出所需数值。

图 2-10　绘制线段

视频讲解

2.1.4　实例——命令行窗口输入法绘制标高符号

绘制标高符号流程如图 2-11 所示。

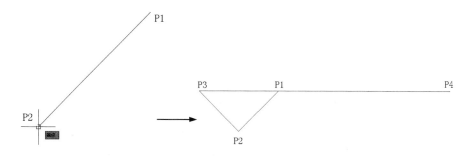

图 2-11　绘制标高符号的流程图

单击状态栏中的"动态输入"按钮，关闭动态输入，单击"默认"选项卡"绘图"面板中的"直线"按钮，命令行提示与操作如下。

> 命令：_line↙
> 指定第一个点：100,100↙（P1 点）
> 指定下一点或［放弃(U)］：@40,-135↙
> 指定下一点或［退出(E)/放弃(U)］：u↙（输入错误，取消上次操作）
> 指定下一点或［放弃(U)］：@40<-135↙（P2 点，如图 2-12 所示）
> 指定下一点或［退出(E)/放弃(U)］：@40<135↙（P3 点）
> 指定下一点或［关闭(C)/退出(X)/放弃(U)］：@180,0↙（P4 点）
> 指定下一点或［关闭(C)/退出(X)/放弃(U)］：↙（按 Enter 键结束"直线"命令）

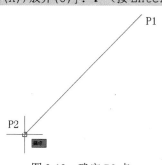

图 2-12　确定 P2 点

Note

2.1.5 绘制点

1. 执行方式

☑ 命令行：POINT。
☑ 菜单栏："绘图"→"点"→"单点或多点"。
☑ 工具栏："绘图"→"点" ⠿ 。
☑ 功能区："默认"→"绘图"→"多点" ⠿ 。

2. 操作步骤

```
命令：POINT↙
当前点模式：PDMODE=0  PDSIZE=0.0000
指定点：（指定点所在的位置）
```

3. 选项说明

（1）通过在菜单栏选择命令，结果如图 2-13 所示。"单点"命令表示只输入一个点，"多点"命令表示可输入多个点。

（2）可以单击状态栏中的"对象捕捉"按钮，设置点的捕捉模式，帮助用户拾取点。

（3）点在图形中的表示样式共有 20 种。可通过 DDPTYPE 命令或选择"格式"→"点样式"命令打开"点样式"对话框来设置点样式，如图 2-14 所示。

图 2-13　"点"子菜单

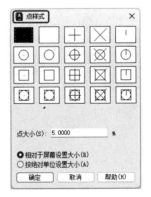

图 2-14　"点样式"对话框

[①] 本书中"下画线""点画线""长画线""短画线"与软件界面中的"下划线""点划线""长划线""短划线"为同一内容，后文不再一一标注。

2.1.6　实例——桌布

本实例将利用"直线"及"点"命令绘制桌布。绘制流程图如图 2-15 所示。

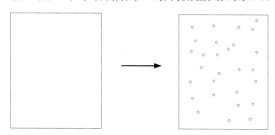

图 2-15　绘制桌布

（1）在菜单栏中选择"格式"→"点样式"命令，在弹出的"点样式"对话框中选择"O"样式。

（2）单击"默认"选项卡"绘图"面板中的"直线"按钮／，绘制桌布外轮廓线。命令行提示如下。

```
命令：_line↙
指定第一个点：100,100↙
点无效。（这里之所以提示输入点无效，主要是因为分隔坐标值的逗号不是在英文状态下输入的）
指定第一个点：100,100↙
指定下一点或 [放弃(U)]：900,100↙
指定下一点或 [放弃(U)]：@0,800↙
指定下一点或 [闭合(C)/放弃(U)]：u↙
指定下一点或 [放弃(U)]：@0,1000↙
指定下一点或 [闭合(C)/放弃(U)]：@-800,0↙
指定下一点或 [闭合(C)/放弃(U)]：c↙
```

绘制结果如图 2-16 所示。

（3）单击"默认"选项卡"绘图"面板中的"多点"按钮∴，绘制桌布内装饰点。命令行提示如下。

```
命令：POINT↙
当前点模式：PDMODE=33  PDSIZE=20.0000
指定点：（在屏幕上单击）
```

绘制结果如图 2-17 所示。

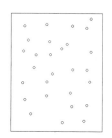

图 2-16　桌布外轮廓线　　　　　图 2-17　桌布内装饰点

2.2 圆类图形

圆类命令主要包括"圆""圆弧""椭圆""椭圆弧""圆环"等，这几个命令是 AutoCAD 中最简单的圆类命令。

2.2.1 绘制圆

1. 执行方式

☑ 命令行：CIRCLE。

☑ 菜单栏："绘图"→"圆"。

☑ 工具栏："绘图"→"圆" ⊙。

☑ 功能区：❶ "默认"→❷ "绘图"→❸ "圆"下拉菜单（见图 2-18）。

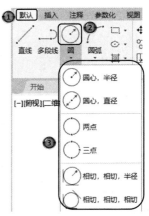

图 2-18 "圆"下拉菜单

2. 操作步骤

命令：CIRCLE✓
指定圆的圆心或 [三点(3P)/两点(2P)/切点、切点、半径(T)]：（指定圆心）
指定圆的半径或 [直径(D)]：（直接输入半径数值或用鼠标指定半径长度）

3. 选项说明

☑ 三点(3P)：用指定圆周上三点的方法画圆。

☑ 两点(2P)：按指定直径的两端点的方法画圆。

☑ 切点、切点、半径(T)：按先指定两个相切对象，后给出半径的方法画圆。

功能区"圆"下拉菜单中多了一种"相切，相切，相切"的方法，当选择此方式时，系统提示如下。

指定圆上的第一个点：_tan 到：（指定相切的第一个圆弧）
指定圆上的第二个点：_tan 到：（指定相切的第二个圆弧）
指定圆上的第三个点：_tan 到：（指定相切的第三个圆弧）

2.2.2 实例——圆餐桌

视频讲解

本实例利用"圆"命令绘制圆餐桌。绘制流程图如图 2-19 所示。

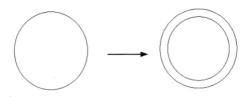

图 2-19 绘制圆餐桌

（1）设置绘图环境。在菜单栏中选择"格式"→"图形界限"命令，设置图幅界限为 297mm×210mm。

（2）单击"默认"选项卡"绘图"面板中的"圆"按钮⊙，绘制圆。命令行提示如下。

```
命令：CIRCLE↙
指定圆的圆心或 [三点(3P)/两点(2P)/切点、切点、半径(T)]：100,100↙
指定圆的半径或 [直径(D)]：50↙
```

绘制结果如图 2-20 所示。

（3）重复"圆"命令，以坐标（100,100）为圆心，绘制半径为 40 的圆，结果如图 2-21 所示。

图 2-20　绘制圆　　　　　　　图 2-21　圆餐桌

（4）单击快速访问工具栏中的"保存"按钮💾，保存图形。命令行提示如下。

```
命令：SAVEAS↙ （将绘制完成的图形以"圆餐桌.dwg"为文件名保存在指定的路径中）
```

2.2.3　绘制圆弧

1．执行方式

☑　命令行：ARC（缩写名：A）。
☑　菜单栏："绘图"→"圆弧"。
☑　工具栏："绘图"→"圆弧" ⌒。
☑　功能区："默认"→"绘图"→"圆弧" ⌒。

2．操作步骤

```
命令：ARC↙
指定圆弧的起点或 [圆心(C)]：（指定起点）
指定圆弧的第二个点或 [圆心(C)/端点(E)]：（指定第二点）
指定圆弧的端点：（指定端点）
```

3．选项说明

（1）用命令行窗口方式画圆弧时，可以根据系统提示选择不同的选项，具体功能和用"绘制"菜单中的"圆弧"子菜单提供的 11 种方式的功能相似。

（2）需要强调的是"连续"方式，绘制的圆弧与上一线段或圆弧相切，继续画圆弧段，因此提供端点即可。

2.2.4　实例——椅子

本实例利用"直线""圆弧"命令绘制椅子。绘制流程图如图 2-22 所示。

（1）单击"默认"选项卡"绘图"面板中的"直线"按钮╱，绘制初步轮廓，结果如图 2-23 所示。

视频讲解

Note

图 2-22　绘制椅子

（2）单击"默认"选项卡"绘图"面板中的"圆弧"按钮 和"直线"按钮 ，绘制圆弧和直线。命令行提示如下。

命令：ARC✓
指定圆弧的起点或 [圆心(C)]：（用鼠标指定左上方竖线段端点 1，如图 2-23 所示）
指定圆弧的第二个点或 [圆心(C)/端点(E)]：（用鼠标在上方两竖线段正中间指定一点 2）
指定圆弧的端点：（用鼠标指定右上方竖线段端点 3）
命令：LINE✓
指定第一点：（用鼠标在刚才绘制的圆弧上指定一点）
指定下一点或 [放弃(U)]：（在垂直方向上用鼠标在中间水平线段上指定一点）
指定下一点或 [退出(E)/放弃(U)]：✓

（3）用同样方法在圆弧上指定一点为起点向下绘制另一条竖线段。再以图 2-23 中 1、3 两点下面的水平线段的端点为起点各向下适当距离绘制两条竖直线段，命令行提示如下。

命令：ARC✓
指定圆弧的起点或 [圆心(C)]：（用鼠标指定左边第一条竖线段上端点 4，如图 2-24 所示）
指定圆弧的第二点或 [圆心(C)/端点(E)]：（用上面刚绘制的竖线段上端点 5）
指定圆弧的端点：（用鼠标指定左下方第二条竖线段上端点 6）
命令：LINE✓
指定第一个点：（用鼠标指定水平直线的左端点）
指定下一点或 [放弃(U)]：（在垂直方向上用鼠标指定一点）
指定下一点或 [退出(E)/放弃(U)]：

绘制结果如图 2-24 所示。

（4）单击"默认"选项卡"绘图"面板中的"圆弧"按钮 ，用同样方法绘制扶手位置的另外 3 段圆弧。

（5）用同样方法绘制另一条竖线段。

（6）单击"默认"选项卡"绘图"面板中的"圆弧"按钮 ，在上面绘制的两条竖直线端点位置处绘制适当的圆弧，绘制结果如图 2-25 所示。

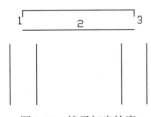

图 2-23　椅子初步轮廓

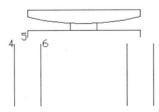

图 2-24　绘制过程

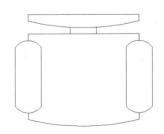

图 2-25　椅子图案

2.2.5　绘制圆环

1. 执行方式

☑　命令行：DONUT。

☑　菜单栏："绘图"→"圆环"。

☑　功能区："默认"→"绘图"→"圆环"◎。

2. 操作步骤

命令：DONUT↙
指定圆环的内径 <默认值>：（指定圆环内径）
指定圆环的外径 <默认值>：（指定圆环外径）
指定圆环的中心点或 <退出>：（指定圆环的中心点）
指定圆环的中心点或 <退出>：（继续指定圆环的中心点，继续绘制具有相同内外径的圆环。按 Enter 键、空格键或右击结束命令）

3. 选项说明

（1）若指定内径为 0，则画出实心填充圆。

（2）用 FILL 命令可以控制圆环是否填充。命令行提示如下。

命令：FILL↙
输入模式 [开(ON)/关(OFF)] <开>：（选择 ON 表示填充，选择 OFF 表示不填充）

2.2.6　绘制椭圆与椭圆弧

1. 执行方式

☑　命令行：ELLIPSE。

☑　菜单栏："绘图"→"椭圆"→"圆弧"。

☑　工具栏："绘图"→"椭圆" ⬭ 或"绘图"→"椭圆弧" ⬭。

☑　功能区：❶"默认"→❷"绘图"→❸"椭圆"下拉菜单（见图 2-26）。

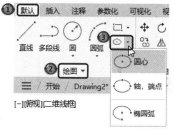

图 2-26　"椭圆"下拉菜单

2. 操作步骤

命令：ELLIPSE↙
指定椭圆的轴端点或 [圆弧(A)/中心点(C)]：_a
指定椭圆弧的轴端点或 [中心点(C)]：
指定轴的另一个端点：
指定另一条半轴长度或 [旋转(R)]：

3. 选项说明

☑　指定椭圆的轴端点：根据两个端点定义椭圆的第一条轴。第一条轴的角度确定了整个椭圆的角度。第一条轴既可定义为椭圆的长轴也可定义为椭圆的短轴。

☑　圆弧(A)：该选项用于创建一段椭圆弧。与工具栏中的"绘图"→"椭圆弧"功能相同。其中，第一条轴的角度确定了椭圆弧的角度。第一条轴既可定义为椭圆弧长轴也可定义为椭圆弧短轴。选择该选项，系统继续提示如下。

指定椭圆弧的轴端点或 [中心点(C)]：（指定端点或输入 C）
指定轴的另一个端点：（指定另一端点）
指定另一条半轴长度或 [旋转(R)]：（指定另一条半轴长度或输入 R）
指定起点角度或 [参数(P)]：（指定起始角度或输入 P）
指定端点角度或 [参数(P)/夹角(I)]：

其中各选项的含义介绍如下。

➢ 角度：指定椭圆弧端点的两种方式之一，光标与椭圆中心点连线的夹角为椭圆弧端点位置的角度。

➢ 参数(P)：指定椭圆弧端点的另一种方式，该方式同样是指定椭圆弧端点的角度，通过以下矢量参数方程式创建椭圆弧。

$$p(u) = c + a \times \cos(u) + b \times \sin(u)$$

其中，c 是椭圆的中心点，a 和 b 分别是椭圆的长轴和短轴，u 为光标与椭圆中心点连线的夹角。

➢ 夹角(I)：定义从起始角度开始的包含角度。

☑ 中心点(C)：通过指定的中心点创建椭圆。

☑ 旋转(R)：通过绕第一条轴旋转圆来创建椭圆。相当于将一个圆绕椭圆轴翻转一个角度后的投影视图。

2.2.7 实例——盥洗盆

本实例主要介绍椭圆和椭圆弧绘制方法的具体应用。首先利用前面学到的知识绘制水龙头和旋钮，然后利用"椭圆"和"椭圆弧"命令绘制盥洗盆内沿和外沿。绘制流程图如图 2-27 所示。

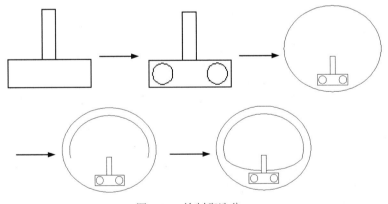

图 2-27　绘制盥洗盆

（1）单击"默认"选项卡"绘图"面板中的"直线"按钮✒，绘制水龙头图形，如图 2-28 所示。
（2）单击"默认"选项卡"绘图"面板中的"圆"按钮⊙，绘制两个水龙头旋钮，如图 2-29 所示。

图 2-28　绘制水龙头

图 2-29　绘制旋钮

（3）单击"默认"选项卡"绘图"面板中的"椭圆"按钮，绘制盥洗盆外沿。命令行提示如下。

> 命令：_ellipse↙
> 指定椭圆的轴端点或 [圆弧(A)/中心点(C)]：（用鼠标指定椭圆轴端点）
> 指定轴的另一个端点：（用鼠标指定另一端点）
> 指定另一条半轴长度或 [旋转(R)]：（用鼠标在屏幕上拉出另一条半轴长度）

绘制结果如图 2-30 所示。

（4）单击"默认"选项卡"绘图"面板中的"椭圆弧"按钮，绘制盥洗盆部分内沿。命令行提示如下。

> 命令：_ellipse↙
> 指定椭圆的轴端点或 [圆弧(A)/中心点(C)]：_a↙
> 指定椭圆弧的轴端点或 [中心点(C)]：C↙
> 指定椭圆弧的中心点：（单击状态栏中的"对象捕捉"按钮，捕捉刚才绘制的椭圆中心点，关于"捕捉"，后面进行介绍）
> 指定轴的端点：（适当指定一点）
> 指定另一条半轴长度或 [旋转(R)]：R↙
> 指定绕长轴旋转的角度：（用鼠标指定椭圆轴端点）
> 指定起点角度或 [参数(P)]：（用鼠标拉出起始角度）
> 指定端点角度或 [参数(P)/夹角(I)]：（用鼠标拉出终止角度）

绘制结果如图 2-31 所示。

（5）单击"默认"选项卡"绘图"面板中的"圆弧"按钮，绘制盥洗盆其他部分内沿。最终结果如图 2-32 所示。

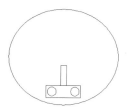　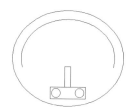　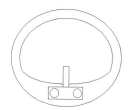

图 2-30　绘制盥洗盆外沿　　　图 2-31　绘制盥洗盆部分内沿　　　图 2-32　盥洗盆图形

2.3　平　面　图　形

简单的平面图形命令包括"矩形"和"正多边形"命令。

2.3.1　绘制矩形

1．执行方式

☑　命令行：RECTANG（缩写名：REC）。

☑　菜单栏："绘图"→"矩形"。

☑　工具栏："绘图"→"矩形"。

☑　功能区："默认"→"绘图"→"矩形"。

2. 操作步骤

```
命令：RECTANG↙
指定第一个角点或 [倒角(C)/标高(E)/圆角(F)/厚度(T)/宽度(W)]：
指定另一个角点或 [面积(A)/尺寸(D)/旋转(R)]：
```

3. 选项说明

☑ 指定第一个角点：通过指定两个角点来确定矩形，如图 2-33（a）所示。

☑ 倒角(C)：指定倒角距离，绘制带倒角的矩形，如图 2-33（b）所示。每一个角点的逆时针和顺时针方向的倒角可以相同，也可以不同，其中第一个倒角距离是指角点逆时针方向的倒角距离，第二个倒角距离是指角点顺时针方向的倒角距离。

☑ 标高(E)：指定矩形标高（Z 坐标），即把矩形画在标高为 Z，且与 XOY 坐标面平行的平面上，并作为后续矩形的标高值。

☑ 圆角(F)：指定圆角半径，绘制带圆角的矩形，如图 2-33（c）所示。

☑ 厚度(T)：指定矩形的厚度，如图 2-33（d）所示。

☑ 宽度(W)：指定线宽，如图 2-33（e）所示。

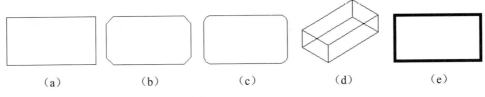

| (a) | (b) | (c) | (d) | (e) |

图 2-33　绘制矩形

☑ 面积(A)：通过指定面积和长或宽来创建矩形。选择该选项，系统提示如下。

```
输入以当前单位计算的矩形面积 <20.0000>：（输入面积值）
计算矩形标注时依据 [长度(L)/宽度(W)] <长度>：（按 Enter 键或输入 W）
输入矩形长度 <4.0000>：（指定长度或宽度）
```

指定长度或宽度后，系统自动计算另一个维度并绘制矩形。如果矩形被倒角或圆角，则在长度或宽度计算中会考虑此设置，如图 2-34 所示。

☑ 尺寸(D)：使用长和宽创建矩形。第二个指定点将矩形定位在与第一角点相关的 4 个位置之一内。

☑ 旋转(R)：旋转所绘制矩形的角度。选择该选项，系统提示如下。

```
指定旋转角度或 [拾取点(P)] <135>：（指定角度）
指定另一个角点或 [面积(A)/尺寸(D)/旋转(R)]：（指定另一个角点或选择其他选项）
```

指定旋转角度后，系统按指定旋转角度创建矩形，如图 2-35 所示。

倒角距离 (1,1)　　　　圆角半径：1.0
面积：20 长度：6　　　面积：20 宽度：6

图 2-34　按面积绘制矩形　　　　图 2-35　按指定旋转角度创建矩形

视频讲解

Note

2.3.2 实例——办公桌

本实例利用"直线"和"矩形"命令来绘制办公桌。绘制流程图如图 2-36 所示。

图 2-36 绘制办公桌

（1）单击"默认"选项卡"绘图"面板中的"直线"按钮 ╱，绘制外轮廓线。命令行提示如下。

```
命令：LINE✓
指定第一个点：0,0✓
指定下一点或 [放弃(U)]：@150,0✓
指定下一点或 [退出(E)/放弃(U)]：@0,70✓
指定下一点或 [关闭(C)/退出(X)/放弃(U)]：@-150,0✓
指定下一点或 [关闭(C)/退出(X)/放弃(U)]：c✓
```

绘制结果如图 2-37 所示。

（2）单击"默认"选项卡"绘图"面板中的"矩形"按钮 ▢，绘制内轮廓线。命令行提示如下。

```
命令：RECTANG✓
指定第一个角点或 [倒角(C)/标高(E)/圆角(F)/厚度(T)/宽度(W)]：2,2✓
指定另一个角点或 [面积(A)/尺寸(D)/旋转(R)]：@146,66✓
```

最终结果如图 2-38 所示。

图 2-37 绘制办公桌轮廓线

图 2-38 办公桌

2.3.3 绘制正多边形

1. 执行方式

- ☑ 命令行：POLYGON。
- ☑ 菜单栏："绘图" → "多边形"。
- ☑ 工具栏："绘图" → "多边形" ⬡。
- ☑ 功能区："默认" → "绘图" → "多边形" ⬠。

2. 操作步骤

```
命令：POLYGON✓
输入侧面数 <4>：（指定多边形的边数，默认值为 4）
指定正多边形的中心点或 [边(E)]：（指定中心点）
输入选项 [内接于圆(I)/外切于圆(C)] <I>：（指定是内接于圆或外切于圆，I 表示内接于圆，如
```

图 2-39（a）所示；C 表示外切于圆，如图 2-39（b）所示）

    指定圆的半径：（指定外接圆或内切圆的半径）

 3．选项说明

  如果选择"边"选项，则只要指定多边形的一条边，系统就会按逆时针方向创建该正多边形，如图 2-39（c）所示。

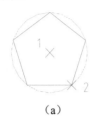  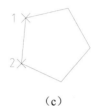

   （a）   （b）   （c）

图 2-39 绘制正多边形

2.3.4 实例——八角凳

视频讲解

  本实例主要是通过执行"多边形"命令的两种不同执行方式分别绘制外轮廓和内轮廓。绘制流程图如图 2-40 所示。

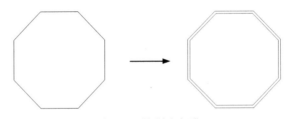

图 2-40 绘制八角凳

  （1）单击"默认"选项卡"绘图"面板中的"多边形"按钮⬠，绘制外轮廓线。命令行提示如下。

```
命令：POLYGON↙
输入侧面数 <8>: 8↙
指定正多边形的中心点或 [边(E)]: 0,0↙
输入选项 [内接于圆(I)/外切于圆(C)] <I>: c↙
指定圆的半径：100↙
```

  绘制结果如图 2-41 所示。

  （2）继续执行"多边形"命令，绘制内轮廓线。命令行提示如下。

```
命令：↙（直接按 Enter 键，表示重复执行上一个命令）
输入侧面数 <8>: ↙
指定正多边形的中心点或 [边(E)]: 0,0↙
输入选项 [内接于圆(I)/外切于圆(C)] <C>: i↙
指定圆的半径：95↙
```

  绘制结果如图 2-42 所示。

图 2-41　绘制八角凳外轮廓线　　　　　图 2-42　绘制八角凳内轮廓线

2.4　多　段　线

多段线是一种由线段和圆弧组合而成的不同线宽的多线,这种线由于其组合形式的多样和线宽的不同,弥补了直线或圆弧功能的不足,适合绘制各种复杂的图形轮廓,因而得到了广泛的应用。

2.4.1　绘制多段线

1. 执行方式

☑　命令行：PLINE（缩写名：PL）。

☑　菜单栏："绘图"→"多段线"。

☑　工具栏："绘图"→"多段线" ⟳ 。

☑　功能区："默认"→"绘图"→"多段线" ⟳ 。

2. 操作步骤

命令：PLINE✓
指定起点：(指定多段线的起点)
当前线宽为 0.0000
指定下一个点或 [圆弧(A)/半宽(H)/长度(L)/放弃(U)/宽度(W)]：(指定多段线的下一点)
指定下一点或 [圆弧(A)/闭合(C)/半宽(H)/长度(L)/放弃(U)/宽度(W)]：

3. 选项说明

多段线主要由不同长度的连续的线段或圆弧组成,如果在上述提示中选择"圆弧"命令,则命令行提示如下。

指定圆弧的端点(按住 Ctrl 键以切换方向)或 [角度(A)/圆心(CE)/闭合(CL)/方向(D)/半宽(H)/直线(L)/半径(R)/第二个点(S)/放弃(U)/宽度(W)]：

2.4.2　实例——鼠标

本实例利用"多段线"和"直线"命令绘制鼠标。绘制流程图如图 2-43 所示。

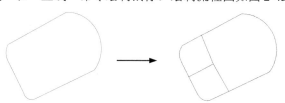

图 2-43　绘制鼠标

视频讲解

（1）单击"默认"选项卡"绘图"面板中的"多段线"按钮 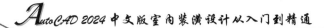，绘制鼠标轮廓线。命令行提示如下。

```
命令：_pline↙
指定起点：2.5,50↙
当前线宽为 0.0000
指定下一个点或 [圆弧(A)/半宽(H)/长度(L)/放弃(U)/宽度(W)]：59,80↙
指定下一点或 [圆弧(A)/闭合(C)/半宽(H)/长度(L)/放弃(U)/宽度(W)]：a↙
指定圆弧的端点(按住 Ctrl 键以切换方向)或 [角度(A)/圆心(CE)/闭合(CL)/方向(D)/半宽(H)/
直线(L)/半径(R)/第二个点(S)/放弃(U)/宽度(W)]：s↙
指定圆弧上的第二个点：89.5,62↙
指定圆弧的端点：86.6,26.7↙
指定圆弧的端点(按住 Ctrl 键以切换方向)或 [角度(A)/圆心(CE)/闭合(CL)/方向(D)/半宽(H)/
直线(L)/半径(R)/第二个点(S)/放弃(U)/宽度(W)]：l↙
指定下一点或 [圆弧(A)/闭合(C)/半宽(H)/长度(L)/放弃(U)/宽度(W)]：29,0↙
指定下一点或 [圆弧(A)/闭合(C)/半宽(H)/长度(L)/放弃(U)/宽度(W)]：a↙
指定圆弧的端点(按住 Ctrl 键以切换方向)或 [角度(A)/圆心(CE)/闭合(CL)/方向(D)/半宽(H)/
直线(L)/半径(R)/第二个点(S)/放弃(U)/宽度(W)]：18,5.3↙
指定圆弧的端点(按住 Ctrl 键以切换方向)或 [角度(A)/圆心(CE)/闭合(CL)/方向(D)/半宽(H)/
直线(L)/半径(R)/第二个点(S)/放弃(U)/宽度(W)]：l↙
指定下一点或 [圆弧(A)/闭合(C)/半宽(H)/长度(L)/放弃(U)/宽度(W)]：2.5,34.6↙
指定下一点或 [圆弧(A)/闭合(C)/半宽(H)/长度(L)/放弃(U)/宽度(W)]：a↙
指定圆弧的端点(按住 Ctrl 键以切换方向)或 [角度(A)/圆心(CE)/闭合(CL)/方向(D)/半宽(H)/
直线(L)/半径(R)/第二个点(S)/放弃(U)/宽度(W)]：cl↙
```

绘制结果如图 2-44 所示。

（2）单击"默认"选项卡"绘图"面板中的"直线"按钮 ∕，绘制左右键的分割线。命令行提示如下。

```
命令：_line↙
指定第一点：47.2,8.5↙
指定下一点或 [放弃(U)]：32.4,33.6↙
指定下一点或 [放弃(U)]：21.3,60.2↙
指定下一点或 [闭合(C)/放弃(U)]：↙
命令：LINE↙
指定第一点：32.4,33.6↙
指定下一点或 [放弃(U)]：9,21.7↙
指定下一点或 [放弃(U)]：↙
```

最终结果如图 2-45 所示。

图 2-44　绘制轮廓线

图 2-45　鼠标

2.5　样　条　曲　线

AutoCAD 使用一种称为非一致有理 B 样条（NURBS）曲线的特殊样条曲线类型。NURBS 曲线在控制点之间产生一条光滑的样条曲线，如图 2-46 所示。样条曲线可用于创建形状不规则的曲线，例如，为地理信息系统（GIS）应用或汽车设计绘制轮廓线。

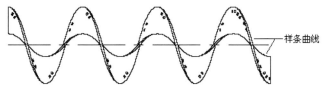

样条曲线

图 2-46　样条曲线

2.5.1　绘制样条曲线

1. 执行方式

☑　命令行：SPLINE。

☑　菜单栏："绘图" → "样条曲线"。

☑　工具栏："绘图" → "样条曲线" $\sim$。

☑　功能区："默认" → "绘图" → "样条曲线拟合" $\sim$。

2. 操作步骤

```
命令：SPLINE✓
当前设置：方式=拟合　节点=弦
指定第一个点或 [方式(M)/节点(K)/对象(O)]：（指定一点或选择"对象(O)"选项）
输入下一个点或 [起点相切(T)/公差(L)]：（指定一点）
输入下一个点或 [端点相切(T)/公差(L)/放弃(U)]：（输入下一个点）
输入下一个点或 [端点相切(T)/公差(L)/放弃(U)/闭合(C)]：C✓
```

3. 选项说明

☑　对象(O)：将二维或三维的二次或三次样条曲线的拟合多段线转换为等价的样条曲线，然后（根据 DelOBJ 系统变量的设置）删除该拟合多段线。

☑　闭合(C)：将最后一点定义为与第一点一致，并使它在连接处与样条曲线相切，这样可以闭合样条曲线。选择该选项后，系统继续提示如下。

```
指定切向：（指定点或按 Enter 键）
```

用户可以指定一点来定义切向矢量，或者通过使用"切点"和"垂足"来捕捉模式使样条曲线与现有对象相切或垂直。

☑　公差(L)：指定样条曲线可以偏离指定拟合点的距离。公差值 0（零）要求生成的样条曲线直接通过拟合点。公差值适用于所有拟合点（拟合点的起点和终点除外），始终具有为 0（零）的公差。

☑　起点切向(T)：定义样条曲线的第一点和最后一点的切向。

如果在样条曲线的两端都指定切向，可以通过输入一个点或者使用"切点"和"垂足"来捕捉模式使样条曲线与已有的对象相切或垂直。如果按 Enter 键，AutoCAD 将计算默认切向。

2.5.2　实例——雨伞

本实例利用"圆弧"与"样条曲线拟合"命令绘制伞的外框与底边，再利用"圆弧"命令绘制伞面，最后利用"多段线"命令绘制伞顶与伞把。绘制流程图如图 2-47 所示。

图 2-47　绘制雨伞

（1）单击"默认"选项卡"绘图"面板中的"圆弧"按钮，绘制伞的外框。命令行提示如下。

```
命令：ARC✓
指定圆弧的起点或 [圆心(C)]：C✓
指定圆弧的圆心：(在屏幕上指定圆心)
指定圆弧的起点：(在屏幕上圆心位置的右边指定圆弧的起点)
指定圆弧的端点(按住 Ctrl 键以切换方向)或 [角度(A)/弦长(L)]：A✓
指定夹角(按住 Ctrl 键以切换方向)：180✓（注意角度的逆时针转向）
```

（2）单击"默认"选项卡"绘图"面板中的"样条曲线拟合"按钮，绘制伞的底边。命令行提示如下。

```
命令：SPLINE✓
当前设置：方式=拟合　节点=弦
指定第一个点或 [方式(M)/节点(K)/对象(O)]：(指定样条曲线的起点1)
输入下一个点或 [起点切向(T)/公差(L)]：(输入下一个点2)
输入下一个点或 [端点相切(T)/公差(L)/放弃(U)/闭合(C)]：(指定样条曲线的下一个点3)
输入下一个点或 [端点相切(T)/公差(L)/放弃(U)/闭合(C)]：(指定样条曲线的下一个点4)
输入下一个点或 [端点相切(T)/公差(L)/放弃(U)/闭合(C)]：(指定样条曲线的下一个点5)
输入下一个点或 [端点相切(T)/公差(L)/放弃(U)/闭合(C)]：(指定样条曲线的下一个点6)
输入下一个点或 [端点相切(T)/公差(L)/放弃(U)/闭合(C)]：(指定样条曲线的下一个点7)
输入下一个点或 [端点相切(T)/公差(L)/放弃(U)/闭合(C)]：✓
指定起点切向：(指定一点并右击确认)
指定端点切向：(指定一点并右击确认)
```

绘制结果如图 2-48 所示。

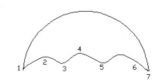

图 2-48　绘制伞边

（3）单击"默认"选项卡"绘图"面板中的"圆弧"按钮，绘制起点在正中点 8、第二个点在点 9、端点在点 2 的圆弧，如图 2-49 所示。重复"圆弧"命令，绘制其他的伞面辐条，绘制结果如图 2-50 所示。

（4）单击"默认"选项卡"绘图"面板中的"多段线"按钮，绘制伞顶和伞把。命令行提示如下。

```
命令：PLINE↙
指定起点：（在如图 2-50 所示的点 8 位置指定伞顶起点）
当前线宽为 3.0000
指定下一个点或 [圆弧(A)/半宽(H)/长度(L)/放弃(U)/宽度(W)]：W↙
指定起点宽度 <3.0000>：4↙
指定端点宽度 <4.0000>：2↙
指定下一个点或 [圆弧(A)/半宽(H)/长度(L)/放弃(U)/宽度(W)]：（指定伞顶终点）
指定下一点或 [圆弧(A)/闭合(C)/半宽(H)/长度(L)/放弃(U)/宽度(W)]：U↙（位置不合适，取消）
指定下一个点或 [圆弧(A)/半宽(H)/长度(L)/放弃(U)/宽度(W)]：（重新在往上适当位置指定伞顶终点）
指定下一点或 [圆弧(A)/闭合(C)/半宽(H)/长度(L)/放弃(U)/宽度(W)]：（右击确认）
命令：PLINE↙
指定起点：（在如图 2-50 所示的点 8 的正下方点 4 位置附近，指定伞把起点）
当前线宽为 2.0000
指定下一个点或 [圆弧(A)/半宽(H)/长度(L)/放弃(U)/宽度(W)]：H↙
指定起点半宽 <1.0000>：1.5↙
指定端点半宽 <1.5000>：↙
指定下一个点或 [圆弧(A)/半宽(H)/长度(L)/放弃(U)/宽度(W)]：（往下适当位置指定下一点）
指定下一点或 [圆弧(A)/闭合(C)/半宽(H)/长度(L)/放弃(U)/宽度(W)]：A↙
指定圆弧的端点(按住 Ctrl 键以切换方向)或 [角度(A)/圆心(CE)/闭合(CL)/方向(D)/半宽(H)/直线(L)/半径(R)/第二个点(S)/放弃(U)/宽度(W)]：（指定圆弧的端点）
指定圆弧的端点(按住 Ctrl 键以切换方向)或 [角度(A)/圆心(CE)/闭合(CL)/方向(D)/半宽(H)/直线(L)/半径(R)/第二个点(S)/放弃(U)/宽度(W)]：（右击确认）
```

绘制结果如图 2-51 所示。

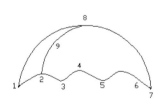

图 2-49　绘制伞面辐条

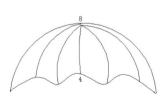

图 2-50　绘制伞面

图 2-51　雨伞

2.6　多　　线

多线是一种复合线，由连续的直线段复合组成。多线的一个突出优点是能够提高绘图效率，保证图线之间的统一性。

Note

2.6.1 绘制多线

1. 执行方式

☑ 命令行：MLINE。

☑ 菜单栏："绘图"→"多线"。

2. 操作步骤

命令：MLINE✓
当前设置：对正=上，比例=20.00，样式=STANDARD
指定起点或 [对正(J)/比例(S)/样式(ST)]：（指定起点）
指定下一点：（给定下一点）
指定下一点或 [放弃(U)]：（继续给定下一点，绘制线段。输入 U，则放弃前一段的绘制；右击或按 Enter 键，结束命令）
指定下一点或 [闭合(C)/放弃(U)]：（继续给定下一点，绘制线段。输入 C，则闭合线段，结束命令）

3. 选项说明

☑ 对正(J)：该选项用于给定绘制多线的基准。共有 3 种对正类型，即"上""无""下"。其中，"上(T)"表示以多线上侧的线为基准，以此类推。

☑ 比例(S)：选择该选项，要求用户设置平行线的间距。输入值为 0 时，平行线重合；值为负时，多线的排列倒置。

☑ 样式(ST)：该选项用于设置当前使用的多线样式。

2.6.2 定义多线样式

1. 执行方式

命令行：MLSTYLE。

2. 操作步骤

系统自动执行该命令后，弹出如图 2-52 所示的"多线样式"对话框。在该对话框中，用户可以对多线样式进行定义、保存和加载等操作。

图 2-52 "多线样式"对话框

2.6.3 编辑多线

1. 执行方式

☑ 命令行：MLEDIT。

☑ 菜单栏："修改"→"对象"→"多线"。

2. 操作步骤

执行"多线"命令后，弹出"多线编辑工具"对话框，如图 2-53 所示。利用该对话框可以创建或修改多线的模式。对话框中分 4 列显示了示例图形。其中，第 1 列管理十字交叉形式的多线，第 2 列管理 T 形多线，第 3 列管理拐角接合点和节点形式的多线，第 4 列管理多线被剪切或连接的形式。

先选择某个示例图形，然后单击"关闭"按钮，即可调用该项编辑功能。

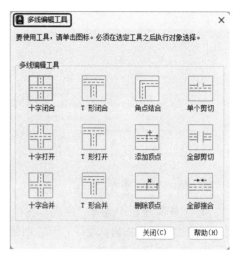

图 2-53 "多线编辑工具"对话框

视 频 讲 解

2.6.4 实例——墙体

本实例利用"构造线"与"偏移"命令绘制辅助线，再利用"多线"命令绘制墙线，最后编辑多线得到所需图形。绘制流程图如图 2-54 所示。

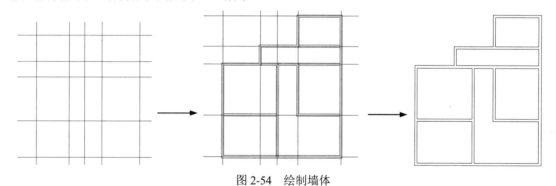

图 2-54 绘制墙体

（1）单击"默认"选项卡"绘图"面板中的"构造线"按钮，绘制出一条水平构造线和一条垂直构造线，组成"十"字形辅助线，如图 2-55 所示。

（2）单击"默认"选项卡"绘图"面板中的"构造线"按钮，将水平构造线向上偏移 4200mm，命令行提示如下。

```
命令：XLINE↙
指定点或 [水平(H)/垂直(V)/角度(A)/二等分(B)/偏移(O)]：O↙
指定偏移距离或 [通过(T)] <通过>：4200↙
选择直线对象：(选取上步绘制的直线)
指定向哪侧偏移：(在水平构造线的上方单击)
```

采用相同的方法，将水平构造线依次向上偏移 5100、1800 和 3000，偏移得到的水平构造线如图 2-56 所示。重复"构造线"命令，将垂直构造线依次向右偏移 3900、1800、2100 和 4500，结果如

图 2-57 所示。

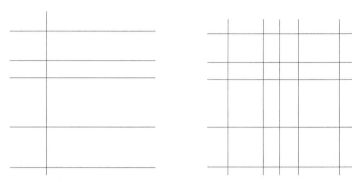

| 图 2-55 "十"字形辅助线 | 图 2-56 水平构造线 | 图 2-57 居室的辅助线网格 |

（3）在菜单栏中选择"格式"→"多线样式"命令，系统打开"多线样式"对话框，在该对话框中单击"新建"按钮，系统打开"创建新的多线样式"对话框，在"新样式名"文本框中输入"墙体线"，单击"继续"按钮。

（4）系统弹出"新建多线样式：墙体线"对话框，多线样式的设置如图 2-58 所示。

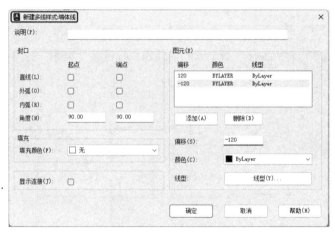

图 2-58 设置多线样式

（5）在菜单栏中选择"绘图"→"多线"命令，绘制墙体。命令行提示如下。

```
命令：MLINE↙
当前设置：对正=上，比例=20.00，样式=墙体线
指定起点或 [对正(J)/比例(S)/样式(ST)]：S↙
输入多线比例 <20.00>：1↙
当前设置：对正=上，比例=1.00，样式=墙体线
指定起点或 [对正(J)/比例(S)/样式(ST)]：J↙
输入对正类型 [上(T)/无(Z)/下(B)] <上>：Z↙
当前设置：对正=无，比例=1.00，样式=墙体线
指定起点或 [对正(J)/比例(S)/样式(ST)]：（在绘制的辅助线交点上指定一点）
指定下一点：（在绘制的辅助线交点上指定下一点）
指定下一点或 [放弃(U)]：（在绘制的辅助线交点上指定下一点）
指定下一点或 [闭合(C)/放弃(U)]：（在绘制的辅助线交点上指定下一点）
指定下一点或 [闭合(C)/放弃(U)]：C↙
```

根据辅助线网格，用相同的方法绘制多线，绘制结果如图 2-59 所示。

（6）编辑多线。在菜单栏中选择"修改"→"对象"→"多线"命令，系统弹出"多线编辑工具"对话框，如图 2-60 所示。选择"T 形打开"选项，然后单击"关闭"按钮。命令行提示如下。

```
命令：MLEDIT↙
选择第一条多线：（选择多线）
选择第二条多线：（选择多线）
选择第一条多线或 [放弃(U)]：↙（选择多线）
选择第二条多线或 [放弃(U)]：
```

重复"多线"命令继续进行多线编辑。编辑的最终结果如图 2-61 所示。

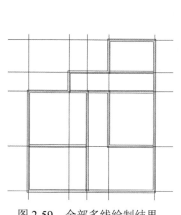

图 2-59　全部多线绘制结果

图 2-60　"多线编辑工具"对话框

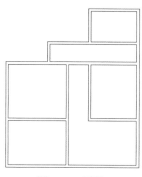

图 2-61　墙体

2.7　文　　字

在工程制图中，文字标注往往是必不可少的环节。AutoCAD 2024 提供了文字相关命令来进行文字的输入与标注。

2.7.1　文字样式

AutoCAD 2024 提供了"文字样式"对话框，通过该对话框可方便、直观地设置需要的文字样式，或对已有的文字样式进行修改。

1. 执行方式

☑　命令行：STYLE。

☑　菜单栏："格式"→"文字样式"。

☑　工具栏："文字"→"文字样式" A。

☑　功能区："默认"→"注释"→"文字样式" A 或"注释"→"文字"→"对话框启动器" ↘。

2. 操作步骤

执行上述操作之一后，系统弹出"文字样式"对话框，如图 2-62 所示。

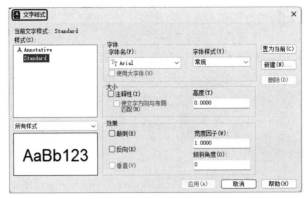

图 2-62 "文字样式"对话框

3. 选项说明

☑ "字体"选项组：确定字体样式。在 AutoCAD 中，除了固有的 SHX 字体，还可以使用 TrueType 字体（如宋体、楷体、italic 等）。可以对一种字体设置不同的效果，从而被多种文字样式使用。

☑ "大小"选项组：用来确定文字样式使用的字体文件、字体风格及字高等。

➢ "注释性"复选框：指定文字为注释性文字。

➢ "使文字方向与布局匹配"复选框：指定图纸空间视口中的文字方向与布局方向匹配。如果取消选中"注释性"复选框，那么该选项不可用。

➢ "高度"文本框：如果在"高度"文本框中输入一个数值，那么它将作为添加文字时的固定字高，在用 TEXT 命令输入文字时，AutoCAD 将不再提示输入字高参数。如果在该文本框中设置字高为 0，文字默认值为 0.2 高度，那么 AutoCAD 就会在每一次创建文字时提示输入字高参数。

☑ "效果"选项组：用于设置字体的特殊效果。

➢ "颠倒"复选框：选中该复选框，表示将文本文字倒置标注，如图 2-63（a）所示。

➢ "反向"复选框：确定是否将文本文字反向标注，如图 2-63（b）所示。

➢ "垂直"复选框：确定文本是水平标注还是垂直标注。选中该复选框为垂直标注，否则为水平标注，如图 2-64 所示。

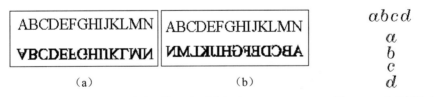

（a） （b）

图 2-63 文字倒置标注与反向标注 图 2-64 垂直标注文字

➢ "宽度因子"文本框：用于设置宽度系数，确定文本字符的宽高比。当宽度因子为 1 时，表示将按字体文件中定义的宽高比标注文字；小于 1 时文字会变窄，反之变宽。

➢ "倾斜角度"文本框：用于确定文字的倾斜角度。角度为 0° 时不倾斜，为正时向右倾斜，为负时向左倾斜。

2.7.2 单行文本标注

1. 执行方式

☑ 命令行：TEXT 或 DTEXT。

- ☑ 菜单栏："绘图"→"文字"→"单行文字"。
- ☑ 工具栏："文字"→"单行文字" **A**。
- ☑ 功能区："默认"→"注释"→"单行文字" **A** 或"注释"→"文字"→"单行文字" **A**。

2. 操作步骤

执行上述操作之一后，选择相应的菜单项或在命令行窗口中输入 TEXT，命令行提示如下。

```
当前文字样式："Standard"
文字高度：2.5000
注释性：否
对正：左
指定文字的起点或 [对正(J)/样式(S)]：
```

3. 选项说明

- ☑ 指定文字的起点：在此提示下直接在绘图区拾取一点作为文本的起始点。利用 TEXT 命令也可创建多行文本，只是这种多行文本每一行都是一个对象，因此不能对多行文本同时进行操作，但可以单独修改每一单行的文字样式、字高、旋转角度和对齐方式等。
- ☑ 对正(J)：在命令行窗口中输入 J，用来确定文本的对齐方式。对齐方式决定文本的哪一部分与所选的插入点对齐。
- ☑ 样式(S)：指定文字样式，文字样式决定文字字符的外观。创建的文字使用当前文字样式。实际绘图时，有时需要标注一些特殊字符，如直径符号、上画线或下画线、温度符号等，由于这些符号不能直接从键盘上输入，AutoCAD 提供了一些控制码，用来实现这些要求。控制码用两个百分号（%%）加一个字符构成，常用的控制码如表 2-1 所示。

表 2-1 AutoCAD 常用控制码

符　　号	功　　能	符　　号	功　　能
%%o	上画线	\U+0278	电相角
%%u	下画线	\U+E101	流线
%%d	"度数"符号	\U+2261	恒等于
%%p	"正/负"符号	\U+E102	界碑线
%%c	"直径"符号	\U+2260	不相等
%%%	百分号（%）	\U+2126	欧姆
\U+2248	几乎相等	\U+03A9	欧米加
\U+2220	角度	\U+214A	地界线
\U+E100	边界线	\U+2082	下标 2
\U+2104	中心线	\U+00B2	平方
\U+0394	差值	\U+00B3	立方

其中，%%o 和%%u 分别是上画线和下画线的开关，第一次出现此符号时开始画上画线和下画线，第二次出现此符号时上画线和下画线终止。例如，在"输入文字："提示后输入"I want to %%u go to Beijing%%u"，将得到如图 2-65（a）所示的文本行；输入"50%%d+%%c75%%p12"，将得到如图 2-65（b）所示的文本行。

I want to <u>go to Beijing</u>.

（a）

50°+⌀75±12

（b）

图 2-65 文本行

用 TEXT 命令可以创建一个或若干个单行文本，也就是说此命令可以用于标注多行文本。在"输入文字:"提示下输入一行文本后按 Enter 键，用户可输入第二行文本，以此类推，直到文本全部输入完，再在此提示下按 Enter 键，结束文本输入命令。每按一次 Enter 键就结束一个单行文本的输入。

用 TEXT 命令创建文本时，在命令行中输入的文字同时显示在屏幕上，而且在创建过程中可以随时改变文本的位置，只要将光标移到新的位置并单击，则当前行结束，随后输入的文本出现在新的位置上。用这种方法可以把多行文本标注在屏幕的任何地方。

2.7.3　多行文本标注

1. 执行方式

☑　命令行：MTEXT。
☑　菜单栏："绘图"→"文字"→"多行文字"。
☑　工具栏："绘图"→"多行文字"**A**或"文字"→"多行文字"**A**。
☑　功能区："默认"→"注释"→"多行文字"**A**或"注释"→"文字"→"多行文字"**A**。

2. 操作步骤

> 当前文字样式：Standard　当前文字高度：1.9122　注释性：否
> 指定第一角点：（指定矩形框的第一个角点）
> 指定对角点或 [高度(H)/对正(J)/行距(L)/旋转(R)/样式(S)/宽度(W)/栏(C)]：

3. 选项说明

☑　指定对角点：直接在屏幕上拾取一个点作为矩形框的第二个角点，AutoCAD 以这两个点为对角点形成一个矩形区域，其宽度作为将来要标注的多行文本的宽度，而且第一个点作为第一行文本顶线的起点。响应后系统弹出如图 2-66 所示的"文字编辑器"选项卡和多行文字编辑器，可利用此编辑器输入多行文本并对其格式进行设置。

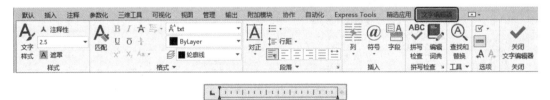

图 2-66　"文字编辑器"选项卡和多行文字编辑器

☑　对正(J)：确定所标注文本的对齐方式。这些对齐方式与 TEXT 命令中的各种对齐方式相同，在此不再重复。选择一种对齐方式后按 Enter 键，AutoCAD 返回上一级提示下。
☑　行距(L)：确定多行文本的行间距，这里所说的行间距是指相邻两文本行的基线之间的垂直距离。选择此选项，命令行提示如下。

> 输入行距类型 [至少(A)/精确(E)] <至少(A)>：

在此提示下有两种方式确定行间距，即"至少"和"精确"。在"至少"方式下，AutoCAD 根据每行文本中最大的字符自动调整行间距；在"精确"方式下，AutoCAD 给多行文本赋予一个固定的行间距。可以直接输入一个确切的间距值，也可以输入 nx 的形式，其中 n 是一个具体数，表示行间距设置为单行文本高度的 n 倍，而单行文本高度是本行文本字符高度的 1.66 倍。

☑ 旋转(R)：确定文本行的倾斜角度。选择此选项，命令行提示如下。

指定旋转角度 <0>：（输入倾斜角度）

输入角度值后按 Enter 键，返回"指定对角点或 [高度(H)/对正(J)/行距(L)/旋转(R)/样式(S)/宽度(W)]:"提示下。

☑ 样式(S)：确定当前的文字样式。

☑ 宽度(W)：指定多行文本的宽度。可在屏幕上拾取一点，将其与前面确定的第一个角点组成的矩形框的宽度作为多行文本的宽度，也可以输入一个数值，精确设置多行文本的宽度。

在创建多行文本时，只要给定了文本行的起始点和宽度后，AutoCAD 就会打开如图 2-66 所示的多行文字编辑器，该编辑器包括一个"文字格式"对话框和一个快捷菜单。用户可以在编辑器中输入和编辑多行文本，包括设置字高、文字样式以及倾斜角度等。

多行文字编辑器与 Microsoft 的 Word 编辑器界面类似，事实上该编辑器与 Word 编辑器在某些功能上趋于一致。

☑ 栏(C)：可以将多行文字对象的格式设置为多栏。可以指定栏和栏之间的宽度、高度及栏数，以及使用夹点编辑栏宽和栏高。其中提供了 3 个栏选项，即"不分栏""静态栏""动态栏"。

其中，"文字编辑器"选项卡用来控制文本的显示特性。可以在输入文本之前设置文本的特性，也可以改变已输入文本的特性。要改变已有文本的显示特性，首先应选中要修改的文本，选择文本有以下 3 种方法。

☑ 将光标定位到文本开始处，按住鼠标左键，将光标拖曳到文本末尾。

☑ 双击某一个字，则该字被选中。

☑ 三击鼠标，则选中全部内容。

下面介绍"文字编辑器"选项卡中部分选项的功能。

（1）"样式"面板。

"文字高度"下拉列表：确定文本的字符高度，可在文本编辑框中直接输入新的字符高度，也可从下拉列表中选择已设定过的高度。

（2）"格式"面板。

☑ **B** 和 *I* 按钮：设置粗体或斜体效果。这两个按钮只对 TrueType 字体有效。

☑ "删除线"按钮：用于在文字上添加水平删除线。

☑ "下画线"按钮 U 和"上画线"按钮 Ō：用于设置或取消文字的上/下画线。

☑ "堆叠"按钮：即层叠/非层叠文本按钮，用于层叠所选的文本，也就是创建分数形式。当文本中的某处出现"/""^""#"3 种层叠符号之一时，可层叠文本。

☑ "倾斜角度"按钮：设置文字的倾斜角度。

☑ "追踪"按钮：增大或减小选定字符之间的空隙。

☑ "上标"按钮 X^2：将选定文字转换为上标，即在输入线的上方设置稍小的文字。

☑ "下标"按钮 X_2：将选定文字转换为下标，即在输入线的下方设置稍小的文字。

☑ "宽度因子"按钮：扩展或收缩选定字符。

☑ "清除"下拉列表：删除选定字符的字符格式，或删除选定段落的段落格式，或删除选定段落中的所有格式。

（3）"段落"面板。

☑ "对正"按钮：显示"多行文字对正"菜单，并且有 9 个对齐选项可用。

☑ "项目符号和编号"下拉列表。

> ➤ 关闭：如果选择该选项，将从应用了列表格式的选定文字中删除字母、数字和项目符号。不更改缩进状态。
>
> ➤ 以数字标记：应用将带有句点的数字用于列表中的项的列表格式。
>
> ➤ 以字母标记：应用将带有句点的字母用于列表中的项的列表格式。如果列表含有的项多于字母中含有的字母，可以使用双字母继续序列。
>
> ➤ 以项目符号标记：应用将项目符号用于列表中的项的列表格式。
>
> ➤ 起点：在列表格式中启动新的字母或数字序列。如果选定的项位于列表中间，则选定项下面的未选中的项也将成为新列表的一部分。
>
> ➤ 连续：先将选定的段落添加到上面最后一个列表，然后继续序列。如果选择了列表项而非段落，选定项下面的未选中的项将继续序列。
>
> ➤ 允许自动项目符号和编号：在输入时应用列表格式。以下字符可以用作字母和数字后的标点，并不能用作项目符号：句点（.）、逗号（,）、右括号（)）、右尖括号（>）、右中括号（]）和右大括号（}）。
>
> ➤ 允许项目符号和列表：如果选择该选项，则列表格式将应用到外观类似列表的多行文字对象中的所有纯文本。
>
> ➤ 段落按钮▣：为段落和段落的第一行设置缩进。指定制表位和缩进，控制段落对齐方式、段落间距和段落行距，如图 2-67 所示。

（4）"插入"面板。

☑ "符号"按钮@：用于输入各种符号。单击该按钮，系统会打开符号列表，如图 2-68 所示，可以从中选择符号输入文本中。

图 2-67　设置段落格式

图 2-68　符号列表

☑ "字段"按钮：插入一些常用或预设字段。单击该按钮，系统会打开"字段"对话框，如图 2-69 所示，用户可以从中选择字段插入标注文本中。

（5）"拼写检查"面板。

☑ 拼写检查：确定输入时拼写检查处于打开还是关闭状态。

☑ 编辑词典：显示"词典"对话框，从中可添加或删除在拼写检查过程中使用的自定义词典。

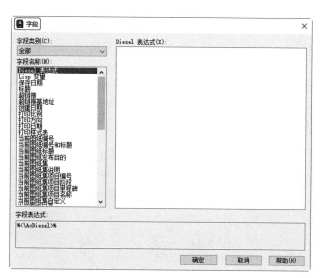

图 2-69　"字段"对话框

（6）"工具"面板。

输入文字：选择该选项，系统打开"选择文件"对话框，如图 2-70 所示。选择任意 ASCII 或 RTF 格式的文件。输入的文字保留原始字符格式和样式特性，但可以在多行文字编辑器中编辑和格式化输入的文字。选择要输入的文本文件后，可以替换选定的文字或全部文字，或在文字边界内将插入的文字附加到选定的文字中。输入文字的文件必须小于 32KB。

图 2-70　"选择文件"对话框

（7）"选项"面板。

标尺：在编辑器顶部显示标尺。拖曳标尺末尾的箭头可更改文字对象的宽度。列模式处于活动状态时，还显示高度和列夹点。

2.7.4　文本编辑

1. 执行方式

☑　命令行：TEXTEDIT。

Note

☑ 菜单栏："修改"→"对象"→"文字"→"编辑"。

☑ 工具栏："文字"→"编辑" 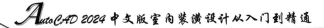。

2. 操作步骤

命令：TEXTEDIT✓
当前设置：编辑模式 = Multiple
选择注释对象或 [放弃(U)/模式(M)]:

要求选择想要修改的文本，同时光标变为拾取框。单击选择对象，如果选择的文本是用 TEXT 命令创建的单行文本，则高亮显示该文本，此时可对其进行修改；如果选择的文本是用 MTEXT 命令创建的多行文本，选择后则打开多行文字编辑器，可根据前面的介绍对各项设置或内容进行修改。

2.8 表　　格

使用 AutoCAD 提供的表格功能，创建表格就变得非常容易，用户可以直接插入设置好样式的表格，而不用由单独的图线重新绘制。

2.8.1　定义表格样式

表格样式是用来控制表格基本形状和间距的一组设置。和文字样式一样，所有 AutoCAD 图形中的表格都有和其相对应的表格样式。当插入表格对象时，AutoCAD 使用当前设置的表格样式。模板文件 acad.dwt 和 acadiso.dwt 中定义了名为 Standard 的默认表格样式。

1. 执行方式

☑ 命令行：TABLESTYLE。

☑ 菜单栏："格式"→"表格样式"。

☑ 工具栏："样式"→"表格样式管理器" ▦。

☑ 功能区：❶"默认"→❷"注释"→❸"表格样式" ▦（见图 2-71）或❶"注释"→❷"表格"→❸"表格样式"→❹"管理表格样式"（见图 2-72）或"注释"→"表格"→"对话框启动器" ↘。

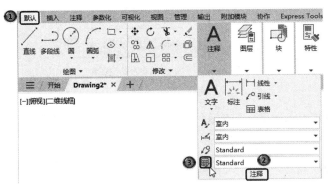

图 2-71　表格样式

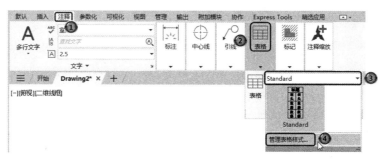

图 2-72 管理表格样式

2. 操作步骤

执行上述操作之一后，弹出"表格样式"对话框，如图 2-73 所示。单击"新建"按钮，弹出"创建新的表格样式"对话框，如图 2-74 所示。输入新的表格样式名后，单击"继续"按钮，弹出"新建表格样式：Standard 副本"对话框，如图 2-75 所示，从中可以定义新的表格样式。

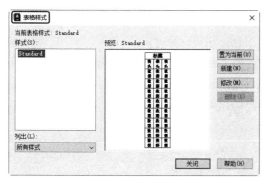

图 2-73 "表格样式"对话框　　　　　图 2-74 "创建新的表格样式"对话框

"新建表格样式：Standard 副本"对话框中有 3 个选项卡，即"常规""文字""边框"，分别用于设置表格中数据、表头和标题的有关参数，如图 2-76 所示。

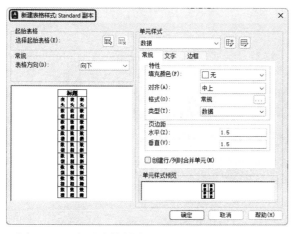

图 2-75 "新建表格样式：Standard 副本"对话框　　　图 2-76 设置表格样式

3. 选项说明

（1）"常规"选项卡。

❶ "特性"选项组。

☑ "填充颜色"下拉列表框：用于指定填充颜色。

☑ "对齐"下拉列表框：用于为单元内容指定一种对齐方式。

☑ "格式"选项框：用于设置表格中各行的数据类型和格式。

☑ "类型"下拉列表框：将单元样式指定为标签或数据，在包含起始表格的表格样式中插入默认文字时使用，也用于在工具选项板上创建表格工具的情况。

❷ "页边距"选项组。

☑ "水平"文本框：设置单元中的文字或块与左右单元边界之间的距离。

☑ "垂直"文本框：设置单元中的文字或块与上下单元边界之间的距离。

❸ "创建行/列时合并单元"复选框：将使用当前单元样式创建的所有新行或列合并到一个单元中。

（2）"文字"选项卡。

☑ "文字样式"下拉列表框：用于指定文字样式。

☑ "文字高度"文本框：用于指定文字高度。

☑ "文字颜色"下拉列表框：用于指定文字颜色。

☑ "文字角度"文本框：用于设置文字角度。

（3）"边框"选项卡。

☑ "线宽"下拉列表框：用于设置要用于显示边界的线宽。

☑ "线型"下拉列表框：通过单击边框按钮，设置线型以应用于指定的边框。

☑ "颜色"下拉列表框：用于指定颜色以应用于显示的边界。

☑ "双线"复选框：选中该复选框，指定选定的边框为双线。

2.8.2 创建表格

设置好表格样式后，用户可以利用 TABLE 命令创建表格。

1. 执行方式

☑ 命令行：TABLE。

☑ 菜单栏："绘图" → "表格"。

☑ 工具栏："绘图" → "表格" ▦。

2. 操作步骤

执行上述操作之一后，弹出"插入表格"对话框，如图 2-77 所示。

图 2-77 "插入表格"对话框

3．选项说明

（1）"表格样式"选项组。

可以在下拉列表框中选择一种表格样式，也可以单击右侧的"启动'表格样式'对话框"按钮，新建或修改表格样式。

（2）"插入方式"选项组。

☑　"指定插入点"单选按钮：用于指定表格左上角的位置。可以使用定点设备，也可以在命令行中输入坐标值。如果表样式将表的方向设置为由下而上读取，则插入点位于表的左下角。

☑　"指定窗口"单选按钮：用于指定表格的大小和位置。可以使用定点设备，也可以在命令行窗口中输入坐标值。选中该单选按钮时，行数、列数、列宽和行高取决于窗口的大小以及列和行的设置。

（3）"列和行设置"选项组。

该选项组可以指定列和行的数目以及列宽与行高。

在"插入表格"对话框中进行相应的设置后，单击"确定"按钮，系统在指定的插入点处自动插入一个空表格，并显示"文字编辑器"选项卡，用户可以逐行逐列输入相应的文字或数据，如图 2-78 所示。

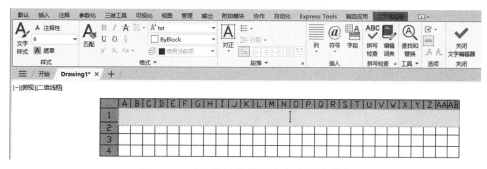

图 2-78　"文字编辑器"和空表格选项卡

2.8.3　表格文字编辑

1．执行方式

☑　命令行：TABLEDIT。

☑　快捷菜单：选定表的一个或多个单元格后右击，在弹出的快捷菜单中选择"编辑文字"命令。

☑　定点设备：在表格单元内双击。

2．操作步骤

执行上述操作之一后，弹出多行文字编辑器，用户可以对指定单元格中的文字进行编辑。

在 AutoCAD 2024 中，可以在表格中插入简单的公式，用于求和、计数和计算平均值，以及定义简单的算术表达式。要在选定的单元格中插入公式，则需要在单元格中右击，在弹出的快捷菜单中选择"插入点"→"公式"命令。也可以使用多行文字编辑器输入公式。选择一个公式项后，命令行提示如下。

> 选择表单元范围的第一个角点：（在表格内指定一点）
> 选择表单元范围的第二个角点：（在表格内指定另一点）

2.8.4 实例——A3 建筑图纸样板图形

设置单位、图形边界及文本样式后，先利用"矩形"和"直线"命令绘制图框线和标题栏，再利用"表格"命令绘制会签栏。绘制流程图如图 2-79 所示。

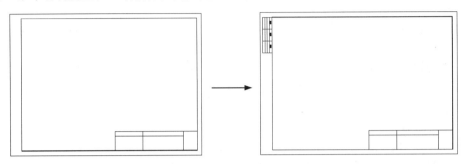

图 2-79 绘制 A3 建筑图纸样板图形

下面绘制一个建筑样板图形，具有自己的图标栏和会签栏。

1. 设置单位和图形边界

（1）打开 AutoCAD 2024 应用程序，系统自动建立一个新的图形文件。

（2）设置单位。在菜单栏中选择"格式"→"单位"命令，弹出"图形单位"对话框，如图 2-80 所示。设置长度的"类型"为"小数"，"精度"为 0；角度的"类型"为"十进制度数"，"精度"为 0，系统默认逆时针方向为正方向。

（3）设置图形边界。国标对图纸的幅面大小作了严格规定，在这里，按国标 A3 图纸幅面设置图形边界。A3 图纸的幅面为 420mm×297mm，命令行提示如下。

图 2-80 "图形单位"对话框

```
命令：LIMITS✓
重新设置模型空间界限：
指定左下角点或 [开(ON)/关(OFF)] <0.0000,0.0000>：✓
指定右上角点 <12.0000,9.0000>：420,297✓
```

2. 设置文本样式

下面列出一些本练习中的格式，请按如下约定进行设置：一般注释文本高度为 7，零件名称文本高度为 10，图标栏和会签栏中的其他文字高度为 5，尺寸文字高度为 5；线型比例为 1，图纸空间线型比例为 1；单位为十进制，尺寸小数点后 0 位，角度小数点后 0 位。

可以生成 4 种文字样式，分别用于一般注释、标题块中零件名、标题块注释及尺寸标注。

（1）单击"默认"选项卡"注释"面板中的"文字样式"按钮 A，弹出"文字样式"对话框，单击"新建"按钮，系统弹出"新建文字样式"对话框，如图 2-81 所示。接受默认的"样式 1"文字样式名，单击"确定"按钮退出。

（2）系统返回"文字样式"对话框，在"字体名"下拉列表框中选择"宋体"选项，设置"高度"为 5，"宽度因子"为 0.7，如图 2-82 所示。单击"应用"按钮，再单击"关闭"按钮。其他文字样式的设置与此类似。

图 2-81 "新建文字样式"对话框　　　　　图 2-82 "文字样式"对话框

3. 绘制图框线和标题栏

（1）单击"默认"选项卡"绘图"面板中的"矩形"按钮口，两个角点的坐标分别为（25,10）和（410,287），绘制一个 420mm×297mm（A3 图纸大小）的矩形作为图纸范围，如图 2-83 所示（外框表示设置的图纸范围）。

（2）单击"默认"选项卡"绘图"面板中的"直线"按钮／，绘制标题栏。坐标分别为{（230,10），（230,50），（410,50）}、{（280,10），（280,50）}、{（360,10），（360,50）}、{（230,40），（360,40）}，如图 2-84 所示（说明：大括号中的数值表示一条独立连续线段的端点坐标）。

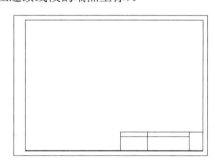

图 2-83 绘制图框线　　　　　图 2-84 绘制标题栏

4. 绘制会签栏

（1）单击"默认"选项卡"注释"面板中的"表格样式"按钮，弹出"表格样式"对话框，如图 2-85 所示。

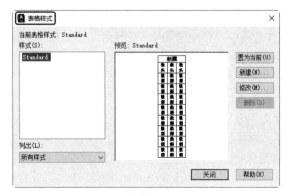

图 2-85 "表格样式"对话框

（2）单击"修改"按钮，系统打开"修改表格样式：Standard"对话框，在"单元样式"下拉列表框中选择"数据"选项，在下面的"文字"选项卡中将"文字高度"设置为3，如图 2-86 所示。再打开"常规"选项卡，将"页边距"选项组中的"水平"和"垂直"都设置为1，如图 2-87 所示。

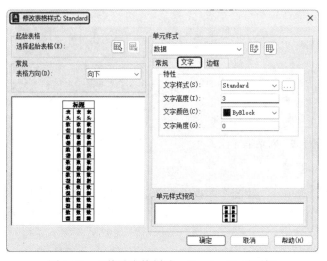

图 2-86　"修改表格样式：Standard"对话框

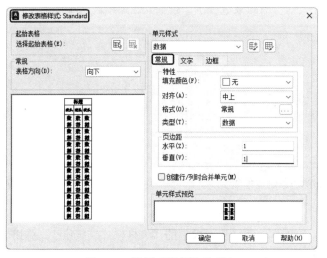

图 2-87　设置"常规"选项卡

📖 说明：表格的行高=文字高度+2×垂直页边距，此处设置为 3+2×1=5。

（3）系统返回"表格样式"对话框中，单击"关闭"按钮退出。

（4）单击"默认"选项卡"注释"面板中的"表格"按钮▦，系统将弹出"插入表格"对话框，在"列和行设置"选项组中将"列数"设置为3，"列宽"设置为25，"数据行数"设置为2（加上标题行和表头行共 4 行），"行高"设置为 1 行（即为 5）；在"设置单元样式"选项组中将"第一行单元样式""第二行单元样式""所有其他行单元样式"都设置为"数据"，如图 2-88 所示。

（5）在图框线左上角指定表格位置，系统生成表格，同时打开多行文字编辑器，如图 2-89 所示，在表格中依次输入文字，如图 2-90 所示。最后按 Enter 键或单击多行文字编辑器上的"关闭"按钮，生成表格，如图 2-91 所示。

图 2-88 "插入表格"对话框

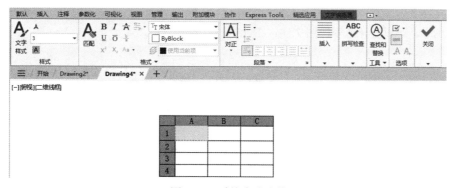

图 2-89 系统生成表格

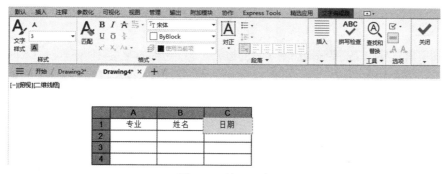

图 2-90 输入文字

（6）单击"默认"选项卡"修改"面板中的"旋转"按钮 ↺（此命令会在以后讲述），把会签栏旋转-90°，结果如图 2-92 所示。这就得到了一个样板图形，带有自己的图标栏和会签栏，命令行提示如下。

```
命令：_rotate↙
UCS 当前的正角方向：ANGDIR=逆时针 ANGBASE=0
选择对象：（选择步骤（5）中绘制的表格）
指定基点：（以矩形左下角点为基点）
指定旋转角度，或 [复制(C)/参照(R)] <0>：-90↙
```

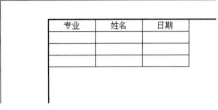

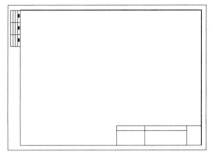

图 2-91　生成表格　　　　　　　　　　图 2-92　旋转会签栏

5. 保存为样板图文件

样板图及其环境设置完成后，可以将其保存为样板图文件。单击快速访问工具栏中的"保存"按钮，弹出"图形另存为"对话框。在"文件类型"下拉列表框中选择"AutoCAD 图形样板（*.dwt）"选项，输入文件名为 A3，单击"保存"按钮保存文件。

下次绘图时，可以打开该样板图文件，在此基础上开始绘图。

2.9　图 案 填 充

当用户需要用一个重复的图案（pattern）填充某个区域时，可以使用 BHATCH 命令建立一个相关联的填充阴影对象，即所谓的图案填充。

2.9.1　基本概念

1. 图案边界

当进行图案填充时，首先要确定图案填充的边界。定义边界的对象只能是直线、双向射线、单向射线、多段线、样条曲线、圆弧、圆、椭圆、椭圆弧、面域等对象或用这些对象定义的块，而且作为边界的对象，在当前屏幕上必须全部可见。

2. 孤岛

在进行图案填充时，把位于总填充域内的封闭区域称为孤岛，如图 2-93 所示。在用 BHATCH 命令进行图案填充时，AutoCAD 允许用户以拾取点的方式确定填充边界，即在希望填充的区域内任意拾取一点，AutoCAD 会自动确定出填充边界，同时也确定该边界内的孤岛。如果用户是以点取对象的方式确定填充边界的，则必须确切地点取这些孤岛。

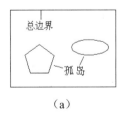

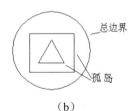

（a）　　　　　　　　　　　　　　　（b）

图 2-93　孤岛

3．填充方式

在进行图案填充时，需要控制填充的范围，AutoCAD 系统为用户设置了以下 3 种填充方式，以实现对填充范围的控制。

- ☑ 普通方式。该方式从边界开始，从每条填充线或每个剖面符号的两端向里画，遇到内部对象与之相交时，填充线或剖面符号断开，直到遇到下一次相交时再继续画，如图 2-94（a）所示。采用这种方式时，要避免填充线或剖面符号与内部对象的相交次数为奇数。该方式为系统内部的默认方式。
- ☑ 最外层方式。该方式从边界开始，向里画剖面符号，只要在边界内部与对象相交，剖面符号就由此断开，不再继续画，如图 2-94（b）所示。
- ☑ 忽略方式。该方式忽略边界内部的对象，所有内部结构都被剖面符号覆盖，如图 2-94（c）所示。

（a）普通方式　　　　（b）最外层方式　　　　（c）忽略方式

图 2-94　填充方式

2.9.2　图案填充的操作

1．执行方式

- ☑ 命令行：BHATCH。
- ☑ 菜单栏："绘图"→"图案填充"。
- ☑ 工具栏："绘图"→"图案填充"▨或"绘图"→"渐变色"▨。
- ☑ 功能区："默认"→"绘图"→"图案填充"▨。

2．操作步骤

执行上述操作之一后，系统弹出如图 2-95 所示的"图案填充创建"选项卡。

图 2-95　"图案填充创建"选项卡

3．选项说明

（1）"边界"面板。

- ☑ 拾取点：通过选择由一个或多个对象形成的封闭区域内的点，确定图案填充边界，如图 2-96 所示。指定内部点时，可以随时在绘图区域中右击，以显示包含多个选项的快捷菜单。
- ☑ 选择边界对象：指定基于选定对象的图案填充边界。使用该选项时，不会自动检测内部对象，必须选择选定边界内的对象，以按照当前孤岛检测样式填充这些对象，如图 2-97 所示。
- ☑ 删除边界对象：从边界定义中删除之前添加的任何对象，如图 2-98 所示。

 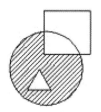

（a）选择一点　　　　　（b）填充区域　　　　　（c）填充结果

图 2-96　边界确定

 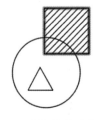 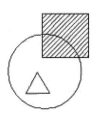

（a）原始图形　　　　　（b）选取边界对象　　　　（c）填充结果

图 2-97　选择边界对象

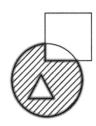 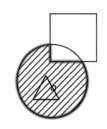 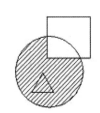

（a）选取边界对象　　　　（b）删除边界　　　　　（c）填充结果

图 2-98　删除"岛"后的边界

☑　重新创建边界：围绕选定的图案填充或填充对象创建多段线或面域，并使其与图案填充对象相关联（可选）。

☑　显示边界对象：选择构成选定关联图案填充对象的边界的对象，使用显示的夹点可修改图案填充边界。

☑　保留边界对象：指定如何处理图案填充边界对象。

  ➢　不保留边界：不创建独立的图案填充边界对象。

  ➢　保留边界-多段线：创建封闭图案填充对象的多段线。

  ➢　保留边界-面域：创建封闭图案填充对象的面域对象。

  ➢　选择新边界集：指定对象的有限集（称为边界集），以便通过创建图案填充时的拾取点来计算。

（2）"图案"面板。

显示所有预定义和自定义图案的预览图像。

（3）"特性"面板。

☑　图案填充类型：指定是使用纯色、渐变色、图案还是用户定义的填充。

☑　图案填充颜色：替代实体填充和填充图案的当前颜色。

☑　背景色：指定填充图案背景的颜色。

☑　图案填充透明度：设定新图案填充或填充的透明度，替代当前对象的透明度。

☑ 图案填充角度：指定图案填充或填充的角度。

☑ 填充图案比例：放大或缩小预定义或自定义填充图案。

☑ 相对图纸空间：（仅在布局中可用）相对于图纸空间单位缩放填充图案。使用此选项，可很容易地做到以适合于布局的比例显示填充图案。

☑ 双向：（仅当"图案填充类型"设定为"用户定义"时可用）将绘制第二组直线，与原始直线成 90°角，从而构成交叉线。

☑ ISO 笔宽：（仅对于预定义的 ISO 图案可用）基于选定的笔宽缩放 ISO 图案。

（4）"原点"面板。

☑ 设定原点：直接指定新的图案填充原点。

☑ 左下：将图案填充原点设定在图案填充边界矩形范围的左下角。

☑ 右下：将图案填充原点设定在图案填充边界矩形范围的右下角。

☑ 左上：将图案填充原点设定在图案填充边界矩形范围的左上角。

☑ 右上：将图案填充原点设定在图案填充边界矩形范围的右上角。

☑ 中心：将图案填充原点设定在图案填充边界矩形范围的中心。

☑ 使用当前原点：将图案填充原点设定在 HPORIGIN 系统变量中存储的默认位置。

☑ 存储为默认原点：将新图案填充原点的值存储在 HPORIGIN 系统变量中。

（5）"选项"面板。

☑ 关联：指定图案填充或填充为关联图案填充。关联的图案填充或填充在用户修改其边界对象时将会更新。

☑ 注释性：指定图案填充为注释性。此特性会自动完成缩放注释过程，从而使注释能够以正确的大小在图纸上打印或显示。

☑ 使用当前原点：使用选定图案填充对象（除图案填充原点外）设定图案填充的特性。

☑ 使用源图案填充的原点：使用选定图案填充对象（包括图案填充原点）设定图案填充的特性。

☑ 允许的间隙：设定将对象用作图案填充边界时可以忽略的最大间隙。默认值为 0，此值指定对象必须封闭区域而没有间隙。

☑ 创建独立的图案填充：控制当指定了几个单独的闭合边界时，是创建单个图案填充对象，还是创建多个图案填充对象。

☑ 孤岛检测：分为以下三种类型。

➢ 普通孤岛检测：从外部边界向内填充。如果遇到内部孤岛，填充将关闭，直到遇到孤岛中的另一个孤岛。

➢ 外部孤岛检测：从外部边界向内填充。此选项仅填充指定的区域，不会影响内部孤岛。

➢ 忽略孤岛检测：忽略所有内部的对象，填充图案时将通过这些对象。

☑ 绘图次序：为图案填充或填充指定绘图次序。选项包括不更改、后置、前置、置于边界之后和置于边界之前。

（6）"关闭"面板。

关闭"图案填充创建"选项卡：退出 HATCH 并关闭上下文选项卡。也可以按 Enter 键或 Esc 键退出 HATCH。

2.9.3 编辑填充的图案

利用 HATCHEDIT 命令，可以编辑已经填充的图案。

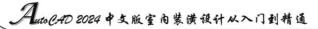

1. 执行方式

☑ 命令行：HATCHEDIT。

☑ 菜单栏："修改"→"对象"→"图案填充"。

☑ 工具栏："修改 II"→"编辑图案填充" 。

☑ 功能区："默认"→"修改"→"编辑图案填充" 。

2. 操作步骤

选择图案填充对象：

选取填充对象后，系统弹出如图 2-99 所示的"图案填充编辑"对话框。

图 2-99 "图案填充编辑"对话框

在图 2-99 中，只有正常显示的选项，才可以对其进行操作。"图案填充编辑"对话框中各选项的含义与图 2-95 所示的"图案填充创建"选项卡中各选项的含义相同。利用该对话框，可以对已填充的图案进行一系列的编辑修改。

2.9.4 实例——小房子

视频讲解

本实例利用"直线"命令绘制屋顶和外墙轮廓，再利用"矩形""圆环""多段线""多行文字"命令绘制门、把手、窗、牌匾，最后利用"图案填充"命令填充图案。绘制流程图如图 2-100 所示。

1. 绘制小房子轮廓

（1）单击"默认"选项卡"绘图"面板中的"直线"按钮 ，以{（0,500）、（600,500）}为端点坐标绘制直线。

（2）单击"默认"选项卡"绘图"面板中的"直线"按钮 ，单击状态栏中的"对象捕捉"按钮 ，捕捉绘制好的直线的中点，以其为起点，以（@0,50）为第二点坐标，绘制直线。连接各端点，结果如图 2-101 所示。

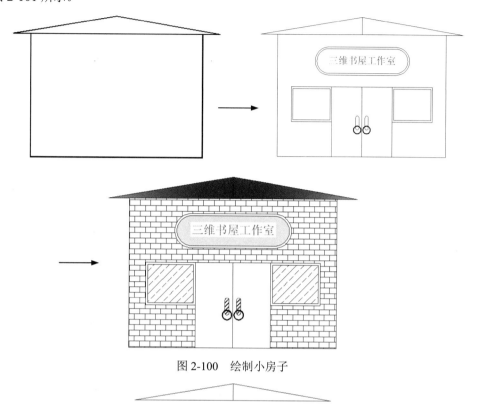

图 2-100　绘制小房子

图 2-101　屋顶轮廓

（3）单击"默认"选项卡"绘图"面板中的"矩形"按钮▢，以（50,500）为第一角点坐标，以（@500,−350）为第二角点坐标，绘制墙体轮廓，结果如图 2-102 所示。

2．绘制门

（1）绘制门体。单击"默认"选项卡"绘图"面板中的"矩形"按钮▢，以墙体底面的中点为第一角点，以（@90,200）为第二角点坐标，绘制右边的门；同理，以墙体底面的中点作为第一角点，以（@−90,200）为第二角点坐标，绘制左边的门。结果如图 2-103 所示。

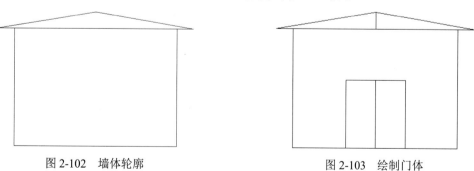

图 2-102　墙体轮廓

图 2-103　绘制门体

（2）绘制门把手。单击"默认"选项卡"绘图"面板中的"矩形"按钮▢，在适当的位置上，绘制一个长度为 10、高度为 24、倒圆半径为 5 的矩形。命令行提示如下。

```
命令：RECTANG↙
指定第一个角点或 [倒角(C)/标高(E)/圆角(F)/厚度(T)/宽度(W)]：f↙
指定矩形的圆角半径 <0.0000>：5↙
指定第一个角点或 [倒角(C)/标高(E)/圆角(F)/厚度(T)/宽度(W)]：（在图 2-103 中选取合适的
位置）
指定另一个角点或 [面积(A)/尺寸(D)/旋转(R)]：@10,40↙
```

用同样的方法，绘制另一个门把手。结果如图 2-104 所示。

（3）绘制门环。单击"默认"选项卡"绘图"面板中的"圆环"按钮◎，在适当的位置上绘制两个内径为 20、外径为 24 的圆环。命令行提示如下。

```
命令：DONUT↙
指定圆环的内径 <30.0000>：20↙
指定圆环的外径 <35.0000>：24↙
指定圆环的中心点或 <退出>：（适当指定一点）
指定圆环的中心点或 <退出>：（适当指定一点）
指定圆环的中心点或 <退出>：↙
```

绘制结果如图 2-105 所示。

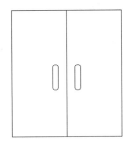

图 2-104　绘制门把手

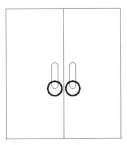

图 2-105　绘制门环

3. 绘制窗户

（1）单击"默认"选项卡"绘图"面板中的"矩形"按钮▭，绘制左边外玻璃窗，指定门的左上角点为第一个角点，指定第二角点坐标为（@-120,-100）；接着指定门的右上角点为第一个角点，指定第二角点坐标为（@120,-100），绘制右边外玻璃窗。

（2）单击"默认"选项卡"绘图"面板中的"矩形"按钮▭，以（205,345）为第一角点坐标，以（@-110,-90）为第二角点坐标，绘制左边内玻璃窗；以（505,345）为第一角点坐标，以（@-110,-90）为第二角点坐标，绘制右边的内玻璃窗，结果如图 2-106 所示。

4. 绘制牌匾

单击"默认"选项卡"绘图"面板中的"多段线"按钮，绘制牌匾。命令行提示如下。

```
命令：_pline↙
指定起点：200,375
当前线宽为 0.0000
指定下一点或 [圆弧(A)/半宽(H)/长度(L)/放弃(U)/宽度(W)]：@200,0↙
指定下一点或 [圆弧(A)/闭合(C)/半宽(H)/长度(L)/放弃(U)/宽度(W)]：a↙
指定圆弧的端点(按住 Ctrl 键以切换方向)或 [角度(A)/圆心(CE)/闭合(CL)/方向(D)/半宽(H)/
直线(L)/半径(R)/第二个点(S)/放弃(U)/宽度(W)]：a↙
```

Note

```
指定夹角：180↙
指定圆弧的端点(按住 Ctrl 键以切换方向)或 [圆心(CE)/半径(R)]：r↙
指定圆弧的半径：40↙
指定圆弧的弦方向(按住 Ctrl 键以切换方向) <0>：90↙
指定圆弧的端点(按住 Ctrl 键以切换方向)或 [角度(A)/圆心(CE)/闭合(CL)/方向(D)/半宽(H)/
直线(L)/半径(R)/第二个点(S)/放弃(U)/宽度(W)]：l↙
指定下一点或 [圆弧(A)/闭合(C)/半宽(H)/长度(L)/放弃(U)/宽度(W)]：@-200,0↙
指定下一点或 [圆弧(A)/闭合(C)/半宽(H)/长度(L)/放弃(U)/宽度(W)]：a↙
指定圆弧的端点(按住 Ctrl 键以切换方向)或 [角度(A)/圆心(CE)/闭合(CL)/方向(D)/半宽(H)/
直线(L)/半径(R)/第二个点(S)/放弃(U)/宽度(W)]：a↙
指定夹角：180↙
指定圆弧的端点(按住 Ctrl 键以切换方向)或 [圆心(CE)/半径(R)]：r↙
指定圆弧的半径：40↙
指定圆弧的弦方向(按住 Ctrl 键以切换方向) <180>：-90↙
指定圆弧的端点(按住 Ctrl 键以切换方向)或 [角度(A)/圆心(CE)/闭合(CL)/方向(D)/半宽(H)/
直线(L)/半径(R)/第二个点(S)/放弃(U)/宽度(W)]：
```

绘制结果如图 2-107 所示。

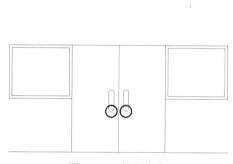

图 2-106　绘制窗户

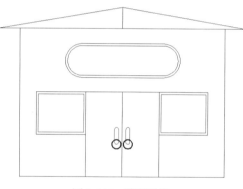

图 2-107　牌匾轮廓

5. 输入牌匾中的文字

单击"默认"选项卡"注释"面板中的"多行文字"按钮 **A**，系统打开"文字编辑器"选项卡，输入书店的名称，并设置字体的属性，结果如图 2-108 所示。单击"关闭"按钮 ✔，即可完成牌匾的绘制，如图 2-109 所示。

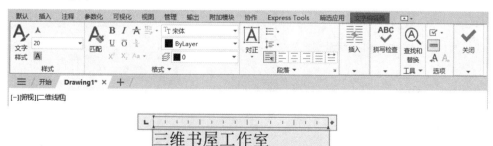

图 2-108　输入牌匾文字

6. 填充图形

图案的填充主要包括 5 部分，即墙面、玻璃窗、门把手、牌匾和屋顶等。利用"图案填充"命令选择适当的图案，即可分别填充这 5 部分图形。

（1）外墙图案填充。

❶ 单击"默认"选项卡"绘图"面板中的"图案填充"按钮▨，系统打开"图案填充创建"选项卡，单击"选项"面板中的 ↘ 按钮，打开"图案填充和渐变色"对话框，如图 2-110 所示。单击该对话框右下角的⊙按钮展开对话框，在"孤岛"选项组中选择"外部"孤岛显示样式，如图 2-111 所示。

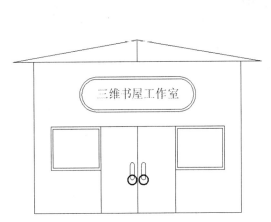

图 2-109　牌匾

图 2-110　"图案填充和渐变色"对话框

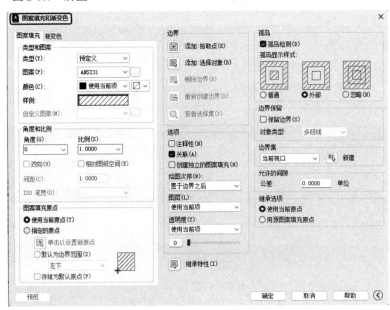

图 2-111　选择"外部"孤岛

❷ 在"类型"下拉列表框中选择"预定义"选项，单击"图案"下拉列表框右侧的⊞按钮，打开"填充图案选项板"对话框，选择"其他预定义"选项卡中的 BRICK 图案。

❸ 单击"确定"按钮后，返回"图案填充和渐变色"对话框，将"比例"设置为2，如图 2-112 所示。单击⊞按钮，切换到绘图平面，在墙面区域中选取一点，按 Enter 键后，完成墙面填充，结果如图 2-113 所示。

图 2-112　选择适当的图案

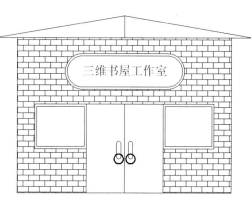

图 2-113　完成墙面填充

（2）窗户图案填充。用相同的方法，选择"其他预定义"选项卡中的 STEEL 图案，将其"比例"设置为4，选择窗户区域并对其进行填充，结果如图 2-114 所示。

（3）门把手图案填充。用相同的方法，选择 ANSI 选项卡中的 ANSI34 图案，将其"比例"设置为0.4，选择门把手区域并对其进行填充，结果如图 2-115 所示。

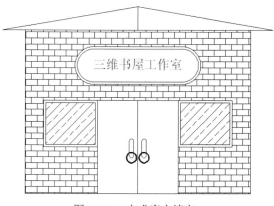

图 2-114　完成窗户填充

图 2-115　完成门把手填充

（4）牌匾图案填充。

❶ 单击"默认"选项卡"绘图"面板中的"渐变色"按钮▤，系统打开"图案填充创建"选项

卡，单击"选项"面板中的 ❑ 按钮，打开"图案填充和渐变色"对话框，如图 2-116 所示，在"颜色"选项组中选中"单色"单选按钮，单击显示框后面的 ❑ 按钮，打开"选择颜色"对话框，选择金黄色，如图 2-117 所示。

图 2-116　"图案填充和渐变色"对话框

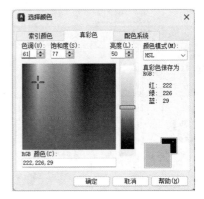

图 2-117　"选择颜色"对话框

❷ 单击"确定"按钮后，返回"图案填充和渐变色"对话框的"渐变色"选项卡中，在颜色渐变方式样板中选择左下角的过渡模式。单击"添加:拾取点"按钮 ⊞，切换到绘图平面，在牌匾区域中选取一点，按 Enter 键，完成牌匾的填充，如图 2-118 所示。

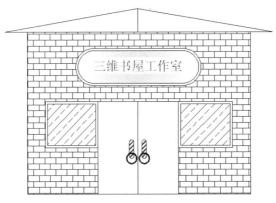

图 2-118　完成牌匾填充

完成牌匾填充后，发现不需要填充金黄色渐变，这时可以在填充区域中双击，系统将打开"图案填充编辑器"选项卡，单击"选项"面板中的 ❑ 按钮，打开"图案填充编辑"对话框，将颜色渐变滑块移动到中间位置，如图 2-119 所示，单击"确定"按钮，完成牌匾填充图案的编辑，如图 2-120 所示。

（5）屋顶图案填充。用同样的方法，打开"图案填充和渐变色"对话框的"渐变色"选项卡，选中"双色"单选按钮，分别设置"颜色 1"和"颜色 2"为红色和绿色，选择一种颜色过渡方式，如图 2-121 所示。选择屋顶区域并对其进行填充，按 Enter 键，结果如图 2-122 所示。

Note

图 2-119　"图案填充编辑"对话框

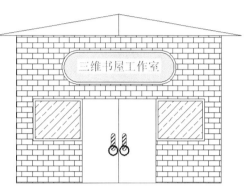

图 2-120　编辑填充图案

图 2-121　设置屋顶填充颜色

图 2-122　三维书屋

2.10　操作与实践

通过前面的学习，读者对本章讲解的知识应该有了大体的了解，本节通过操作实践使读者进一步掌握本章知识要点。

2.10.1 绘制镶嵌圆

1. 目的要求

本实践反复利用"圆"命令绘制镶嵌圆，从而使读者灵活掌握圆的绘制方法。

2. 操作提示

（1）利用"圆"命令以"圆心、半径"的方法绘制两个小圆。

（2）利用"圆"命令以"相切、相切、半径"的方法绘制内部第 3 个小圆。

（3）利用"圆"命令以"相切、相切、相切"的方法绘制外圆。

绘制结果如图 2-123 所示。

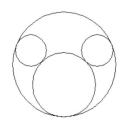

图 2-123 镶嵌圆

2.10.2 绘制卡通造型

1. 目的要求

本实践利用一些基础绘图命令绘制图形，从而使读者灵活掌握这些绘图命令的使用方法。

2. 操作提示

（1）利用"圆"命令绘制左边头部的小圆及圆环。

（2）利用"矩形"命令绘制矩形。

（3）利用"圆""椭圆""多边形"命令绘制卡通造型身体的大圆、小椭圆及正六边形。

（4）利用"直线"命令绘制嘴部。

绘制结果如图 2-124 所示。

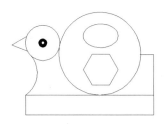

图 2-124 卡通造型

2.10.3 绘制汽车造型

1. 目的要求

本实践图形涉及各种绘图命令，从而使读者灵活掌握各种命令的绘制方法。

2．操作提示

（1）利用"圆""圆环"命令绘制车轮。

（2）利用"直线""多段线""圆弧"命令绘制车身。

（3）利用"矩形""多边形"命令绘制车窗。

绘制结果如图 2-125 所示。

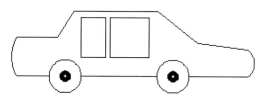

图 2-125　汽车造型

第3章

基本绘图工具

　　为了快捷、准确地绘制图形，AutoCAD 提供了多种必要的和辅助的绘图工具，如图层工具、对象约束工具、对象捕捉工具、栅格工具和正交工具等。利用这些工具，用户可以方便、迅速、准确地实现图形的绘制和编辑，不仅可以提高工作效率，而且能更好地保证图形的质量。

　　本章将详细讲述这些工具的具体使用方法和技巧。

☑　图层设置　　　　　　　　☑　对象约束

☑　绘图辅助工具　　　　　　☑　尺寸标注

任务驱动&项目案例

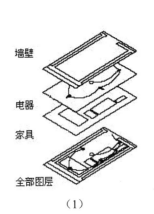

墙壁

电器

家具

全部图层

（1）

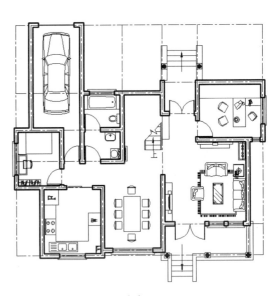

（2）

3.1　图　层　设　置

AutoCAD 中的图层就如同在手工绘图中使用的重叠透明图纸，如图 3-1 所示，可以使用图层来组织不同类型的信息。在 AutoCAD 中，图形的每个对象都位于一个图层上，所有图形对象都具有图层、颜色、线型和线宽 4 个基本属性。在绘图时，图形对象将创建在当前的图层上。每个 AutoCAD 文档中图层的数量是不受限制的，每个图层都有自己的名称。

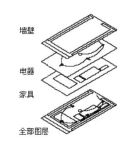

图 3-1　图层示意图

3.1.1　建立新图层

新建的 AutoCAD 文档中只能自动创建一个名为"0"的特殊图层。默认情况下，图层"0"将被指定使用 7 号颜色、Continuous 线型、默认线宽以及 NORMAL 打印样式，并且不能被删除或重命名。通过创建新的图层，可以将类型相似的对象指定给同一个图层使其相关联。例如，可以将构造线、文字、标注和标题栏置于不同的图层上，并为这些图层指定通用特性。通过将对象分类放到各自的图层中，可以快速、有效地控制对象的显示以及对其进行更改。

执行方式如下。

☑　命令行：LAYER。

☑　菜单栏："格式"→"图层"。

☑　工具栏："图层"→"图层特性管理器" （见图 3-2）。

图 3-2　"图层"工具栏

☑　功能区："默认"→"图层"→"图层特性" 或"视图"→"选项板"→"图层特性" 。

执行上述操作之一后，系统将弹出"图层特性管理器"选项板，如图 3-3 所示。单击"图层特性管理器"选项板中的"新建图层"按钮 ，可以建立新图层，默认的图层名为"图层 1"。可以根据绘图需要更改图层名，图层最长可使用 255 个字符的字母数字命名。在一个图形中可以创建的图层数以及在每个图层中可以创建的对象数实际上是无限的，图层特性管理器按名称的字母顺序排列图层。

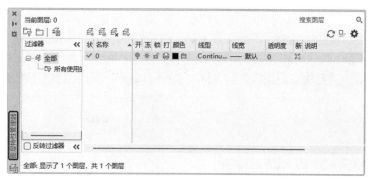

图 3-3　"图层特性管理器"选项板

📖 **说明**：如果要建立多个图层，无须重复单击"新建图层"按钮。更有效的方法是，在建立一个新的图层"图层 1"后，改变图层名，在其后输入逗号","（英文状态下输入），这样系统会自动建立一个新图层"图层 1"，再改变图层名，并输入一个逗号，又一个新的图层建立了，这样可以依次建立各个图层。也可以按两次 Enter 键，建立另一个新的图层。

在每个图层属性设置中，包括图层名称、关闭/打开图层、冻结/解冻图层、锁定/解锁图层、图层线条颜色、图层线条线型、图层线条宽度、图层打印样式以及图层是否打印 9 个参数。下面分别讲述如何设置这些图层参数。

1. 设置图层线条颜色

在工程图中，整个图形包含多种不同功能的图形对象，如实体、剖面线与尺寸标注等，为了便于直观地区分它们，就有必要针对不同的图形对象使用不同的颜色，如"实体"图层使用白色、"剖面线"图层使用青色等。

要改变图层的颜色时，单击图层所对应的颜色图标，弹出"选择颜色"对话框，如图 3-4 所示。该对话框是一个标准的颜色设置对话框，可以使用"索引颜色""真彩色""配色系统"3 个选项卡中的参数来设置颜色。

（a）"索引颜色"选项卡 （b）"真彩色"选项卡 （c）"配色系统"选项卡

图 3-4   "选择颜色"对话框

2. 设置图层线型

线型是指作为图形基本元素的线条的组成和显示方式，如实线、点画线等。在许多绘图工作中，常常以线型划分图层，需要为某一个图层设置适合的线型。在绘图时，只需将该图层设置为当前工作层，即可绘制出符合线型要求的图形对象，从而极大地提高了绘图效率。

单击图层所对应的线型图标，弹出"选择线型"对话框，如图 3-5 所示。默认情况下，在"已加载的线型"列表框中，系统中只添加了 Continuous 线型。单击"加载"按钮，弹出"加载或重载线型"对话框，如图 3-6 所示。可以看到 AutoCAD 提供了许多线型，选择所需的线型，单击"确定"按钮，即可把所选线型加载到"已加载的线型"列表框中，也可以按住 Ctrl 键选择几种线型同时加载。

图 3-5   "选择线型"对话框   图 3-6   "加载或重载线型"对话框

3. 设置图层线宽

线宽设置，顾名思义就是改变线条的宽度。用不同宽度的线条表现图形对象的类型，可以提高图形的表达能力和可读性，如绘制外螺纹时，大径使用粗实线，小径使用细实线。

单击"图层特性管理器"选项板中图层所对应的线宽图标，弹出"线宽"对话框，如图 3-7 所示。选择一种线宽，单击"确定"按钮即可完成对图层线宽的设置。

图层线宽的默认值为 0.25mm。在状态栏为"模型"状态时，显示的线宽同计算机的像素有关。线宽为 0mm 时，显示为一个像素的线宽。单击状态栏中的"显示/隐藏线宽"按钮 ，显示的图形线宽与实际线宽成比例，如图 3-8 所示，但线宽不随着图形的放大和缩小而变化。线宽功能关闭时，不显示图形的线宽，图形的线宽均以默认宽度值显示，可以在"线宽"对话框中选择所需的线宽。

图 3-7　"线宽"对话框

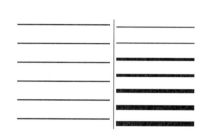

图 3-8　线宽显示效果图

3.1.2　设置图层

除了前面讲述的通过"图层特性管理器"选项板设置图层的方法外，还有其他几种简便方法可以设置图层的颜色、线宽、线型等参数。

1. 直接设置图层

可以直接通过命令行或菜单设置图层的颜色、线宽、线型等参数。

（1）设置颜色。

☑　命令行：COLOR。

☑　菜单栏："格式"→"颜色"。

执行上述操作之一后，系统弹出"选择颜色"对话框，如图 3-4 所示。

（2）设置线型。

☑　命令行：LINETYPE。

☑　菜单栏："格式"→"线型"。

执行上述操作之一后，系统弹出"线型管理器"对话框，如图 3-9 所示。该对话框的使用方法与图 3-5 所示的"选择线型"对话框类似。

（3）设置线宽。

☑　命令行：LINEWEIGHT 或 LWEIGHT。

☑　菜单栏："格式"→"线宽"。

执行上述操作之一后，系统弹出"线宽设置"对话框，如图 3-10 所示。该对话框的使用方法与图 3-7 所示的"线宽"对话框类似。

Note

图 3-9 "线型管理器"对话框

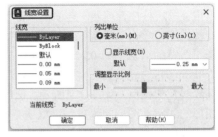

图 3-10 "线宽设置"对话框

2. 利用"特性"面板设置图层

AutoCAD 提供了一个"特性"面板，如图 3-11 所示。用户能够控制和使用面板中的对象特性工具快速地查看和改变所选对象的颜色、线型、线宽等特性。"特性"面板增强了查看和编辑对象属性的功能，在绘图区选择任意对象都将在该工具栏中自动显示它所在的图层、颜色、线型等属性。

也可以在"特性"面板的"颜色""线型""线宽"下拉列表框中选择需要的参数值。如果在"颜色"下拉列表框中选择"更多颜色"选项，如图 3-12 所示，系统就会弹出"选择颜色"对话框。同样，如果在"线型"下拉列表框中选择"其他"选项，如图 3-13 所示，系统就会弹出"线型管理器"对话框。

图 3-11 "特性"面板

图 3-12 "更多颜色"选项

图 3-13 "其他"选项

3. 用"特性"选项板设置图层

（1）执行方式。

☑ 命令行：DDMODIFY 或 PROPERTIES。

☑ 菜单栏："修改"→"特性"。

☑ 工具栏："标准"→"特性"。

☑ 功能区："默认"→"特性"→"对话框启动器"。

（2）操作步骤。

执行上述操作之一后，系统弹出"特性"选项板，如图 3-14 所示。在该选项板中可以方便地设置或修改图层、颜色、线型、线宽等属性。

图 3-14 "特性"选项板

3.1.3 控制图层

1. 切换当前图层

不同的图形对象需要绘制在不同的图层中，在绘制前，需要将工作图层切换到所需的图层。单击"默认"选项卡"图层"面板中的"图层特性"按钮，弹出"图层特性管理器"选项板，选择图层，单击"置为当前"按钮即可完成设置。

2. 删除图层

在"图层特性管理器"选项板的图层列表框中选择要删除的图层，单击"删除"按钮即可删除该图层。从图形文件定义中删除选定的图层时，只能删除未参照的图层。参照图层包括图层"0"及DEFPOINTS、包含对象（包括块定义中的对象）的图层、当前图层和依赖外部参照的图层。不包含对象（包括块定义中的对象）的图层、非当前图层和不依赖外部参照的图层都可以被删除。

3. 关闭/打开图层

在"图层特性管理器"选项板中单击图标，可以控制图层的可见性。图层打开时，图标小灯泡呈亮黄色，该图层上的图形可以显示在屏幕上或绘制在绘图仪上。单击该属性图标后，图标小灯泡呈蓝色，该图层上的图形不显示在屏幕上，而且不能被打印输出，但仍然作为图形的一部分保留在文件中。

4. 冻结/解冻图层

在"图层特性管理器"选项板中单击图标，可以冻结图层或将图层解冻。图标呈雪花蓝色时，该图层处于冻结状态；图标呈太阳鲜艳色时，该图层处于解冻状态。图层上冻结的对象不能被显示，也不能被打印，同时也不能被编辑修改。在冻结了图层后，该图层上的对象不影响其他图层上对象的显示和打印。例如，在使用 HIDE 命令消隐对象时，被冻结图层上的对象不隐藏。注意：当前图层不能被冻结。

5. 锁定/解锁图层

在"图层特性管理器"选项板中单击 🔓 或 🔒 图标,可以锁定图层或将图层解锁。锁定图层后,该图层上的图形依然显示在屏幕上并可打印输出,也可以在该图层上绘制新的图形对象,但不能对该图层上的图形进行编辑修改操作。可以对当前图层进行锁定,也可以对锁定图层上的图形对象进行查询或捕捉。锁定图层可以防止对图形的意外修改。

6. 打印样式

在 AutoCAD 中,可以使用一个名为"打印样式"的对象特性。打印样式控制对象的打印特性,包括颜色、抖动、灰度、虚拟笔、线型、线宽、线条端点样式、线条连接样式和填充样式等。打印样式功能给用户提供了很大的灵活性,用户可以设置打印样式来替代其他对象特性,也可以根据需要关闭这些替代设置。

7. 打印/不打印

在"图层特性管理器"选项板中单击 🖨 或 🖨 图标,可以设定该图层是否打印,以保证在图形可见性不变的条件下,控制图形的打印特征。打印功能只对可见的图层起作用,对于已经被冻结或被关闭的图层不起作用。

8. 新视口冻结

新视口冻结功能用于控制在当前视口中图层的冻结和解冻,不解冻图形中被设置为"关"或"冻结"的图层,对于模型空间视口不可用。

9. 透明度

透明度可控制所有对象在选定图层上的可见性。对单个对象应用透明度时,对象的透明度特性将替代图层的透明度设置。

10. 说明

(可选)描述图层或图层过滤器。

3.2 绘图辅助工具

要快速顺利地完成图形绘制工作,有时要借助一些辅助工具,如用于准确确定绘制位置的精确定位工具和调整图形显示范围与显示方式的图形显示工具等。下面简要介绍这两种非常重要的辅助绘图工具。

3.2.1 精确定位工具

在绘制图形时,可以使用直角坐标和极坐标精确定位点,但是有些点(如端点、中心点等)的坐标是不知道的,如果想精确地指定这些点是很困难的,有时甚至是不可能的。AutoCAD 中提供了精确定位工具,使用这类工具,可以很容易地在屏幕中捕捉到这些点,进行精确绘图。

1. 推断约束

可以在创建和编辑几何对象时自动应用几何约束。

启用"推断约束"模式会自动在正在创建或编辑的对象与对象捕捉的关联对象或点之间应用约束。

与 AUTOCONSTRAIN 命令相似，约束也只有在对象符合约束条件时才会应用。推断约束后不会重新定位对象。

打开"推断约束"时，用户在创建几何图形时指定的对象捕捉将用于推断几何约束，但是不支持下列对象捕捉：交点、外观交点、延长线和象限点；无法推断下列约束：固定、平滑、对称、同心、等于、共线。

2. 捕捉模式

捕捉是指 AutoCAD 可以生成一个隐含分布于屏幕上的栅格，这种栅格能够捕捉光标，使光标只能落到其中的某一个栅格点上。捕捉可分为矩形捕捉和等轴测捕捉两种类型，默认设置为矩形捕捉，即捕捉点的阵列类似于栅格，如图 3-15 所示。用户可以指定捕捉模式在 X 轴方向和 Y 轴方向上的间距，也可改变捕捉模式与图形界限的相对位置。与栅格不同之处在于，捕捉间距的值必须为正实数，且捕捉模式不受图形界限的约束。等轴测捕捉表示捕捉模式为等轴测模式，此模式是绘制正等轴测图时的工作环境，如图 3-16 所示。在等轴测捕捉模式下，栅格和光标十字线成绘制等轴测图时的特定角度。

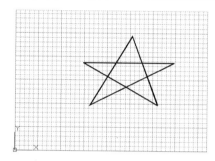

图 3-15　矩形捕捉

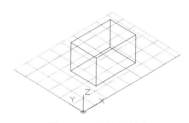

图 3-16　等轴测捕捉

在绘制图 3-15 和图 3-16 所示的图形时，输入参数点时光标只能落在栅格点上。在菜单栏中选择"工具"→"绘图设置"命令，弹出"草图设置"对话框，在"捕捉和栅格"选项卡的"捕捉类型"选项组中选中"矩形捕捉"或"等轴测捕捉"单选按钮，即可切换两种模式。

3. 栅格显示

AutoCAD 中的栅格由有规则的点的矩阵组成，延伸到指定为图形界限的整个区域。使用栅格绘图与在坐标纸上绘图是十分相似的，利用栅格可以对齐对象并直观显示对象之间的距离。如果放大或缩小图形，可能需要调整栅格间距，使其适合新的比例。虽然栅格在屏幕上是可见的，但它并不是图形对象，因此不会被打印成图形中的一部分，也不会影响在何处绘图。

可以单击状态栏中的"栅格显示"按钮▦或按 F7 键打开或关闭栅格。启用栅格并设置栅格在 X 轴方向和 Y 轴方向上的间距的方法如下。

- ☑　命令行：DSETTINGS（快捷命令为 DS、SE 或 DDRMODES）。
- ☑　菜单栏："工具"→"绘图设置"。
- ☑　快捷菜单：右击"栅格显示"按钮▦，在弹出的快捷菜单中选择"网格设置"命令。

执行上述操作之一后，系统弹出"草图设置"对话框，如图 3-17 所示。

如果要显示栅格，则需要选中"启用栅格"复选框。在"栅格 X 轴间距"文本框中输入栅格点之间的水平距离，单位为"毫米"。如果使用相同的间距设置垂直和水平分布的栅格点，则按 Tab 键；否则，在"栅格 Y 轴间距"文本框中输入栅格点之间的垂直距离。

用户可改变栅格与图形界限的相对位置。默认情况下，栅格以图形界限的左下角为起点，沿着与坐标轴平行的方向填充整个由图形界限所确定的区域。

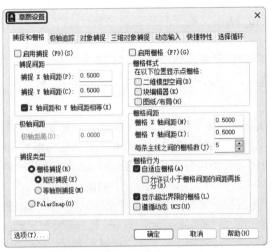

图 3-17 "草图设置"对话框

📖 **说明：** 如果栅格的间距设置得太小，那么当进行打开栅格操作时，AutoCAD 就会在命令行中显示"栅格太密，无法显示"的提示信息，而不在屏幕上显示栅格点。使用缩放功能时，将图形缩放得很小，也会出现同样的提示，不显示栅格。

　　使用捕捉功能可以使用户直接使用鼠标快速地定位目标点。捕捉模式有几种不同的形式，即栅格捕捉、对象捕捉、极轴捕捉和自动捕捉，在下文中将详细讲解。

　　另外，还可以使用 GRID 命令，通过命令行方式设置栅格，其功能与"草图设置"对话框类似，这里不再赘述。

4. 正交绘图

　　正交绘图模式，即在命令的执行过程中，光标只能沿 X 轴或者 Y 轴移动。所有绘制的线段和构造线都将平行于 X 轴或 Y 轴，因此它们相互成 90° 相交，即正交。使用正交绘图模式，对于绘制水平线和垂直线非常有用，特别是绘制构造线时经常使用。而且当捕捉模式为等轴测模式时，它还迫使直线平行于 3 个坐标轴中的一个。

　　要设置正交绘图模式，可以直接单击状态栏中的"正交模式"按钮，或按 F8 键，相应地会在文本窗口中显示开/关提示信息。也可以在命令行中输入 ORTHO，执行开启或关闭正交绘图模式的操作。

5. 极轴捕捉

　　极轴捕捉是在创建或修改对象时，按事先给定的角度增量和距离增量来追踪特征点，即捕捉相对于初始点且满足指定极轴距离和极轴角的目标点。

　　极轴追踪设置主要是设置追踪的距离增量和角度增量以及与之相关联的捕捉模式。这些设置可以通过"草图设置"对话框中的"捕捉和栅格"与"极轴追踪"选项卡来实现。

　　（1）设置极轴距离。

　　在"草图设置"对话框的"捕捉和栅格"选项卡（见图 3-17）中，可以设置极轴距离增量，单位为毫米。绘图时，光标将按指定的极轴距离增量进行移动。

　　（2）设置极轴角度。

　　在"草图设置"对话框的"极轴追踪"选项卡中，可以设置极轴角增量角度，如图 3-18 所示。设置时，可以使用"增量角"下拉列表框中预设的角度，也可以直接输入其他任意角度。光标移动时，如果接近极轴角，将显示对齐路径和工具栏提示。例如，图 3-19 所示为当将极轴角增量设置为 30°时，移动光标所显示的对齐路径。

图 3-18 "极轴追踪"选项卡

图 3-19 极轴捕捉

"附加角"用于设置极轴追踪时是否采用附加角度追踪。选中"附加角"复选框，通过"新建"按钮或者"删除"按钮来增加、删除附加角度值。

（3）对象捕捉追踪设置。

用于设置对象捕捉追踪的模式。如果在"极轴追踪"选项卡的"对象捕捉追踪设置"选项组中选中"仅正交追踪"单选按钮，那么当采用追踪功能时，系统仅在水平和垂直方向上显示追踪数据；如果选中"用所有极轴角设置追踪"单选按钮，那么当采用追踪功能时，系统不仅可以在水平和垂直方向上显示追踪数据，还可以在设置的极轴追踪角度与附加角度所确定的一系列方向上显示追踪数据。

（4）极轴角测量。

用于设置极轴角的角度测量采用的参考基准。"绝对"是相对水平方向逆时针测量，"相对上一段"则是以上一段对象为基准进行测量。

6. 允许/禁止动态 UCS

使用动态 UCS 功能，可以在创建对象时使 UCS 的 XY 平面自动与实体模型上的平面临时对齐。

使用绘图命令时，可以通过在面的一条边上移动指针对齐 UCS，而无须使用 UCS 命令。结束该命令后，UCS 将恢复到其上一个位置和方向。

7. 动态输入

"动态输入"在光标附近提供了一个命令界面，以帮助用户专注于绘图区域。

打开动态输入时，工具提示将在光标旁边显示信息，该信息会随光标移动动态更新。当某命令处于活动状态时，工具提示将为用户提供输入的位置。

8. 显示/隐藏线宽

可以在图形中打开和关闭线宽，并在模型空间中以不同于在图纸空间布局中的方式显示。

9. 快捷特性

对于选定的对象，可以使用"快捷特性"选项卡访问或通过"特性"选项板访问。

可以自定义显示在"快捷特性"选项卡中的特性。选定对象后所显示的特性是所有对象类型的共同特性，也是选定对象的专用特性。可用特性与"特性"选项板上的特性以及用于鼠标悬停工具提示的特性相同。

3.2.2 对象捕捉工具

1. 对象捕捉

AutoCAD 给所有的图形对象都定义了特征点，对象捕捉则是指在绘图过程中，通过捕捉这些特征点，迅速准确地将新的图形对象定位在现有对象的确切位置上，如圆的圆心、线段中点或两个对象的交点等。在 AutoCAD 中，可以通过单击状态栏中的"对象捕捉追踪"按钮 ，或在"草图设置"对话框的"对象捕捉"选项卡中选中"启用对象捕捉"复选框来启用对象捕捉功能。在绘图过程中，对象捕捉功能的调用可以通过以下方式完成。

（1）使用"对象捕捉"工具栏。

在绘图过程中，当系统提示需要指定点的位置时，可以单击"对象捕捉"工具栏中相应的特征点按钮，如图 3-20 所示，再把光标移动到要捕捉对象的特征点附近，AutoCAD 会自动提示并捕捉到这些特征点。例如，如果需要用直线连接一系列圆的圆心，则可以将圆心设置为捕捉对象。如果有多个可能的捕捉点落在选择区域内，AutoCAD 将捕捉离光标中心最近的符合条件的点。在指定位置有多个符合捕捉条件的对象时，需要检查哪一个对象捕捉有效，在捕捉点之前，按 Tab 键可以遍历所有可能的点。

图 3-20　"对象捕捉"工具栏

（2）使用"对象捕捉"快捷菜单。

在需要指定点的位置时，还可以按住 Ctrl 键或 Shift 键并右击，将弹出"对象捕捉"快捷菜单，如图 3-21 所示。在该菜单上同样可以选择某一种特征点执行对象捕捉，把光标移动到要捕捉对象的特征点附近，即可捕捉到这些特征点。

（3）使用命令行。

当需要指定点的位置时，先在命令行中输入相应特征点的关键字，然后把光标移动到要捕捉对象的特征点附近，即可捕捉到这些特征点。对象捕捉特征点的关键字如表 3-1 所示。

图 3-21　"对象捕捉"快捷菜单

表 3-1　对象捕捉特征点的关键字

模　式	关 键 字	模　式	关 键 字	模　式	关 键 字
临时追踪点	TT	捕捉自	FROM	端点	END
中点	MID	交点	INT	外观交点	APP
延长线	EXT	圆心	CEN	象限点	QUA
切点	TAN	垂足	PER	平行线	PAR
节点	NOD	最近点	NEA	无捕捉	NON

说明：（1）不可单独使用对象捕捉，必须配合其他绘图命令一起使用。仅当 AutoCAD 提示输入点时，对象捕捉才生效。如果视图在命令提示下使用对象捕捉，AutoCAD 将显示错误信息。

（2）对象捕捉只影响屏幕上可见的对象，包括锁定图层上的对象、布局视口边界和多段线上的对象，不能捕捉不可见的对象，如未显示的对象、关闭或冻结图层上的对象或虚线的空白部分。

2．对象捕捉追踪

在绘制图形的过程中，使用对象捕捉的频率非常高，如果每次在捕捉时都要先选择捕捉模式，将使工作效率大大降低。出于此种考虑，AutoCAD 提供了自动对象捕捉模式。如果启用了自动捕捉功能，那么当光标距指定的捕捉点较近时，系统就会自动精确地捕捉这些特征点，并显示出相应的标记以及该捕捉的提示。在"草图设置"对话框的"对象捕捉"选项卡中选中"启用对象捕捉追踪"复选框，可以调用自动捕捉功能，如图 3-22 所示。

图 3-22 "对象捕捉"选项卡

📖 **说明**：用户可以设置自己经常使用的捕捉方式。一旦设置了捕捉方式后，在每次运行时，所设定的目标捕捉方式就会被激活，而不是仅对一次选择有效。当同时使用多种捕捉方式时，系统将捕捉距光标最近，同时又满足多种目标捕捉方式之一的点。当光标距要获取的点非常近时，按 Shift 键将暂时不获取对象。

3.3 对象约束

约束能够用于精确地控制草图中的对象。草图约束有两种类型，即几何约束和尺寸约束。

- ☑ 几何约束：用于建立草图对象的几何特性（如要求某一直线具有固定长度）以及两个或多个草图对象的关系类型（如要求两条直线垂直或平行，或是几个弧具有相同的半径）。在二维草图与注释环境下，可以单击"参数化"选项卡中的"全部显示""全部隐藏"或"显示"按钮来显示有关信息，并显示代表这些约束的直观标记（如图 3-23 中的水平标记≈和共线标记☑等）。

- ☑ 尺寸约束：用于建立草图对象的大小（如直线的长度、圆弧的半径等）以及两个对象之间的关系（如两点之间的距离）。图 3-24 为一个带有尺寸约束的示例。

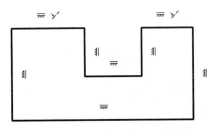

图 3-23　"几何约束"示意图　　　　图 3-24　"尺寸约束"示意图

3.3.1　建立几何约束

使用几何约束，可以指定草图对象必须遵守的条件，或是草图对象之间必须维持的关系。"几何"面板（在二维草图与注释环境下的"参数化"选项卡中）及"几何约束"工具栏如图 3-25 所示。其主要几何约束选项的功能如表 3-2 所示。

图 3-25　"几何"面板及"几何约束"工具栏

表 3-2　几何约束选项及其功能

约 束 模 式	功　　能
重合	约束两个点使其重合，或者约束一个点使其位于曲线（或曲线的延长线）上。可以使对象上的约束点与某个对象重合，也可以使其与另一对象上的约束点重合
共线	使两条或多条直线段沿同一直线方向
同心	将两个圆弧、圆或椭圆约束到同一个中心点，与将重合约束应用于曲线的中心点所产生的结果相同
固定	将几何约束应用于一对对象时，选择对象的顺序以及选择每个对象的点都可能会影响对象彼此间的放置方式
平行	使选定的直线位于彼此平行的位置。平行约束在两个对象之间应用
垂直	使选定的直线位于彼此垂直的位置。垂直约束在两个对象之间应用
水平	使直线或点位于与当前坐标系的 X 轴平行的位置。默认选择类型为对象
竖直	使直线或点位于与当前坐标系的 Y 轴平行的位置
相切	将两条曲线约束为保持彼此相切或其延长线保持彼此相切。相切约束在两个对象之间应用
平滑	将样条曲线约束为连续，并与其他样条曲线、直线、圆弧或多段线保持 G2 连续性
对称	使选定对象受对称约束，相对于选定直线对称
相等	将选定的圆弧和圆重新调整为相同的半径，或将选定的直线重新调整为长度相同

绘图中可指定二维对象或对象上的点之间的几何约束。之后编辑受约束的几何图形时，将保留约束。因此，通过使用几何约束，可以在图形中包括设计要求。

3.3.2 几何约束设置

在使用 AutoCAD 绘图时，使用"约束设置"对话框可以控制显示或隐藏几何约束类型。

1. 执行方式

☑ 命令行：CONSTRAINTSETTINGS（快捷命令为 CSETTINGS）。

☑ 菜单栏："参数"→"约束设置"。

☑ 工具栏："参数化"→"约束设置" 。

☑ 功能区："参数化"→"几何"→"约束设置，几何" 。

2. 操作步骤

执行上述操作之一后，❶系统弹出"约束设置"对话框，❷该对话框中的"几何"选项卡用于控制约束栏上约束类型的显示，如图 3-26 所示。

图 3-26 "约束设置"对话框

3. 选项说明

☑ "约束栏显示设置"选项组：用于控制图形编辑器中是否为对象显示约束栏或约束点标记。例如，可以为水平约束和竖直约束隐藏约束栏。

☑ "全部选择"按钮：用于选择几何约束类型。

☑ "全部清除"按钮：用于清除选定的几何约束类型。

☑ "仅为处于当前平面中的对象显示约束栏"复选框：仅为当前平面上受几何约束的对象显示约束栏。

☑ "约束栏透明度"选项组：用于设置图形中约束栏的透明度。

☑ "将约束应用于选定对象后显示约束栏"复选框：手动应用约束后或使用 AUTOCONSTRAIN 命令时显示相关约束栏。

☑ "选定对象时显示约束栏"复选框：临时显示选定对象的约束栏。

3.3.3 建立尺寸约束

建立尺寸约束就是限制图形几何对象的大小，与在草图上标注尺寸相似，同样设置尺寸标注线，并建立相应的表达式，不同的是可以在后续的编辑工作中实现尺寸的参数化驱动。"标注"面板（在"参数化"选项卡中）及"标注约束"工具栏（AutoCAD 经典环境）如图 3-27 所示。

生成尺寸约束时，用户可以选择草图曲线、边、基准平面或基准轴上的点，以生成水平、竖直、平行、垂直或角度尺寸。

生成尺寸约束时，系统会生成一个表达式，其名称和值显示在一个弹出的文本区域中，如图 3-28 所示，用户可以接着编辑该表达式的名称和值。

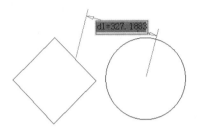

图 3-27 "标注"面板及"标注约束"工具栏 | 图 3-28 尺寸约束编辑

生成尺寸约束时，只要选中了几何体，其尺寸及其延伸线和箭头就会全部显示出来。将尺寸拖曳到位后单击，即可完成尺寸的约束。完成尺寸约束后，用户可以随时更改。只需在绘图区选中该值并双击，即可使用和生成过程相同的方式，编辑其名称、值和位置。

3.3.4 尺寸约束设置

在使用 AutoCAD 绘图时，使用"约束设置"对话框内的"标注"选项卡，可以控制显示标注约束时的系统配置。尺寸可以约束以下内容。

☑ 对象之间或对象上的点之间的距离。

☑ 对象之间或对象上的点之间的角度。

在"约束设置"对话框中选择"标注"选项卡（见图 3-29），利用该选项卡可以控制约束类型的显示。其中的主要选项介绍如下。

图 3-29 "标注"选项卡

☑ "标注约束格式"选项组：在该选项组中可以设置标注名称格式以及锁定图标的显示。

➢ "标注名称格式"下拉列表框：选择应用标注约束时显示的文字指定格式。

➤ "为注释性约束显示锁定图标"复选框：针对已应用注释性约束的对象显示锁定图标。

☑ "为选定对象显示隐藏的动态约束"复选框：显示选定时已设置为隐藏的动态约束。

3.4 尺 寸 标 注

组成尺寸标注的尺寸界线、尺寸线、尺寸文本及箭头等均可以采用多种多样的形式，当实际标注一个几何对象的尺寸时，其尺寸标注以什么形态出现，取决于当前所采用的尺寸标注样式。标注样式决定尺寸标注的形式，包括尺寸线、尺寸界线、箭头和中心标记的形式，以及尺寸文本的位置、特性等。在 AutoCAD 中，用户可以利用"标注样式管理器"对话框方便地设置自己需要的尺寸标注样式。下面介绍如何定制尺寸标注样式。

3.4.1 尺寸样式

在进行尺寸标注之前，要建立尺寸标注的样式。如果用户不建立尺寸样式而直接进行标注，那么系统使用默认名称为 Standard 的样式。如果用户认为使用的标注样式有某些设置不合适，那么也可以修改标注样式。

1. 执行方式

☑ 命令行：DIMSTYLE。

☑ 菜单栏："格式"→"标注样式"或"标注"→"标注样式"。

☑ 工具栏："标注"→"标注样式" 📐。

☑ 功能区："默认"→"注释"→"标注样式" 📐。

2. 操作步骤

执行上述操作之一后，弹出"标注样式管理器"对话框，如图 3-30 所示。利用此对话框可方便、直观地设置和浏览尺寸标注样式，包括建立新的标注样式、修改已存在的样式、设置当前尺寸标注样式、重命名样式以及删除一个已存在的样式等。

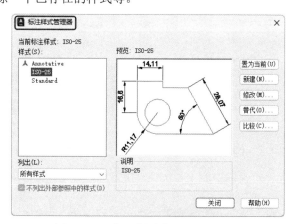

图 3-30 "标注样式管理器"对话框

3. 选项说明

☑ "置为当前"按钮：单击该按钮，可把在"样式"列表框中选中的样式设置为当前样式。

☑ "新建"按钮：定义一个新的尺寸标注样式。单击该按钮，弹出"创建新标注样式"对话框，如图 3-31 所示。利用此对话框可创建一个新的尺寸标注样式。

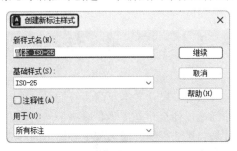

图 3-31 "创建新标注样式"对话框

☑ "修改"按钮：修改一个已存在的尺寸标注样式。单击该按钮，弹出"修改标注样式"对话框，该对话框中的各选项与"创建新标注样式"对话框中的完全相同，用户可以对已有标注样式进行修改。

☑ "替代"按钮：设置临时覆盖尺寸标注样式。单击该按钮，弹出"替代当前样式：ISO-25"对话框，如图 3-32 所示。用户可改变选项的设置覆盖原来的设置，但这种修改只对指定的尺寸标注起作用，而不影响当前尺寸变量的设置。

☑ "比较"按钮：比较两个尺寸标注样式在参数上的区别或浏览一个尺寸标注样式的参数设置。单击该按钮，弹出"比较标注样式"对话框，如图 3-33 所示。可以把比较结果复制到剪贴板上，然后再粘贴到其他的 Windows 应用软件上。

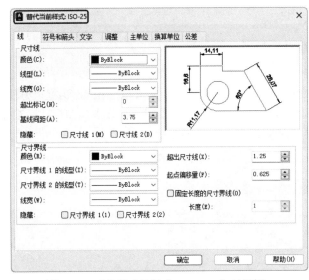

图 3-32 "替代当前样式：ISO-25"对话框

图 3-33 "比较标注样式"对话框

下面对"新建标注样式"对话框中的主要选项卡进行简要说明。

（1）"线"选项卡。

"新建标注样式"对话框中的"线"选项卡用于设置尺寸线、尺寸界线的形式和特性。

☑ "尺寸线"选项组：用于设置尺寸线的特性。

☑ "尺寸界线"选项组：用于确定尺寸界线的形式。

☑ 尺寸样式显示框：在"新建标注样式"对话框的右上方是一个尺寸样式显示框，该显示框以样例的形式显示用户设置的尺寸样式。

（2）"符号和箭头"选项卡。

"新建标注样式"对话框中的"符号和箭头"选项卡如图 3-34 所示。该选项卡用于设置箭头、圆心标记、弧长符号和半径折弯标注的形式和特性。

- ☑ "箭头"选项组：用于设置尺寸箭头的形式。系统提供了多种箭头形状，列在"第一个"和"第二个"下拉列表框中。另外，还允许采用用户自定义的箭头形状。两个尺寸箭头可以采用相同的形式，也可以采用不同的形式。一般建筑制图中的箭头采用建筑标记样式。
- ☑ "圆心标记"选项组：用于设置半径标注、直径标注、中心标注中的中心标记和中心线的形式。相应的尺寸变量是 DIMCEN。
- ☑ "弧长符号"选项组：用于控制弧长标注中圆弧符号的显示。
- ☑ "折断标注"选项组：用于控制折断标注的间隙宽度。
- ☑ "半径折弯标注"选项组：用于控制半径折弯标注的显示。
- ☑ "线性折弯标注"选项组：用于控制线性折弯标注的显示。

（3）"文字"选项卡。

"新建标注样式"对话框中的"文字"选项卡如图 3-35 所示。该选项卡用于设置尺寸文本的形式、位置和对齐方式等。

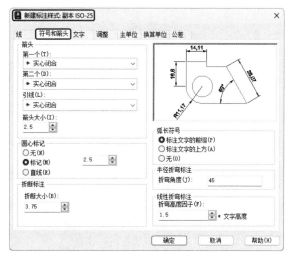

图 3-34　"符号和箭头"选项卡

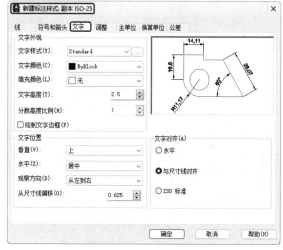

图 3-35　"文字"选项卡

- ☑ "文字外观"选项组：用于设置文字样式、文字颜色、填充颜色、文字高度、分数高度比例以及文字是否带边框。
- ☑ "文字位置"选项组：用于设置文字的位置是垂直还是水平，以及从尺寸线偏移的距离。
- ☑ "文字对齐"选项组：用于控制尺寸文本排列的方向。当尺寸文本在尺寸界线之内时，与其对应的尺寸变量是 DIMTIH；当尺寸文本在尺寸界线之外时，与其对应的尺寸变量是 DIMTOH。

3.4.2　尺寸标注

正确地进行尺寸标注是设计绘图工作中非常重要的一个环节，AutoCAD 提供了方便快捷的尺寸标注方法，可通过执行命令实现，也可利用菜单或工具按钮来实现。本节将重点介绍如何对各种类型的尺寸进行标注。

1. 线性标注

（1）执行方式。

☑　命令行：DIMLINEAR（快捷命令为 DIMLIN）。

☑　菜单栏："标注"→"线性"。

☑　工具栏："标注"→"线性" ⊢⊣。

☑　功能区："默认"→"注释"→"线性" ⊢⊣。

（2）操作步骤。

> 指定第一个尺寸界线原点或 <选择对象>：

（3）选项说明。

在此提示下有两种选择，直接按 Enter 键选择要标注的对象或确定尺寸界线的起始点。

☑　直接按 Enter 键：光标变为拾取框，命令行提示如下。

> 选择标注对象：

用拾取框拾取要标注尺寸的线段，命令行提示如下。

> 指定尺寸线位置或 [多行文字(M)/文字(T)/角度(A)/水平(H)/垂直(V)/旋转(R)]：

☑　指定第一个尺寸界线原点：指定第一条与第二条尺寸界线的起始点。

2. 对齐标注

（1）执行方式。

☑　命令行：DIMALIGNED。

☑　菜单栏："标注"→"对齐"。

☑　工具栏："标注"→"对齐" ⬉。

☑　功能区："默认"→"注释"→"对齐" ⬉。

（2）操作步骤。

> 指定第一个尺寸界线原点或 <选择对象>：

使用"对齐"命令标注的尺寸线与所标注的轮廓线平行，标注的是起始点到终点之间的距离尺寸。

3. 基线标注

基线标注用于产生一系列基于同一条尺寸界线的尺寸标注，适用于长度尺寸标注、角度标注和坐标标注等。在使用基线标注方式之前，应该先标注出一个相关的尺寸。

（1）执行方式。

☑　命令行：DIMBASELINE。

☑　菜单栏："标注"→"基线"。

☑　工具栏："标注"→"基线" ⊢⊣。

☑　功能区："注释"→"标注"→"基线" ⊢⊣。

（2）操作步骤。

> 指定第二个尺寸界线原点或[选择(S)/放弃(U)] <选择>：

（3）选项说明。

☑　指定第二条尺寸界线原点：直接确定另一个尺寸的第二条尺寸界线的起点，以上次标注的尺寸为基准标注出相应的尺寸。

☑　选择(S)：在上述提示下直接按 Enter 键，命令行提示如下。

选择基准标注：（选择作为基准的尺寸标注）

4. 连续标注

连续标注又称作尺寸链标注，用于产生一系列连续的尺寸标注，后一个尺寸标注均把前一个标注的第二条尺寸界线作为它的第一条尺寸界线。适用于长度尺寸标注、角度标注和坐标标注等。在使用连续标注方式之前，应该先标注出一个相关的尺寸。

（1）执行方式。

☑　命令行：DIMCONTINUE。

☑　菜单栏："标注" → "连续"。

☑　工具栏："标注" → "连续" ┝┿┥。

☑　功能区："注释" → "标注" → "连续" ┝┿┥。

（2）操作步骤。

指定第二个尺寸界线原点或 [选择(S)/放弃(U)] <选择>：

此提示下的各选项与基线标注中的选项完全相同，在此不再赘述。

5. 引线标注

AutoCAD 提供了引线标注功能，利用该功能不仅可以标注特定的尺寸，如圆角、倒角等，还可以在图中添加多行旁注、说明。在引线标注中，指引线可以是折线，也可以是曲线；指引线端部可以有箭头，也可以没有箭头。

利用 QLEADER 命令可快速生成指引线及注释，而且可以通过命令行优化对话框进行用户自定义，由此可以消除不必要的命令行提示，获得最高的工作效率。

（1）执行方式。

命令行：QLEADER。

（2）操作步骤。

指定第一个引线点或 [设置(S)] <设置>：

（3）选项说明。

❶ 指定第一个引线点。根据命令行中的提示确定一点作为指引线的第一点，命令行提示如下。

指定下一点：（输入指引线的第二点）
指定下一点：（输入指引线的第三点）

AutoCAD 提示用户输入点的数目由"引线设置"对话框确定，如图 3-36 所示。输入指引线的点后，命令行提示如下。

指定文字宽度 <0.0000>：（输入多行文本的宽度）
输入注释文字的第一行 <多行文字(M)>：

此时，有以下两种方式进行输入选择。

☑　输入注释文字的第一行：在命令行中输入第一行文本。此时，命令行提示如下。

输入注释文字的下一行：（输入另一行文本）

输入注释文字的下一行：（输入另一行文本或按 Enter 键）

图 3-36 "引线设置"对话框

☑ 多行文字(M)：打开多行文字编辑器，输入、编辑多行文字。输入全部注释文本后直接按 Enter 键，系统结束 QLEADER 命令，并把多行文本标注在指引线的末端附近。

❷ 设置(S)。在上面的命令行提示下直接按 Enter 键或输入 S，弹出"引线设置"对话框，允许对引线标注进行设置。该对话框中包含"注释""引线和箭头""附着" 3 个选项卡，下面分别对其进行介绍。

☑ "注释"选项卡：用于设置引线标注中注释文本的类型、多行文本的格式并确定注释文本是否重复使用。

☑ "引线和箭头"选项卡：用于设置引线标注中引线和箭头的形式，如图 3-37 所示。其中，"点数"选项组用于设置执行 QLEADER 命令时提示用户输入点的数目。例如，设置点数为 3，执行 QLEADER 命令时当用户在提示下指定 3 个点后，AutoCAD 自动提示用户输入注释文本。需要注意的是，设置的点数要比用户希望的指引线段数多 1。如果选中"无限制"复选框，那么 AutoCAD 会一直提示用户输入点直到连续按 Enter 键两次为止。"角度约束"选项组用于设置第一段和第二段指引线的角度约束。

☑ "附着"选项卡：用于设置注释文本和指引线的相对位置，如图 3-38 所示。如果最后一段指引线指向右边，那么系统自动把注释文本放在右侧；如果最后一段指引线指向左边，那么系统自动把注释文本放在左侧。利用该选项卡中左侧和右侧的单选按钮，可以分别设置位于左侧和右侧的注释文本与最后一段指引线的相对位置，二者可相同也可不同。

图 3-37 "引线和箭头"选项卡

图 3-38 "附着"选项卡

3.5 综合实例——标注别墅首层平面图

在别墅的首层平面图中，标注主要包括 5 部分，即轴线编号、平面标高、尺寸标注、文字标注以及指北针和剖切符号的标注。

打开资源包中的"源文件\3\别墅首层平面图"，如图 3-39 所示。

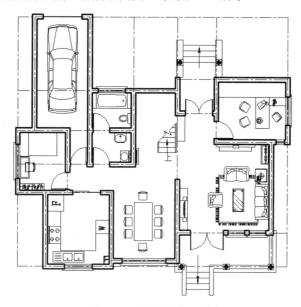

图 3-39 别墅首层平面图

下面将介绍标注的绘制过程。绘制结果如图 3-40 所示。

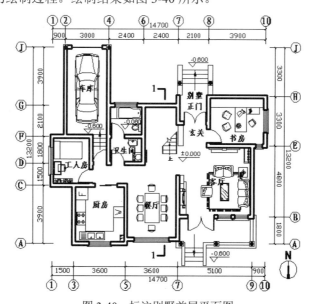

图 3-40 标注别墅首层平面图

3.5.1　轴线编号

在平面形状较简单或对称的房屋中，平面图的轴线编号一般标注在图形的下方及左侧。对于较复杂或不对称的房屋，图形上方和右侧也可以标注。在本例中，由于平面形状不对称，因此需要在上、下、左、右4个方向均标注轴线编号。

（1）单击"默认"选项卡"图层"面板中的"图层特性"按钮，打开"图层特性管理器"选项板，打开"轴线"图层，使其保持可见，如图3-41所示。

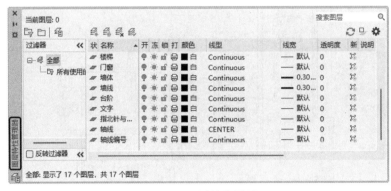

图 3-41　设置轴线图层

（2）单击平面图上左侧第一根纵轴线，将十字光标移动至轴线下端点处单击，将夹持点激活（此时夹持点成红色），然后光标向下移动，在命令行中输入3000后按Enter键，完成第一条轴线延长线的绘制。

（3）单击"默认"选项卡"绘图"面板中的"圆"按钮，以已绘的一根轴线延长线端点作为圆心，绘制半径为350的圆；单击"默认"选项卡"修改"面板中的"移动"按钮（"移动"命令会在第4章进行详细讲述），向下移动所绘圆，移动距离为350，如图3-42所示。

（4）重复上述步骤，完成其他轴线延长线及编号圆的绘制。

（5）单击"默认"选项卡"注释"面板中的"多行文字"按钮 **A**，设置字体为"仿宋_GB2312"，文字高度为300；在每个轴线端点处的圆内输入相应的轴线编号，如图3-43所示。

图 3-42　绘制第一条轴线的延长线及编号圆

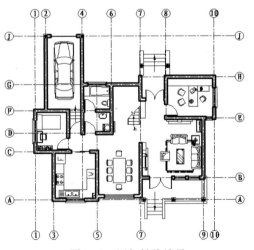

图 3-43　添加轴线编号

📖 **说明：** 平面图上水平方向的轴线编号用阿拉伯数字从左向右依次编写；垂直方向的编号用大写英文字母自下而上顺次编写。I、O 及 Z 这 3 个字母不得作为轴线编号，以免与数字 1、0 及 2 混淆。

如果两条相邻轴线间距较小而导致它们的编号有重叠时，则可以通过"移动"命令将这两条轴线的编号分别向两侧移动少许距离。

3.5.2 平面标高

建筑物中的某一部分与所确定的标准基点的高度差称为该部位的标高，在图纸中通常用标高符号结合数字来表示。建筑制图标准规定，标高符号应以直角等腰三角形表示，如图 3-44 所示。

（1）选择"标注"图层，将其设置为当前图层。

（2）单击"默认"选项卡"绘图"面板中的"多边形"按钮⬠，绘制边长为 350 的正方形。

（3）单击"默认"选项卡"修改"面板中的"旋转"按钮↻（"旋转"命令会在第 4 章进行详细讲述），将正方形旋转 45°，然后单击"默认"选项卡"绘图"面板中的"直线"按钮╱，连接正方形左右两个端点，绘制水平对角线。

（4）单击水平对角线，将十字光标移动至其右端点处单击，将夹持点激活（此时，夹持点成为红色），然后鼠标向右移动，在命令行中输入 600 后，按 Enter 键完成绘制。单击"默认"选项卡"修改"面板中的"修剪"按钮✄，对多余线段进行修剪。

（5）单击"默认"选项卡"块"面板中的"创建"按钮（"创建"命令会在第 5 章进行详细讲述），将如图 3-44 所示的标高符号定义为图块。

（6）单击"默认"选项卡"块"面板"插入"下拉菜单中的"最近使用的块"选项（"插入"命令会在第 5 章进行详细讲述），将已创建的图块插入平面图中需要标高的位置。

（7）单击"默认"选项卡"注释"面板中的"多行文字"按钮 A，设置字体为"宋体"，文字高度为 300，在标高符号的长直线上方添加具体的标注数值。

图 3-45 为台阶处室外地面标高。

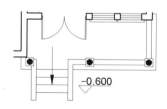

图 3-44　标高符号　　　　　图 3-45　台阶处室外地面标高

📖 **说明：** 一般来说，在平面图上绘制的标高反映的是相对标高，而不是绝对标高。绝对标高指的是以我国青岛市附近的黄海海平面作为零点面测定的高度尺寸。

通常情况下，室内标高要高于室外标高，主要使用房间标高要高于卫生间、阳台标高。

在绘图中，常见的是将建筑首层室内地面的高度设为零点，标作"±0.000"；低于此高度的建筑部位标高值为负值，在标高数字前加"-"号；高于此高度的部位标高值为正值，标高数字前不加任何符号。

3.5.3 尺寸标注

本例中采用的尺寸标注分两部分：一个为各轴线之间的距离；另一个为平面总长度或总宽度。

（1）将"标注"图层设置为当前图层。

（2）设置标注样式。

❶ 单击"默认"选项卡"注释"面板中的"标注样式"按钮 ，①打开"标注样式管理器"对话框，如图 3-46 所示。②单击"新建"按钮，③打开"创建新标注样式"对话框，在"新样式名"文本框中输入"平面标注"，如图 3-47 所示。

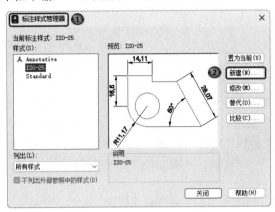

图 3-46 "标注样式管理器"对话框

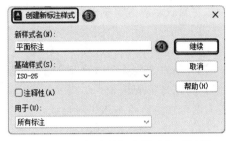

图 3-47 "创建新标注样式"对话框

❷ ④单击"继续"按钮，⑤打开"新建标注样式：平面标注"对话框。

❸ 选择"符号和箭头"选项卡，在"箭头"选项组的"第一个"和"第二个"下拉列表框中均选择"建筑标记"选项，在"引线"下拉列表框中选择"实心闭合"选项，在"箭头大小"数值框中输入 100，如图 3-48 所示。

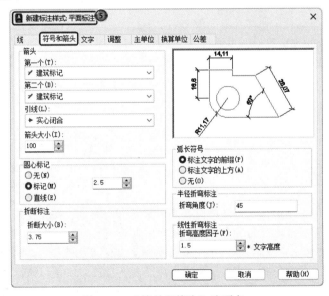

图 3-48 "符号和箭头"选项卡

❹ 选择"文字"选项卡，在"文字外观"选项组的"文字高度"数值框中输入 300，如图 3-49 所示。

❺ 单击"确定"按钮，返回"标注样式管理器"对话框，在"样式"列表框中激活"平面标注"样式，单击"置为当前"按钮，如图 3-50 所示。单击"关闭"按钮，完成标注样式的设置。

图 3-49 "文字"选项卡

（3）单击"注释"选项卡"标注"面板中的"线性"按钮┞┤和"连续"按钮┤┤┤，标注相邻两轴线之间的距离。

（4）单击"默认"选项卡"注释"面板中的"线性"按钮┞┤，在已绘制的尺寸标注外侧对建筑平面横向和纵向的总长度进行尺寸标注。

（5）完成尺寸标注后，单击"默认"选项卡"图层"面板中的"图层特性"按钮，打开"图层特性管理器"选项板，关闭"轴线"图层，如图 3-51 所示。

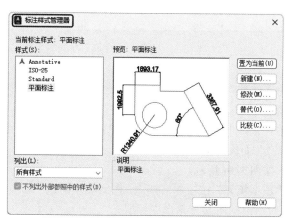

图 3-50 "标注样式管理器"对话框

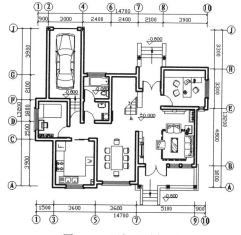

图 3-51 添加尺寸标注

3.5.4 文字标注

在平面图中，各房间的功能用途可以用文字进行标识。下面以首层平面图中的厨房为例，介绍文字标注的具体方法。

（1）将"文字"图层设置为当前图层。

（2）单击"默认"选项卡"注释"面板中的"多行文字"按钮 **A**，在平面图中指定文字插入位置后，打开"文字编辑器"选项卡，如图 3-52 所示。将其文字样式设置为 Standard，字体为"仿

视频讲解

宋_GB2312"，文字高度为300。

图 3-52　"文字编辑器"选项卡

（3）在文字编辑框中输入文字"厨房"，并拖曳"宽度控制"滑块来调整文本框的宽度，然后单击"关闭"按钮，完成该处的文字标注。

文字标注结果如图 3-53 所示。

图 3-53　标注厨房文字

3.5.5　绘制指北针和剖切符号

在建筑首层平面图中应绘制指北针以标明建筑方位。如果需要绘制建筑的剖面图，则还应在首层平面图中画出剖切符号以标明剖面剖切位置。

下面将分别介绍平面图中指北针和剖切符号的绘制方法。

1. 绘制指北针

（1）单击"默认"选项卡"图层"面板中的"图层特性"按钮，打开"图层特性管理器"选项板，创建新图层，将其命名为"指北针与剖切符号"，并将其设置为当前图层。

（2）单击"默认"选项卡"绘图"面板中的"圆"按钮，绘制直径为1200的圆。

（3）单击"默认"选项卡"绘图"面板中的"直线"按钮，绘制圆的垂直方向直径作为辅助线。

（4）单击"默认"选项卡"修改"面板中的"偏移"按钮（"偏移"命令会在第 4 章进行详细讲述），将辅助线分别向左右两侧偏移，偏移量均为75。

（5）单击"默认"选项卡"绘图"面板中的"直线"按钮，将两条偏移线与圆的下方交点同辅助线上端点连接起来；单击"默认"选项卡"修改"面板中的"删除"按钮，删除 3 条辅助线（原有辅助线及两条偏移线），得到一个等腰三角形，如图 3-54 所示。

（6）单击"默认"选项卡"绘图"面板中的"图案填充"按钮，打开"图案填充创建"选项卡，选择填充类型为"预定义"，"图案"为 SOLID，对所绘的等腰三角形进行填充。

（7）单击"默认"选项卡"注释"面板中的"多行文字"按钮A，设置文字高度为 500，在等腰三角形上端顶点的正上方书写大写的英文字母"N"，标示平面图的正北方向，如图 3-55 所示。

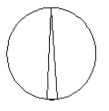

图 3-54　圆与三角形

图 3-55　指北针

2. 绘制剖切符号

（1）单击"默认"选项卡"绘图"面板中的"直线"按钮 ／，在平面图中绘制剖切面的定位线，并使得该定位线两端伸出被剖切外墙面的距离均为 1000，如图 3-56 所示。

（2）单击"默认"选项卡"绘图"面板中的"直线"按钮 ／，分别以剖切面定位线的两端点为起点，向剖面图投影方向绘制剖视方向线，长度为 500。

（3）单击"默认"选项卡"绘图"面板中的"圆"按钮 ⊙，分别以定位线两端点为圆心，绘制两个半径为 700 的圆。

（4）单击"默认"选项卡"修改"面板中的"修剪"按钮 ✂ （"修剪"命令会在第 4 章进行详细讲述），修剪两圆之间的投影线条，然后删除两圆，得到两条剖切位置线。

（5）将剖切位置线和剖视方向线的线宽都设置为 0.30mm。

（6）单击"默认"选项卡"注释"面板中的"多行文字"按钮 **A**，设置文字高度为 300mm，在平面图两侧剖视方向线的端部书写剖面剖切符号的编号为"1"，如图 3-57 所示，完成首层平面图中剖切符号的绘制。最终标注效果如图 3-40 所示。

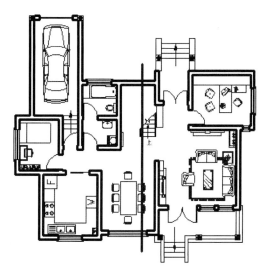

图 3-56　绘制剖切面定位线

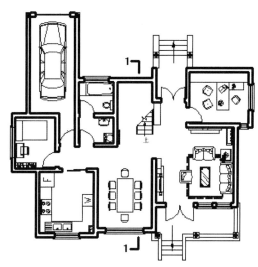

图 3-57　绘制剖切符号

> 📖 **说明：** 剖面的剖切符号应由剖切位置线及剖视方向线组成，均应以粗实线绘制。剖视方向线应
> 垂直于剖切位置线且长度应短于剖切位置线，绘图时，剖面剖切符号不宜与图面上的图
> 线相接触。
>
> 剖面剖切符号的编号宜采用阿拉伯数字，按顺序由左至右、由下至上连续编排，并应注
> 写在剖视方向线的端部。

3.6　操作与实践

通过前面的学习，读者对本章讲解的知识应该有了大体的了解，本节通过操作实践使读者进一步掌握本章知识要点。

3.6.1 绘制花朵

1. 目的要求

本实践要绘制的图形由一些基本图线组成，一个最大的特色就是要为不同的图线设置不同颜色，为此，必须设置不同的图层。通过本实践，可以帮助读者掌握设置图层的方法与图层转换过程的操作。

2. 操作提示

（1）利用图层命令 LAYER 创建 3 个图层。

（2）利用"圆""多边形""多段线""圆弧"等命令在不同图层上绘制图线。

（3）在绘制一种颜色图线前，需要转换图层。

绘制结果如图 3-58 所示。

3.6.2 标注居室平面图

1. 目的要求

设置标注样式是标注尺寸的首要工作，一般可以根据图形的需要对标注样式的各个选项进行细致的设置，从而进行尺寸的标注。本实践通过对标注样式的设置以及对图形尺寸的标注过程，使读者灵活掌握尺寸标注的方法。

图 3-58　花朵

2. 操作提示

（1）利用一些基础绘图命令绘制居室平面图。

（2）设置尺寸标注样式。

（3）利用"线性""连续"命令标注水平轴线及垂直轴线的尺寸。

（4）利用"线性"命令标注细部及总尺寸。

绘制结果如图 3-59 所示。

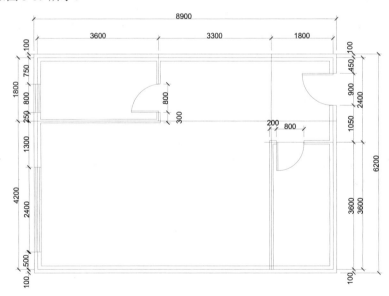

图 3-59　标注居室平面图

第4章

编辑命令

二维图形的编辑操作配合绘图命令的使用可以进一步完成复杂图形对象的绘制工作，并可使用户合理安排和组织图形，保证绘图准确，减少重复，因此，对编辑命令的熟练掌握和使用有助于提高设计和绘图的效率。本章主要内容包括选择对象、复制类命令、删除及恢复类命令、改变位置类命令、改变几何特性命令和对象编辑等。

- ☑ 选择对象
- ☑ 删除及恢复类命令
- ☑ 复制类命令

- ☑ 改变位置类命令
- ☑ 改变几何特性类命令
- ☑ 对象编辑

任务驱动&项目案例

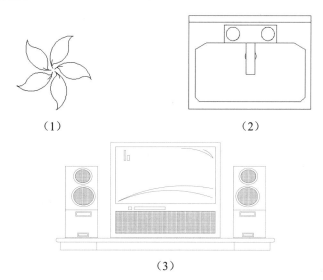

（1）　　　　　　　　　（2）

（3）

4.1 选择对象

AutoCAD 2024 提供两种编辑图形的途径，如下所示。

☑ 先执行编辑命令，然后选择要编辑的对象。

☑ 先选择要编辑的对象，然后执行编辑命令。

这两种途径的执行效果是相同的，但选择对象是进行编辑的前提。AutoCAD 2024 提供了多种对象选择方法，如点取方法、用选择窗口选择对象、用选择线选择对象、用对话框选择对象等。AutoCAD 可以把选择的多个对象组成整体，如选择集和对象组，进行整体编辑与修改。

下面结合 SELECT 命令说明选择对象的方法。

SELECT 命令可以单独使用，也可以在执行其他编辑命令时被自动调用。此时屏幕提示如下。

> 选择对象:

等待用户以某种方式选择对象作为回答。AutoCAD 2024 提供了多种选择方式，可以输入"?"查看这些选择方式。选择选项后，出现如下提示。

> 需要点或窗口(W)/上一个(L)/窗交(C)/框(BOX)/全部(ALL)/栏选(F)/圈围(WP)/圈交(CP)/编组(G)/添加(A)/删除(R)/多个(M)/前一个(P)/放弃(U)/自动(AU)/单个(SI)/子对象（SU）/对象(O)

上面部分选项的含义介绍如下。

☑ 点：该选项表示直接通过点取的方式选择对象。用鼠标或键盘移动拾取框，使其框住要选取的对象，然后单击就会选中该对象并以高亮度显示。

☑ 窗口(W)：用由两个对角顶点确定的矩形窗口选取位于其范围内部的所有图形，与边界相交的对象不会被选中。在指定对角顶点时应该按照从左向右的顺序，如图 4-1 所示。

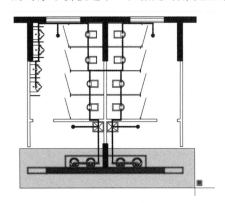
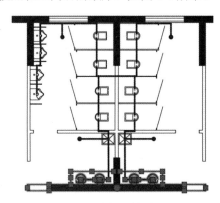

（a）图中深色覆盖部分为选择窗口　　　　　（b）选择后的图形

图 4-1　"窗口"对象选择方式

☑ 上一个(L)：在"选择对象:"提示下输入 L 后，按 Enter 键，系统会自动选取最后绘出的一个对象。

☑ 窗交(C)：该方式与上述"窗口"方式类似，区别在于，它不但选中矩形窗口内部的对象，也选中与矩形窗口边界相交的对象。选择的对象如图 4-2 所示。

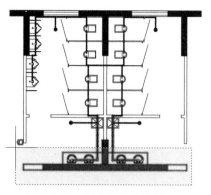

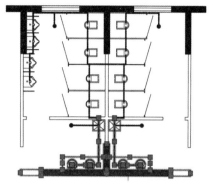

（a）图中深色覆盖部分为选择窗口　　　　　　　（b）选择后的图形

图 4-2　"窗交"对象选择方式

☑ 框(BOX)：使用时，系统根据用户在屏幕上给出的两个对角点的位置，自动引用"窗口"或
"窗交"方式。若从左向右指定对角点，则为"窗口"方式；反之则为"窗交"方式。

☑ 全部(ALL)：选取图上面的所有对象。

☑ 栏选(F)：用户临时绘制一些直线，这些直线不必构成封闭图形，凡是与这些直线相交的对
象均被选中。绘制结果如图 4-3 所示。

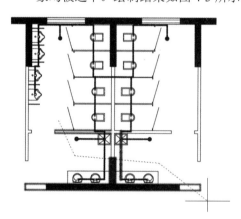

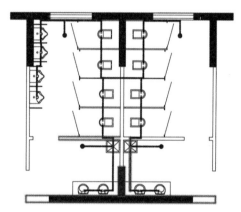

（a）图中虚线为选择栏　　　　　　　　　（b）选择后的图形

图 4-3　"栏选"对象选择方式

☑ 圈围(WP)：使用一个不规则的多边形来选择对象。根据提示，用户顺次输入构成多边形的
所有顶点的坐标，最后按 Enter 键结束操作，系统将自动连接第一个顶点到最后一个顶点的
各个顶点，形成封闭的多边形。凡是被多边形围住的对象均被选中（不包括边界）。执行结
果如图 4-4 所示。

☑ 圈交(CP)：类似于"圈围"方式，在"选择对象:"提示下输入 CP，后续操作与"圈围"方
式相同。区别在于，与多边形边界相交的对象也被选中。

📖 说明：若矩形框从左向右定义，即第一个选择的对角点为左侧的对角点，矩形框内部的对象被
选中，框外部的及与矩形框边界相交的对象不会被选中。若矩形框从右向左定义，矩形
框内部及与矩形框边界相交的对象都会被选中。

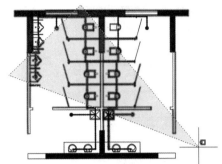

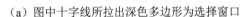

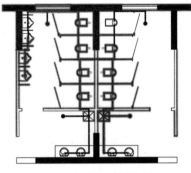

（a）图中十字线所拉出深色多边形为选择窗口　　　　　　　（b）选择后的图形

图4-4　"圈围"对象选择方式

4.2　删除及恢复类命令

删除及恢复类命令主要用于删除图形的某部分或对已被删除的部分进行恢复，包括"删除""重做""清除""恢复"等命令。

4.2.1　"删除"命令

如果所绘制的图形不符合要求或绘错了图形，则可以使用"删除"命令 ERASE 将其删除。

1. 执行方式

☑　命令行：ERASE。
☑　菜单栏："修改"→"删除"。
☑　工具栏："修改"→"删除" 。
☑　功能区："默认"→"修改"→"删除" 。
☑　快捷菜单：选择要删除的对象，在绘图区右击，在弹出的快捷菜单中选择"删除"命令。

2. 操作步骤

可以先选择对象，然后调用"删除"命令；也可以先调用"删除"命令，然后再选择对象。选择对象时，可以使用前面介绍的各种对象选择的方法。

当选择多个对象时，多个对象都将被删除；若选择的对象属于某个对象组，则该对象组下的所有对象都将被删除。

4.2.2　"恢复"命令

若误删除了图形，则可以使用"恢复"命令 OOPS 恢复误删除的对象。

1. 执行方式

☑　命令行：OOPS 或 U。
☑　工具栏："标准"→"放弃" 。
☑　快捷键：Ctrl+Z。

2. 操作步骤

执行上述命令后，在命令行窗口中输入 OOPS，按 Enter 键。

4.3 复制类命令

本节详细介绍 AutoCAD 2024 的复制类命令，利用这些复制类命令，可以方便地编辑绘制图形。

4.3.1 "复制"命令

1. 执行方式

☑ 命令行：COPY。
☑ 菜单栏："修改"→"复制"。
☑ 工具栏："修改"→"复制" ⅛。
☑ 功能区："默认"→"修改"→"复制" ⅛。
☑ 快捷菜单：选择要复制的对象，在绘图区右击，在弹出的快捷菜单中选择"复制选择"命令。

2. 操作步骤

```
命令：COPY
选择对象：（选择要复制的对象）
选择对象：✓
```

用前面介绍的对象选择方法选择一个或多个对象，按 Enter 键结束选择操作。系统继续提示如下。

```
当前设置：复制模式=多个
指定基点或 [位移(D)/模式(O)] <位移>：
指定第二个点或 [阵列(A)] <使用第一个点作为位移>：
指定第二个点或 [阵列(A)/退出(E)/放弃(U)] <退出>：
```

3. 选项说明

☑ 指定基点：指定一个坐标点后，AutoCAD 2024 把该点作为复制对象的基点，并提示如下。

```
指定第二个点或[阵列(A)]<使用第一个点作为位移>：
```

指定第二个点后，系统将根据这两点确定的位移矢量把选择的对象复制到第二点处。如果此时直接按 Enter 键，即选择默认的"使用第一个点作为位移"，则第一个点被当作相对于 X、Y、Z 的位移。例如，如果指定基点坐标为(2,3)并在下一个提示下按 Enter 键，则该对象从它当前的位置开始，在 X 方向上移动 2 个单位，在 Y 方向上移动 3 个单位。复制完成后，系统会继续提示如下。

```
指定第二个点或 [阵列(A)/退出(E)/放弃(U)] <退出>：
```

这时，可以不断指定新的第二点，从而实现多重复制。

☑ 位移(D)：直接输入位移值，表示以选择对象时的拾取点为基准，以拾取点坐标为移动方向，纵横比移动指定位移后所确定的点为基点。例如，选择对象时的拾取点坐标为（2,3），输入位移为 5，则表示以坐标（2,3）为基准，沿纵横比为 3：2 的方向移动 5 个单位所确定的点为基点。

☑ 模式(O)：控制是否自动重复该命令。确定复制模式是单个还是多个。

☑ 阵列(A)：指定在线性阵列中排列的副本数量。

4.3.2 实例——洗手台

本实例先利用"直线"命令绘制洗手台架，再利用"直线""圆""圆弧""椭圆弧""复制"命令绘制洗手盆及肥皂盒。绘制流程图如图 4-5 所示。

图 4-5 绘制洗手台

（1）单击"默认"选项卡"绘图"面板中的"直线"按钮／和"矩形"按钮▢，绘制洗手台架，如图 4-6 所示。

（2）利用之前学过的命令，绘制一个洗手盆，如图 4-7 所示。

（3）单击"默认"选项卡"修改"面板中的"复制"按钮❀，复制洗手盆，命令行提示如下。

```
命令：_copy
选择对象：框选洗手盆
选择对象：↙
当前设置：复制模式 = 多个
指定基点或 [位移(D)/模式(O)] <位移>：在洗手盆位置任意指定一点
指定第二个点或[阵列(A)]：指定第二个洗手盆的位置
指定第二个点或[阵列(A)/退出(E)/放弃(U)]：指定第三个洗手盆的位置
指定第二个点或[阵列(A)/退出(E)/放弃(U)]：↙
```

复制结果如图 4-8 所示。

图 4-6 绘制洗手台架

图 4-7 绘制一个洗手盆

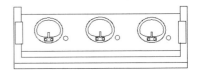

图 4-8 洗手台

4.3.3 "镜像"命令

镜像对象是指将选择的对象以一条镜像线为对称轴对其进行镜像后的对象。镜像操作完成后，可以保留源对象，也可以将其删除。

1. 执行方式

☑ 命令行：MIRROR。

☑ 菜单栏："修改"→"镜像"。

☑ 工具栏："修改"→"镜像"△。

☑ 功能区："默认"→"修改"→"镜像"△（见图 4-9）。

图 4-9 "修改"面板

2. 操作步骤

```
命令：MIRROR↙
选择对象：（选择要镜像的对象）
选择对象：↙
指定镜像线的第一点：（指定镜像线的第一个点）
指定镜像线的第二点：（指定镜像线的第二个点）
要删除源对象？［是(Y)/否(N)］ <否>：（确定是否删除源对象）
```

视频讲解

两点确定一条镜像线，被选择的对象以该线为镜像线进行镜像。包含该线的镜像平面与用户坐标系统的 XY 平面垂直，即镜像操作工作在与用户坐标系统的 XY 平面平行的平面上。

4.3.4　实例——办公桌

本实例利用"矩形"命令绘制一侧桌柜及桌面，再利用"镜像"命令创建另一侧的桌柜。绘制流程图如图 4-10 所示。

图 4-10　绘制办公桌

（1）单击"默认"选项卡"绘图"面板中的"矩形"按钮▭，在合适的位置绘制矩形，如图 4-11 所示。

（2）单击"默认"选项卡"绘图"面板中的"矩形"按钮▭，在合适的位置绘制一系列的矩形，结果如图 4-12 所示。

（3）单击"默认"选项卡"绘图"面板中的"矩形"按钮▭，在合适的位置绘制一系列的矩形，结果如图 4-13 所示。

图 4-11　绘制矩形（1）　　　图 4-12　绘制矩形（2）　　　图 4-13　绘制矩形（3）

（4）单击"默认"选项卡"绘图"面板中的"矩形"按钮▭，在合适的位置绘制矩形，结果如图 4-14 所示。

（5）单击"默认"选项卡"修改"面板中的"镜像"按钮△，将左边的一系列矩形以桌面矩形的顶边中点和底边中点的连线为镜像线进行镜像。命令行提示如下。

```
命令：MIRROR↙
选择对象：（选取左边的一系列矩形）
选择对象：↙
指定镜像线的第一点：选择桌面矩形的底边中点
```

指定镜像线的第二点：选择桌面矩形的顶边中点
要删除源对象吗？[是(Y)/否(N)] <否>：✓

绘制结果如图 4-15 所示。

图 4-14　绘制矩形（4）

图 4-15　办公桌

4.3.5　"偏移"命令

偏移对象是指保持选择对象的形状，在不同的位置以不同的尺寸大小新建的一个对象。

1. 执行方式

- ☑　命令行：OFFSET。
- ☑　菜单栏："修改"→"偏移"。
- ☑　工具栏："修改"→"偏移"⊏。
- ☑　功能区："默认"→"修改"→"偏移"⊏。

2. 操作步骤

命令：OFFSET✓
当前设置：删除源=否　图层=源　OFFSETGAPTYPE=0
指定偏移距离或 [通过(T)/删除(E)/图层(L)] <通过>：（指定距离值）
选择要偏移的对象，或 [退出(E)/放弃(U)] <退出>：（选择要偏移的对象。按 Enter 键，结束操作）
指定要偏移的那一侧上的点，或 [退出(E)/多个(M)/放弃(U)] <退出>：（指定偏移方向）

3. 选项说明

- ☑　指定偏移距离：输入一个距离值，或按 Enter 键，使用当前的距离值，系统把该距离值作为偏移距离，如图 4-16 所示。
- ☑　通过(T)：指定偏移对象的通过点。选择该选项后出现如下提示。

选择要偏移的对象，或 [退出(E)/放弃(U)] <退出>：（选择要偏移的对象或按 Enter 键结束操作）
指定通过点或 [退出(E)/多个(M)/放弃(U)] <退出>：（指定偏移对象的一个通过点）

操作完毕后，系统根据指定的通过点绘出偏移对象，如图 4-17 所示。

图 4-16　指定偏移对象的距离　　　　　图 4-17　指定偏移对象的通过点

- ☑　删除(E)：偏移后，将源对象删除。选择该选项后出现如下提示。

要在偏移后删除源对象吗？[是(Y)/否(N)] <当前>：

☑ 图层(L)：确定将偏移对象创建在当前图层上还是源对象所在的图层上。选择该选项后出现如下提示。

输入偏移对象的图层选项 [当前(C)/源(S)] <当前>：

4.3.6 实例——单开门

本实例利用"矩形"命令绘制门外框，再利用"偏移"命令创建内框，最后利用"直线""矩形""偏移"命令绘制窗口等。绘制流程图如图4-18所示。

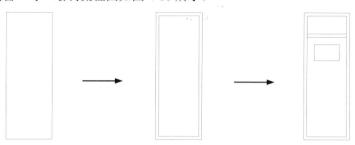

图4-18 绘制单开门

（1）单击"默认"选项卡"绘图"面板中的"矩形"按钮▭，绘制角点坐标分别为（0,0）和（@900,2400）的矩形。结果如图4-19所示。

（2）单击"默认"选项卡"修改"面板中的"偏移"按钮⊑，将步骤（1）中绘制的矩形进行偏移操作。命令行提示如下。

```
命令：_offset↙
当前设置：删除源=否  图层=源  OFFSETGAPTYPE=0
指定偏移距离或 [通过(T)/删除(E)/图层(L)] <通过>：60↙
选择要偏移的对象，或 [退出(E)/放弃(U)] <退出>：（选择上述矩形）
指定要偏移的那一侧上的点，或 [退出(E)/多个(M)/放弃(U)] <退出>：（选择矩形内侧）
选择要偏移的对象，或 [退出(E)/放弃(U)] <退出>：↙
```

偏移结果如图4-20所示。

（3）单击"默认"选项卡"绘图"面板中的"直线"按钮╱，绘制端点坐标分别为（60,2000）和（@780,0）的直线。结果如图4-21所示。

（4）单击"默认"选项卡"修改"面板中的"偏移"按钮⊑，将步骤（3）中绘制的直线向下偏移，偏移距离为60。结果如图4-22所示。

（5）单击"默认"选项卡"绘图"面板中的"矩形"按钮▭，绘制角点坐标分别为（200,1500）和（700,1800）的矩形。绘制结果如图4-23所示。

图4-19 绘制矩形　　图4-20 偏移操作　　图4-21 绘制直线　　图4-22 偏移操作　　图4-23 单开门

4.3.7 "阵列"命令

阵列是指多重复制选择对象并把这些副本按矩形或环形排列。把副本按矩形排列称为建立矩形阵列，把副本按环形排列称为建立极阵列。建立极阵列时，应该控制复制对象的次数和对象是否被旋转；建立矩形阵列时，应该控制行和列的数量以及对象副本之间的距离。

用"阵列"命令可以建立矩形阵列、极阵列（环形）和旋转的矩形阵列。

1. 执行方式

☑ 命令行：ARRAY。

☑ 菜单栏："修改"→"阵列"。

☑ 工具栏："修改"→"矩形阵列" 　/"路径阵列" 　/"环形阵列" 　。

☑ 功能区："默认"→"修改"→"矩形阵列" 　/"路径阵列" 　/
"环形阵列" 　（见图 4-24）。

图 4-24 "修改"面板

2. 操作步骤

```
命令：ARRAY↙
选择对象：（使用对象选择方法）
选择对象：↙
输入阵列类型 [矩形(R)/路径(PA)/极轴(PO)] <矩形>：PA↙
类型=路径 关联=是
选择路径曲线：（使用一种对象选择方法）
选择夹点以编辑阵列或 [关联(AS)/方法(M)/基点(B)/切向(T)/项目(I)/行(R)/层(L)/对齐项
目(A)/Z 方向(Z)/退出(X)] <退出>：i
指定沿路径的项目之间的距离或 [表达式(E)] <1293.769>：（指定距离）
最大项目数=5
指定项目数或 [填写完整路径(F)/表达式(E)] <5>：（输入数目）
选择夹点以编辑阵列或 [关联(AS)/方法(M)/基点(B)/切向(T)/项目(I)/行(R)/层(L)/对齐项
目(A)/Z 方向(Z)/退出(X)] <退出>：
```

3. 选项说明

☑ 关联(AS)：指定是否在阵列中创建项目作为关联阵列对象，或作为独立对象。

☑ 基点(B)：指定阵列的基点。

☑ 切向(T)：控制选定对象是否将相对于路径的起始方向重定向（旋转），然后移动到路径的起点。

☑ 项目(I)：编辑阵列中的项目数。

☑ 行(R)：指定阵列中的行数和行间距，以及它们之间的增量标高。

☑ 层(L)：指定阵列中的层数和层间距。

☑ 对齐项目(A)：指定是否对齐每个项目以与路径的方向相切。对齐相对于第一个项目的方向（方向选项）。

☑ Z 方向(Z)：控制是否保持项目的原始 Z 方向或沿三维路径自然倾斜项目。

☑ 退出(X)：退出命令。

☑ 表达式(E)：使用数学公式或方程式获取值。

视频讲解

4.3.8 实例——餐厅桌椅

本实例先利用"直线""圆弧"命令绘制椅子，再利用"圆"命令绘制餐桌，最后利用"环形阵列"命令创建其他椅子。绘制流程图如图 4-25 所示。

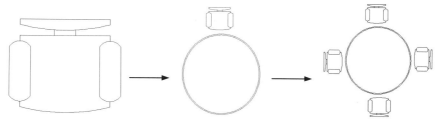

图 4-25 绘制餐厅桌椅

（1）单击"默认"选项卡"绘图"面板中的"直线"按钮 ╱，绘制 3 条线段，如图 4-26 所示。

（2）单击"默认"选项卡"修改"面板中的"复制"按钮 ❀，复制直线，结果如图 4-27 所示。

（3）单击"默认"选项卡"绘图"面板中的"直线"按钮 ╱ 和"圆弧"按钮 ⌒，绘制直线和圆弧，如图 4-28 所示。

（4）用同样方法绘制剩余图形。绘制结果如图 4-29 所示。

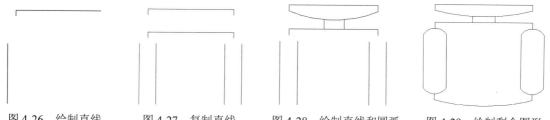

图 4-26 绘制直线　　　图 4-27 复制直线　　　图 4-28 绘制直线和圆弧　　　图 4-29 绘制剩余图形

（5）单击"默认"选项卡"绘图"面板中的"圆"按钮 ⊙，在椅子下方适当位置指定一点为圆心，以任意点为半径，绘制一个适当大小的圆作为餐桌。

（6）单击"默认"选项卡"修改"面板中的"偏移"按钮 ⊑，向外偏移步骤（5）中绘制的圆，即完成了餐桌的绘制，最终结果如图 4-30 所示。

（7）单击"默认"选项卡"修改"面板中的"环形阵列"按钮 ❀，再单击状态栏中的"对象捕捉追踪"按钮，指定桌面圆心为阵列中心点，单击"选择对象"按钮，框选椅子图形，最后确认退出。绘制的最终图形如图 4-31 所示。命令行提示如下。

```
命令：_arraypolar↙
选择对象：（选择椅子图形）
选择对象：↙
类型=极轴 关联=否
指定阵列的中心点或 [基点(B)/旋转轴(A)]：（选择餐桌中心点）
选择夹点以编辑阵列或 [关联(AS)/基点(B)/项目(I)/项目间角度(A)/填充角度(F)/行(ROW)/层(L)/旋转项目(ROT)/退出(X)] <退出>：AS↙
创建关联阵列 [是(Y)/否(N)] <否>：N↙
选择夹点以编辑阵列或 [关联(AS)/基点(B)/项目(I)/项目间角度(A)/填充角度(F)/行(ROW)/层(L)/旋转项目(ROT)/退出(X)] <退出>：I↙
```

　　输入阵列中的项目数或 [表达式(E)] <6>: 4✓

　　选择夹点以编辑阵列或 [关联(AS)/基点(B)/项目(I)/项目间角度(A)/填充角度(F)/行(ROW)/层(L)/旋转项目(ROT)/退出(X)] <退出>: F✓

　　指定填充角度(+=逆时针、-=顺时针)或 [表达式(EX)]<360> （阵列的角度为默认的 360°，此时直接按 Enter 键）

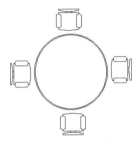

图 4-30　绘制餐桌　　　　　　　图 4-31　餐桌和餐椅

4.4　改变位置类命令

　　改变位置类命令的功能是按照指定要求改变当前图形或图形的某部分的位置，主要包括"移动""旋转""缩放"等命令。

4.4.1　"移动"命令

1. 执行方式

☑　命令行：MOVE。

☑　菜单栏："修改"→"移动"。

☑　工具栏："修改"→"移动"✛。

☑　功能区："默认"→"修改"→"移动"✛。

☑　快捷菜单：选择要复制的对象，在绘图区右击，在弹出的快捷菜单中选择"移动"命令。

2. 操作步骤

命令：MOVE✓
选择对象：（选择对象）

用前面介绍的对象选择方法选择要移动的对象，按 Enter 键结束选择。系统继续提示如下。

选择对象：✓
指定基点或 [位移(D)] <位移>：（指定基点或位移）
指定第二个点或 <使用第一个点作为位移>：

命令的选项功能与"复制"命令类似。

4.4.2　实例——组合电视柜

　　打开图形后利用"移动"命令将图形移动到所需位置。绘制流程图如图 4-32 所示。

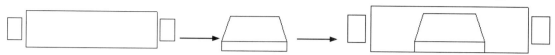

图 4-32 绘制组合电视柜

（1）单击快速访问工具栏中的"打开"按钮🗁，打开"图库 1\电视柜"，如图 4-33 所示。

（2）单击快速访问工具栏中的"打开"按钮🗁，继续打开"图库 1\电视"，如图 4-34 所示。

（3）选择菜单栏中的"编辑"→"全部选择"命令，选择"电视"图形。

（4）选择菜单栏中的"编辑"→"复制"命令，复制"电视"图形。

（5）选择菜单栏中的"窗口"→"电视柜"命令，打开"电视柜"图形文件。

（6）选择菜单栏中的"编辑"→"粘贴"命令，将"电视"图形放置到"电视柜"文件中。

绘制结果如图 4-35 所示。

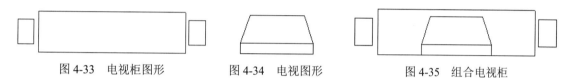

图 4-33 电视柜图形　　　　图 4-34 电视图形　　　　图 4-35 组合电视柜

4.4.3 "旋转"命令

1. 执行方式

- ☑ 命令行：ROTATE。
- ☑ 菜单栏："修改"→"旋转"。
- ☑ 工具栏："修改"→"旋转"🔃。
- ☑ 功能区："默认"→"修改"→"旋转"🔃。
- ☑ 快捷菜单：选择要旋转的对象，在绘图区右击，在弹出的快捷菜单中选择"旋转"命令。

2. 操作步骤

命令：ROTATE↙
UCS 当前的正角方向：ANGDIR=逆时针　ANGBASE=0
选择对象：（选择要旋转的对象）
选择对象：↙
指定基点：（指定旋转的基点。在对象内部指定一个坐标点）
指定旋转角度，或 [复制(C)/参照(R)] <0>：（指定旋转角度或其他选项）

3. 选项说明

- ☑ 复制(C)：选择该选项，旋转对象的同时保留源对象，如图 4-36 所示。

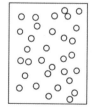
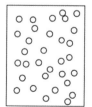

（a）旋转前　　　　　　　　　（b）旋转后

图 4-36 复制旋转

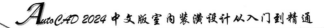
☑   参照(R)：采用参照方式旋转对象时，系统将提示如下。

> 指定参照角 <0>：（指定要参考的角度，默认值为0）
> 指定新角度或 [点(P)] <0>：（输入旋转后的角度值）

操作完毕后，对象被旋转至指定的角度位置。

📖 **说明：** 可以用拖曳鼠标的方法旋转对象。选择对象并指定基点后，从基点到当前光标位置会出现一条连线，鼠标选择的对象会动态地随着该连线与水平方向的夹角的变化而旋转，按Enter键，确认旋转操作，如图4-37所示。

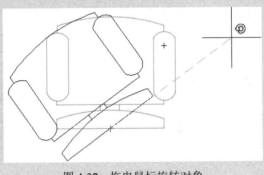

图4-37 拖曳鼠标旋转对象

4.4.4 实例——计算机

设置图层后利用"矩形""直线""多段线""矩形阵列"命令绘制计算机，再利用"旋转"命令调整图形。绘制流程图如图4-38所示。

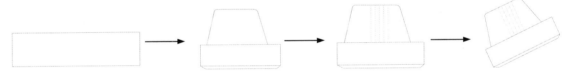

图4-38 绘制计算机

（1）图层设计。单击"默认"选项卡"图层"面板中的"图层特性"按钮，打开"图层特性管理器"选项板，新建两个图层。

❶ "1"图层，颜色为红色，其余属性默认。

❷ "2"图层，颜色为绿色，其余属性默认。

（2）将"1"图层设置为当前图层。单击"默认"选项卡"绘图"面板中的"矩形"按钮，绘制角点坐标分别为（0,16）和（450,130）的矩形。绘制结果如图4-39所示。

（3）单击"默认"选项卡"绘图"面板中的"多段线"按钮，绘制多段线，命令行提示如下。

图4-39 绘制矩形

> 命令：_pline↙
> 指定起点：0,16↙
> 当前线宽为0.0000
> 指定下一个点或 [圆弧(A)/半宽(H)/长度(L)/放弃(U)/宽度(W)]：30,0↙
> 指定下一点或 [圆弧(A)/闭合(C)/半宽(H)/长度(L)/放弃(U)/宽度(W)]：430,0↙

```
    指定下一点或 [圆弧(A)/闭合(C)/半宽(H)/长度(L)/放弃(U)/宽度(W)]: 450,16↙
    指定下一点或 [圆弧(A)/闭合(C)/半宽(H)/长度(L)/放弃(U)/宽度(W)]:
    命令: PLINE↙
    指定起点: 37,130↙
    当前线宽为 0.0000
    指定下一个点或 [圆弧(A)/半宽(H)/长度(L)/放弃(U)/宽度(W)]: 80,308↙
    指定下一点或 [圆弧(A)/闭合(C)/半宽(H)/长度(L)/放弃(U)/宽度(W)]: a↙
    指定圆弧的端点(按住 Ctrl 键以切换方向)或 [角度(A)/圆心(CE)/闭合(CL)/方向(D)/半宽(H)/
直线(L)/半径(R)/第二个点(S)/放弃(U)/宽度(W)]: 101,320↙
    指定圆弧的端点或 [角度(A)/圆心(CE)/闭合(CL)/方向(D)/半宽(H)/直线(L)/半径(R)/第二个
点(S)/放弃(U)/宽度(W)]: l↙
    指定下一点或 [圆弧(A)/闭合(C)/半宽(H)/长度(L)/放弃(U)/宽度(W)]: 306,320↙
    指定下一点或 [圆弧(A)/闭合(C)/半宽(H)/长度(L)/放弃(U)/宽度(W)]: a↙
    指定圆弧的端点(按住 Ctrl 键以切换方向)或 [角度(A)/圆心(CE)/闭合(CL)/方向(D)/半宽(H)/
直线(L)/半径(R)/第二个点(S)/放弃(U)/宽度(W)]: 326,308↙
    指定圆弧的端点(按住 Ctrl 键以切换方向)或 [角度(A)/圆心(CE)/闭合(CL)/方向(D)/半宽(H)/
直线(L)/半径(R)/第二个点(S)/放弃(U)/宽度(W)]: l↙
    指定下一点或 [圆弧(A)/闭合(C)/半宽(H)/长度(L)/放弃(U)/宽度(W)]: 380,130↙
    指定下一点或 [圆弧(A)/闭合(C)/半宽(H)/长度(L)/放弃(U)/宽度(W)]:
```

绘制结果如图 4-40 所示。

（4）将"2"图层设置为当前图层，单击"默认"选项卡"绘图"面板中的"直线"按钮 ✏，绘制一条直线，指定坐标为（176,130）和（176,320）。绘制结果如图 4-41 所示。

（5）单击"默认"选项卡"修改"面板中的"矩形阵列"按钮 ▦，阵列对象为步骤（4）中绘制的直线，设置行数为 1、列数为 5、列间距为 22。绘制结果如图 4-42 所示。

（6）单击"默认"选项卡"修改"面板中的"旋转"按钮 ↻，旋转绘制的计算机图形。命令行提示如下。

```
    命令: _rotate↙
    UCS 当前的正角方向: ANGDIR=逆时针 ANGBASE=0
    选择对象:（选择所有绘制的图形）
    选择对象:↙
    指定基点: 0,0
    指定旋转角度，或 [复制(C)/参照(R)] <0>: 25↙
```

绘制结果如图 4-43 所示。

图 4-40　绘制多段线　　图 4-41　绘制直线　　图 4-42　阵列　　图 4-43　计算机

4.4.5　"缩放"命令

1. 执行方式

☑　命令行: SCALE。

☑ 菜单栏："修改"→"缩放"。

☑ 工具栏："修改"→"缩放" ⬚。

☑ 功能区："默认"→"修改"→"缩放" ⬚。

☑ 快捷菜单：选择要缩放的对象，在绘图区右击，在弹出的快捷菜单中选择"缩放"命令。

2. 操作步骤

命令：SCALE✓
选择对象：（选择要缩放的对象）
选择对象：✓
指定基点：（指定缩放操作的基点）
指定比例因子或 [复制(C)/参照(R)] <1.0000>：

3. 选项说明

☑ 指定比例因子：选择对象并指定基点后，从基点到当前光标位置处会出现一条线段，线段的长度即为比例大小。所选择的对象会动态地随着该连线长度的变化而缩放，按 Enter 键，即可确认缩放操作。

☑ 复制(C)：选择该选项时，可以复制缩放对象，即缩放对象时保留源对象，如图 4-44 所示。

（a）缩放前　　　　　　　　　　　（b）缩放后

图 4-44　复制缩放

☑ 参照(R)：采用参考方向缩放对象时，系统提示如下。

指定参照长度 <1>：（指定参考长度值）
指定新的长度或 [点(P)] <1.0000>：（指定新长度值）

若新长度值大于参考长度值，则放大对象，否则缩小对象。操作完毕后，系统以指定的基点按指定的比例因子缩放对象。如果选择"点(P)"选项，则指定两点来定义新的长度。

4.4.6　实例——紫荆花

本实例先利用"圆弧"命令绘制花瓣，利用"正多边形""直线""修剪"命令绘制五角星，再利用"缩放"命令将绘制好的五角星调整到适当大小，最后利用"环形阵列"命令创建其余花瓣。绘制流程图如图 4-45 所示。

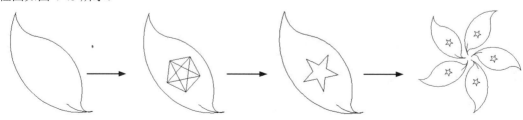

图 4-45　绘制紫荆花

（1）单击"默认"选项卡"绘图"面板中的"圆弧"按钮，绘制花瓣外框，如图 4-46 所示。

（2）单击"默认"选项卡"绘图"面板中的"多边形"按钮，绘制花瓣，命令行提示如下。

```
命令：POLYGON↙
输入侧面数 <4>: 5↙
指定正多边形的中心点或 [边(E)]:（指定中心点）
输入选项 [内接于圆(I)/外切于圆(C)] <I>:↙
指定圆的半径：（指定半径）
```

（3）单击"默认"选项卡"绘图"面板中的"直线"按钮，绘制连接正五边形的各条线段，结果如图 4-47 所示。

（4）单击"默认"选项卡"修改"面板中的"删除"按钮，选择正五边形，删除外框，结果如图 4-48 所示。

（5）单击"默认"选项卡"修改"面板中的"修剪"按钮，将五角星内部线段进行修剪，结果如图 4-49 所示。

　　图 4-46　花瓣外框

　图 4-47　绘制五角星

　图 4-48　删除外框

　图 4-49　修剪五角星

（6）单击"默认"选项卡"修改"面板中的"缩放"按钮，将五角星缩放到适当大小，命令行提示如下。

```
命令：SCALE↙
选择对象：（框选修剪的五角星）
选择对象：↙
指定基点：（指定五角星斜下方凹点）
指定比例因子或 [复制(C)/参照(R)] <1.0000>: 0.5↙
```

缩放结果如图 4-50 所示。

（7）单击"默认"选项卡"修改"面板中的"环形阵列"按钮，项目总数为 5，填充角度为 360°，选择花瓣下端点外一点为中心，再选择绘制的花瓣为对象。绘制出的紫荆花图案如图 4-51 所示。

　　　　图 4-50　缩放五角星

　　图 4-51　紫荆花图案

4.5　改变几何特性类命令

改变几何特性类命令在对指定对象进行编辑后，使编辑对象的几何特性发生改变，包括"倒角"

"圆角""打断""剪切""延伸""拉长""拉伸"等命令。

4.5.1 "圆角"命令

圆角是指用指定的半径决定的一段平滑的圆弧连接两个对象。系统规定可以用圆角连接一对直线段、非圆弧的多段线段、样条曲线、双向无限长线、射线、圆、圆弧和椭圆。可以在任何时刻用圆角连接非圆弧多段线的每个节点。

1. 执行方式

☑ 命令行：FILLET。
☑ 菜单栏："修改"→"圆角"。
☑ 工具栏："修改"→"圆角"。
☑ 功能区："默认"→"修改"→"圆角"。

2. 操作步骤

> 命令：FILLET↙
> 当前设置：模式=修剪，半径=0.0000
> 选择第一个对象或 [放弃(U)/多段线(P)/半径(R)/修剪(T)/多个(M)]：（选择第一个对象或其他选项）
> 选择第二个对象，或按住 Shift 键选择对象以应用角点或 [半径(R)]：（选择第二个对象）

3. 选项说明

（1）多段线(P)：在一条二维多段线的两段直线段的节点处插入圆滑的弧。选择多段线后，系统会根据指定的圆弧的半径把多段线各顶点用圆滑的弧连接起来。

（2）修剪(T)：决定在圆角连接两条边时，是否修剪这两条边，如图 4-52 所示。

（3）多个(M)：可以同时对多个对象进行圆角编辑，而不必重新启用命令。

按住 Shift 键并选择两条直线，可以快速创建零距离倒角或零半径圆角。

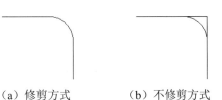

（a）修剪方式　　　　（b）不修剪方式

图 4-52　圆角连接

4.5.2 实例——坐便器

本实例利用"直线"命令绘制辅助线，利用"直线""圆弧""复制""镜像""偏移"等命令绘制主体图形，再利用"圆角"命令修改图形，最后利用"圆弧""直线""偏移"命令绘制水箱及按钮部分。绘制流程图如图 4-53 所示。

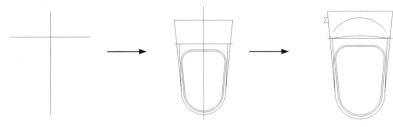

图 4-53　绘制坐便器

视频讲解

（1）将 AutoCAD 中的"对象捕捉"工具栏激活（见图 4-54），以在绘图过程中使用。

图 4-54　"对象捕捉"工具栏

（2）单击"默认"选项卡"绘图"面板中的"直线"按钮／，绘制一条长度为 50 的水平直线。重复"直线"命令，单击"对象捕捉"工具栏中的"捕捉到中点"按钮／，再单击水平直线的中点，此时水平直线的中点会出现一个黄色的小三角提示。绘制一条垂直的直线，并移动到合适的位置，作为绘图的辅助线，如图 4-55 所示。

（3）单击"默认"选项卡"绘图"面板中的"直线"按钮／，再单击水平直线的左端点，输入坐标（@6,-60）绘制直线，如图 4-56 所示。

（4）单击"默认"选项卡"修改"面板中的"镜像"按钮⚠，以垂直直线的两个端点的连线为镜像线，将刚刚绘制的斜向直线镜像到另一侧，如图 4-57 所示。

（5）单击"默认"选项卡"绘图"面板中的"圆弧"按钮／，以斜线下端的端点为起点，如图 4-58 所示，以垂直辅助线上的一点为第二点，以右侧斜线的端点为端点，绘制弧线，如图 4-59 所示。

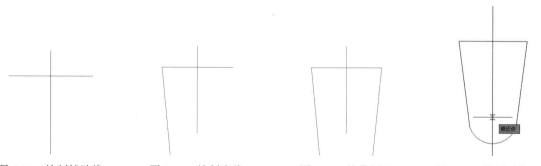

图 4-55　绘制辅助线　　　　图 4-56　绘制直线　　　　图 4-57　镜像图形　　　　图 4-58　绘制弧线（1）

（6）在图中选择水平直线，然后单击"默认"选项卡"修改"面板中的"复制"按钮🗐，选择其与垂直直线的交点为基点，然后输入坐标（@0,-20），再次复制水平直线，输入坐标（@0,-25），如图 4-60 所示。

（7）单击"默认"选项卡"修改"面板中的"偏移"按钮⊏，将右侧斜向直线向左偏移 2，如图 4-61 所示。重复"偏移"命令，将圆弧和左侧直线复制到内侧，如图 4-62 所示。

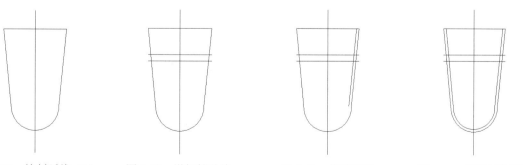

图 4-59　绘制弧线（2）　　　图 4-60　增加辅助线　　　　图 4-61　偏移直线　　　　图 4-62　偏移其他图形

（8）单击"默认"选项卡"绘图"面板中的"直线"按钮／，将中间的水平线与内侧斜线的交点和外侧斜线的下端点连接起来，如图 4-63 所示。

（9）单击"默认"选项卡"修改"面板中的"圆角"按钮／，指定圆角半径为 10，依次选择最下面的水平线和内侧的斜向直线,将其交点设置为倒圆角,如图 4-64 所示。依照此方法,将右侧的交点也设置为倒圆角,半径也是 10,如图 4-65 所示。命令行提示如下。

```
命令: _fillet✓
当前设置: 模式=修剪, 半径=0.0000
选择第一个对象或 [放弃(U)/多段线(P)/半径(R)/修剪(T)/多个(M)]: R✓
指定圆角半径 <0.0000>: 10
选择第一个对象或 [放弃(U)/多段线(P)/半径(R)/修剪(T)/多个(M)]: (选择内侧斜向直线)
选择第二个对象,或按住 Shift 键选择对象以应用角点或 [半径(R)]: (选择最下面的水平线)
```

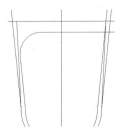

图 4-63　连接直线　　　　图 4-64　设置倒圆角　　　　图 4-65　设置另一侧倒圆角

(10) 单击"默认"选项卡"修改"面板中的"偏移"按钮 ⊂,将椭圆部分向内侧偏移 1,如图 4-66 所示。

(11) 在上侧添加弧线和斜向直线,再在左侧添加冲水按钮,即完成了坐便器的绘制,最终结果如图 4-67 所示。

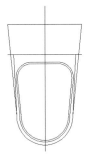

图 4-66　偏移内侧椭圆　　　　图 4-67　绘制完成的坐便器

4.5.3　"倒角"命令

倒角是指用斜线连接两个不平行的线型对象。可以用斜线连接直线段、双向无限长线、射线和多段线。

1. 执行方式

☑　命令行:CHAMFER。

☑　菜单栏:"修改"→"倒角"。

☑　工具栏:"修改"→"倒角" ⟋。

☑　功能区:"默认"→"修改"→"倒角" ⟋。

2. 操作步骤

```
命令: CHAMFER✓
```

（"不修剪"模式）当前倒角距离 1=0.0000，距离 2=0.0000

选择第一条直线或 [放弃(U)/多段线(P)/距离(D)/角度(A)/修剪(T)/方式(E)/多个(M)]：（选择第一条直线或其他选项）

选择第二条直线，或按住 Shift 键选择直线以应用角点或 [距离(D)/角度(A)/方法(M)]：（选择第二条直线）

3. 选项说明

☑ 多段线(P)：对多段线的各个交叉点进行倒角编辑。为了得到最好的连接效果，一般设置斜线是相等的值。系统根据指定的斜线距离把多段线的每个交叉点都做斜线连接，连接的斜线成为多段线新添加的构成部分，如图 4-68 所示。

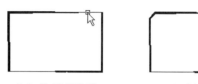

（a）选择多段线　　　　（b）倒角结果

图 4-68　斜线连接多段线

☑ 距离(D)：选择倒角的两个斜线距离。斜线距离是指从被连接的对象与斜线的交点到被连接的两对象的可能的交点之间的距离，如图 4-69 所示。这两个斜线距离可以相同也可以不相同，若二者均为 0，则系统不绘制连接的斜线，而是把两个对象延伸至相交，并修剪超出的部分。

☑ 角度(A)：选择第一条直线的斜线距离和角度。采用这种方法斜线连接对象时，需要输入两个参数，即斜线与一个对象的斜线距离和斜线与该对象的夹角，如图 4-70 所示。

图 4-69　斜线距离　　　　　　　　　　图 4-70　斜线距离与夹角

☑ 修剪(T)：与圆角连接命令 FILLET 相同，该选项决定连接对象后是否修剪源对象。

☑ 方式(E)：决定采用"距离"方式还是"角度"方式来倒角。

☑ 多个(M)：同时对多个对象进行倒角编辑。

📖 说明：有时用户在执行"圆角"和"倒角"命令时，发现命令不执行或执行后没什么变化，则是因为系统默认圆角半径和斜线距离均为 0，如果不事先设定圆角半径或斜线距离，系统就以默认值执行命令，所以看起来好像没有执行命令。

4.5.4　实例——洗菜盆

本实例利用"直线"命令绘制外部轮廓，再利用"圆""复制"等命令绘制水龙头和出水口，最

视 频 讲 解

后利用"倒角"命令将图形细化。绘制流程图如图 4-71 所示。

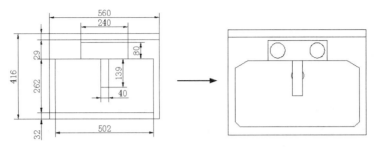

图 4-71　绘制洗菜盆

（1）单击"默认"选项卡"绘图"面板中的"直线"按钮╱，绘制出初步轮廓，大约尺寸如图 4-72 所示。

（2）单击"默认"选项卡"绘图"面板中的"圆"按钮⊙，以图 4-72 中长 240、宽 80 的矩形大约左中位置处为圆心，绘制半径为 35 的圆。

（3）单击"默认"选项卡"修改"面板中的"复制"按钮❀，选择步骤（2）中绘制的圆，复制到右边合适的位置，完成旋钮的绘制。

（4）单击"默认"选项卡"绘图"面板中的"圆"按钮⊙，以图 4-72 中长 139、宽 40 的矩形大约正中位置处为圆心，绘制半径为 25 的圆作为出水口。

（5）单击"默认"选项卡"修改"面板中的"修剪"按钮▼，将绘制的出水口圆修剪成如图 4-73 所示的效果。

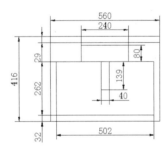

图 4-72　初步轮廓图

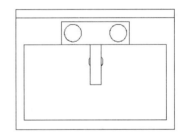

图 4-73　绘制水龙头和出水口

（6）单击"默认"选项卡"修改"面板中的"倒角"按钮╱，绘制水盆 4 角。命令行提示如下。

```
命令：CHAMFER↙
（"修剪"模式）当前倒角距离 1=0.0000，距离 2=0.0000
选择第一条直线或 [放弃(U)/多段线(P)/距离(D)/角度(A)/修剪(T)/方式(E)/多个(M)]：D↙
指定第一个倒角距离 <0.0000>：50↙
指定第二个倒角距离 <50.0000>：30↙
选择第一条直线或 [多段线(P)/距离(D)/角度(A)/修剪(T)/方式(M)/多个(U)]：M↙
选择第一条直线或 [放弃(U)/多段线(P)/距离(D)/角度(A)/修剪(T)/方式(E)/多个(M)]：（选择
右上角横线段）
选择第二条直线，或按住 Shift 键选择直线以应用角点或 [距离(D)/角度(A)/方法(M)]：（选择右
上角竖线段）
选择第一条直线或 [放弃(U)/多段线(P)/距离(D)/角度(A)/修剪(T)/方式(E)/多个(M)]：（选择
左上角横线段）
选择第二条直线，或按住 Shift 键选择直线以应用角点或 [距离(D)/角度(A)/方法(M)]：（选择左
上角竖线段）
```

命令：CHAMFER↙

（"修剪"模式）当前倒角距离 1=50.0000，距离 2=30.0000

选择第一条直线或 [放弃(U)/多段线(P)/距离(D)/角度(A)/修剪(T)/方式(E)/多个(M)]：A↙

指定第一条直线的倒角长度 <20.0000>：↙

指定第一条直线的倒角角度 <0>：45↙

选择第一条直线或 [放弃(U)/多段线(P)/距离(D)/角度(A)/修剪(T)/方式(E)/多个(M)]：M↙

选择第一条直线或 [放弃(U)/多段线(P)/距离(D)/角度(A)/修剪(T)/方式(E)/多个(M)]：（选择左下角横线段）

选择第二条直线，或按住 Shift 键选择直线以应用角点或 [距离(D)/角度(A)/方法(M)]：（选择左下角竖线段）

选择第一条直线或 [放弃(U)/多段线(P)/距离(D)/角度(A)/修剪(T)/方式(E)/多个(M)]：（选择右下角横线段）

选择第二条直线，或按住 Shift 键选择直线以应用角点或 [距离(D)/角度(A)/方法(M)]：（选择右下角竖线段）

洗菜盆绘制结果如图4-74所示。

4.5.5 "修剪"命令

1. 执行方式

- ☑ 命令行：TRIM。
- ☑ 菜单栏："修改"→"修剪"。
- ☑ 工具栏："修改"→"修剪" 。
- ☑ 功能区："默认"→"修改"→"修剪" 。

图 4-74 洗菜盆

2. 操作步骤

命令：TRIM↙

当前设置:投影=UCS,边=无,模式=标准

选择剪切边...

选择对象或 [模式(O)] <全部选择>：（选择用作修剪边界的对象）

按 Enter 键，结束对象选择，系统提示：

选择要修剪的对象，或按住 Shift 键选择要延伸的对象或[剪切边(T)/栏选(F)/窗交(C)/模式(O)/投影(P)/边(E)/删除(R)]：

3. 选项说明

- ☑ 按住 Shift 键：在选择对象时，如果按住 Shift 键，系统就自动将"修剪"命令转换成"延伸"命令，"延伸"命令将在4.5.7节介绍。
- ☑ 边(E)：选择此选项时，可以选择对象的修剪方式，即延伸和不延伸。
  - ➢ 延伸(E)：延伸边界进行修剪。在此方式下，如果剪切边没有与要修剪的对象相交，系统会延伸剪切边直至与要修剪的对象相交，然后再修剪，如图4-75所示。

（a）选择剪切边

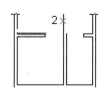
（b）选择要修剪的对象

（c）修剪后的结果

图 4-75 延伸方式修剪对象

➤ 不延伸(N)：不延伸边界修剪对象，只修剪与剪切边相交的对象。

☑ 栏选(F)：选择此选项时，系统以栏选的方式选择被修剪对象，如图4-76所示。

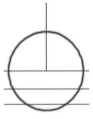 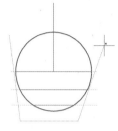 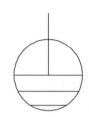

（a）选定剪切边　　　　（b）使用栏选选定要修剪的对象　　　（c）结果

图4-76　栏选选择修剪对象

☑ 窗交(C)：选择此选项时，系统以窗交的方式选择被修剪对象。

被选择的对象可以互为边界和被修剪对象，此时系统会在选择的对象中自动判断边界，如图4-77所示。

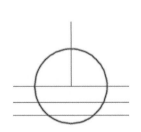 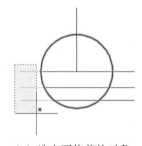 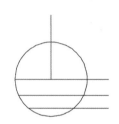

（a）使用窗交选择选定的边　　（b）选定要修剪的对象　　　　（c）结果

图4-77　窗交选择修剪对象

4.5.6　实例——灯具

本实例先利用"矩形""镜像""圆弧"命令绘制灯架，再利用"圆弧""直线""修剪"等命令绘制连接处，最后利用"样条曲线""直线""圆弧"命令绘制灯罩。绘制流程图如图4-78所示。

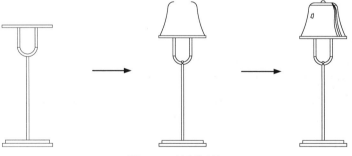

图4-78　绘制灯具

（1）单击"默认"选项卡"绘图"面板中的"矩形"按钮 ，绘制轮廓线，然后单击"默认"选项卡"修改"面板中的"镜像"按钮 ，使轮廓线左右对称，如图4-79所示。

（2）单击"默认"选项卡"绘图"面板中的"圆弧"按钮 ，绘制两条圆弧，端点分别捕捉到矩形的角点上，绘制下面的圆弧中间一点捕捉到中间矩形上边的中点上，如图4-80所示。

Note

图 4-79 绘制轮廓线　　　　　　　图 4-80 绘制圆弧

（3）单击"默认"选项卡"绘图"面板中的"圆弧"按钮和"直线"按钮，绘制灯柱上的结合点，如图 4-81 所示。

（4）单击"默认"选项卡"修改"面板中的"修剪"按钮，修剪多余图线。命令行提示如下。

```
命令：_trim✓
当前设置：投影=UCS,边=无,模式=标准
选择修剪边...
选择对象或 [模式(O)] <全部选择>：（选择修剪边界对象）
选择对象：✓
选择要修剪的对象，或按住 Shift 键选择要延伸的对象或[剪切边(T)/栏选(F)/窗交(C)/模式(O)/
投影(P)/边(E)/删除(R)]：（选择修剪对象）
```

修剪结果如图 4-82 所示。

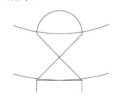

图 4-81 绘制灯柱上的结合点　　　　图 4-82 修剪图形

（5）单击"默认"选项卡"绘图"面板中的"样条曲线拟合"按钮和"修改"面板中的"镜像"按钮，绘制灯罩轮廓线，如图 4-83 所示。

（6）单击"默认"选项卡"绘图"面板中的"直线"按钮，补齐灯罩轮廓线，直线端点捕捉对应样条曲线端点，如图 4-84 所示。

（7）单击"默认"选项卡"绘图"面板中的"圆弧"按钮，绘制灯罩顶端的突起，如图 4-85所示。

图 4-83 绘制灯罩轮廓线　　　图 4-84 补齐灯罩轮廓线　　　图 4-85 绘制灯罩顶端的突起

（8）单击"默认"选项卡"绘图"面板中的"样条曲线拟合"按钮，绘制灯罩上的装饰线。

4.5.7 "延伸"命令

延伸对象是指延伸要延伸的对象直至另一个对象的边界线，如图 4-86 所示。

（a）选择边界　　　　　　（b）选择要延伸的对象　　　　　（c）执行结果

图 4-86　延伸对象

1. 执行方式

☑　命令行：EXTEND。

☑　菜单栏："修改"→"延伸"。

☑　工具栏："修改"→"延伸"━┫。

☑　功能区："默认"→"修改"→"延伸"━┫。

2. 操作步骤

```
命令：EXTEND✓
当前设置：投影=UCS,边=延伸,模式=标准
选择边界的边...
选择对象或 [模式(O)] <全部选择>：
选择对象：（选择边界对象）
```

此时可以通过选择对象来定义边界。若直接按 Enter 键，则选择所有对象作为可能的边界对象。

系统规定可以用作边界对象的对象有直线段、射线、双向无限长线、圆弧、圆、椭圆、二维和三维多段线、样条曲线、文本、浮动的视口、区域。如果选择二维多段线作为边界对象，系统会忽略其宽度而把对象延伸至多段线的中心线上。

选择边界对象后，系统继续提示如下。

选择要延伸的对象，或按住 Shift 键选择要修剪的对象或[边界边(B)/栏选(F)/窗交(C)/模式(O)/投影(P)/边(E)]：

3. 选项说明

（1）如果要延伸的对象是适配样条多段线，则延伸后会在多段线的控制框上增加新节点；如果要延伸的对象是锥形的多段线，那么系统就会修正延伸端的宽度，使多段线从起始端平滑地延伸至新的终止端；如果延伸操作导致新终止端的宽度为负值，则取宽度值为 0，如图 4-87 所示。

（a）选择边界对象　　　（b）选择要延伸的多段线　　　（c）延伸后的结果

图 4-87　延伸对象

（2）选择对象时，如果按住 Shift 键，系统会自动将"延伸"命令转换成"修剪"命令。

4.5.8 实例——沙发

本实例利用"矩形""直线""分解""圆角""延伸""修剪"等命令绘制沙发，其中着重介绍"延伸"命令。绘制流程图如图 4-88 所示。

视频讲解

图 4-88　绘制沙发

（1）单击"默认"选项卡"绘图"面板中的"矩形"按钮▭，绘制圆角为 10、第一角点坐标为（20,20）、长度和宽度分别为 140 和 100 的矩形作为沙发的外框。

（2）单击"默认"选项卡"绘图"面板中的"直线"按钮╱，绘制坐标分别为（40,20）、（@0,80）、（@100,0）、（@0,-80）的连续线段。绘制结果如图 4-89 所示。

（3）单击"默认"选项卡"修改"面板中的"分解"按钮▤（此命令将在 4.5.15 节中详细介绍）和"圆角"按钮╭，修改沙发轮廓。命令行提示如下。

```
命令: _explode↙
选择对象: (选择外面倒圆矩形)
选择对象:
命令: _fillet↙
当前设置: 模式=修剪，半径=6.0000
选择第一个对象或 [放弃(U)/多段线(P)/半径(R)/修剪(T)/多个(M)]: M↙
选择第一个对象或 [放弃(U)/多段线(P)/半径(R)/修剪(T)/多个(M)]: R↙
指定圆角半径 <6.0000>: 6↙
选择第一个对象或 [放弃(U)/多段线(P)/半径(R)/修剪(T)/多个(M)]: (选择内部四边形左边)
选择第二个对象，或按住 Shift 键选择对象以应用角点或 [半径(R)]: (选择内部四边形上边)
选择第一个对象或 [放弃(U)/多段线(P)/半径(R)/修剪(T)/多个(M)]: (选择内部四边形右边)
选择第二个对象，或按住 Shift 键选择对象以应用角点或 [半径(R)]: (选择内部四边形上边)
选择第一个对象或 [放弃(U)/多段线(P)/半径(R)/修剪(T)/多个(M)]:
```

单击"默认"选项卡"修改"面板中的"圆角"按钮╭，选择内部四边形左边和外部矩形下边左端为对象，进行圆角处理。绘制结果如图 4-90 所示。

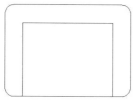

图 4-89　绘制初步轮廓

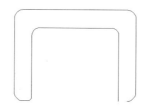

图 4-90　绘制倒圆

（4）单击"默认"选项卡"修改"面板中的"延伸"按钮⟶，将左边短线延伸至圆弧。命令行提示如下。

```
命令：_ extend↙
当前设置：投影=UCS,边=无,模式=标准
选择边界的边...
选择对象或 [模式(O)] <全部选择>：（选择如图4-90所示的右下角圆弧）
选择对象：
选择要延伸的对象，或按住Shift键选择要修剪的对象或[边界边(B)/栏选(F)/窗交(C)/模式(O)/
投影(P)/边(E)]：（选择如图4-90所示的左端短水平线）
```

（5）单击"默认"选项卡"修改"面板中的"圆角"按钮，选择内部四边形右边和外部矩形下边为倒圆角对象，进行圆角处理。

（6）单击"默认"选项卡"修改"面板中的"延伸"按钮，将右边短线延伸至左边圆弧。绘制结果如图4-91所示。

（7）单击"默认"选项卡"绘图"面板中的"圆弧"按钮，绘制沙发皱纹。在沙发拐角位置绘制6条圆弧。最终绘制结果如图4-92所示。

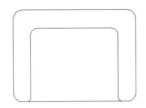

图4-91　完成倒圆角

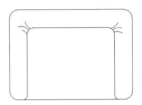

图4-92　沙发

4.5.9　"拉伸"命令

拉伸对象是指拖拉选择的对象，且形状发生改变后的对象。拉伸对象时，应指定拉伸的基点和移置点。利用一些辅助工具如捕捉、钳夹功能及相对坐标等可以提高拉伸的精度。

1. 执行方式

☑　命令行：STRETCH。

☑　菜单栏："修改"→"拉伸"。

☑　工具栏："修改"→"拉伸"。

☑　功能区："默认"→"修改"→"拉伸"。

2. 操作步骤

```
命令：STRETCH↙
以交叉窗口或交叉多边形选择要拉伸的对象...
选择对象：C
指定第一个角点：（采用交叉窗口的方式选择要拉伸的对象）
指定基点或 [位移(D)] <位移>：（指定拉伸的基点）
指定第二个点或 <使用第一个点作为位移>：（指定拉伸的移至点）
```

此时，若指定第二个点，系统将根据这两点决定的矢量拉伸对象。若直接按Enter键，系统则会把第一个点作为X轴和Y轴的分量值。

STRETCH仅移动位于交叉选择内的顶点和端点，不更改那些位于交叉选择外的顶点和端点。部

分包含在交叉选择窗口内的对象将被拉伸。

📖 **说明:** 用交叉窗口选择拉伸对象时，在交叉窗口内的端点将被拉伸，在外部的端点将保持不动。

4.5.10 实例——门把手

设置图层后利用"直线"命令绘制中心线，再利用"圆""直线""修剪""镜像"命令绘制门把手，最后利用"拉伸"命令修改图形。绘制流程图如图 4-93 所示。

图 4-93 绘制门把手

（1）设置图层。选择菜单栏中的"格式"→"图层"命令，打开"图层特性管理器"选项板，新建两个图层。

❶ 第一个图层命名为"轮廓线"，线宽属性为 0.3mm，其余属性默认。

❷ 第二个图层命名为"中心线"，颜色设为红色，线型加载为 CENTER，其余属性默认。

（2）将"中心线"图层设置为当前图层。单击"默认"选项卡"绘图"面板中的"直线"按钮 ，绘制坐标分别为（150,150）和（@120,0）的直线。结果如图 4-94 所示。

（3）将"轮廓线"图层设置为当前图层。单击"默认"选项卡"绘图"面板中的"圆"按钮 ，以坐标（160,150）为圆心，绘制半径为 10 的圆。重复"圆"命令，以坐标（235,150）为圆心，绘制半径为 15 的圆。再绘制半径为 50 的圆与前两个圆相切，结果如图 4-95 所示。

（4）单击"默认"选项卡"绘图"面板中的"直线"按钮 ，绘制坐标依次为（250,150）、（@10<90）、（@15<180）的两条直线。重复"直线"命令，绘制坐标分别为（235,165）和（235,150）的直线。结果如图 4-96 所示。

图 4-94 绘制直线 　　　图 4-95 绘制圆 　　　图 4-96 绘制直线

（5）单击"默认"选项卡"修改"面板中的"修剪"按钮 ，进行修剪处理。结果如图 4-97 所示。

（6）单击"默认"选项卡"绘图"面板中的"圆"按钮 ，绘制半径为 12，且与圆弧 1 和圆弧 2 相切的圆。结果如图 4-98 所示。

图 4-97 修剪处理 　　　　　　　图 4-98 绘制圆

（7）单击"默认"选项卡"修改"面板中的"修剪"按钮，将多余的圆弧进行修剪。结果如图 4-99 所示。

（8）单击"默认"选项卡"修改"面板中的"镜像"按钮，以中心线为两镜像点对图形进行镜像处理。结果如图 4-100 所示。

图 4-99　修剪处理

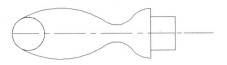

图 4-100　镜像处理

（9）单击"默认"选项卡"修改"面板中的"修剪"按钮，进行修剪处理。结果如图 4-101 所示。

（10）将"中心线"图层设置为当前图层。单击"默认"选项卡"绘图"面板中的"直线"按钮，在把手接头处的中间位置绘制适当长度的竖直线段，作为销孔定位中心线，如图 4-102 所示。

图 4-101　把手初步图形

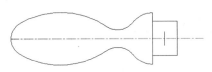

图 4-102　销孔中心线

（11）将"轮廓线"图层设置为当前图层。单击"默认"选项卡"绘图"面板中的"圆"按钮，以中心线交点为圆心绘制适当半径的圆作为销孔，如图 4-103 所示。

（12）单击"默认"选项卡"修改"面板中的"拉伸"按钮，向右拉伸接头长度 5。结果如图 4-104 所示。命令行提示如下。

```
命令: _stretch↙
以交叉窗口或交叉多边形选择要拉伸的对象...
选择对象:（选择接头）
指定基点或 [位移(D)] <位移>: 100,100↙
指定第二个点或 <使用第一个点作为位移>: 105,100↙
```

图 4-103　销孔

图 4-104　拉伸结果

4.5.11　"拉长"命令

1. 执行方式

☑　命令行：LENGTHEN。

☑　菜单栏："修改"→"拉长"。

☑　功能区："默认"→"修改"→"拉长"。

2. 操作步骤

```
命令: LENGTHEN↙
选择对象或 [增量(DE)/百分数(P)/总计(T)/动态(DY)]:（选定对象）
当前长度: 30.5001（给出选定对象的长度，如果选择圆弧，则还将给出圆弧的包含角）
```

视频讲解

选择对象或 [增量(DE)/百分数(P)/总计(T)/动态(DY)]：DE（选择拉长或缩短的方式，如选择"增量(DE)"方式）

　　输入长度增量或 [角度(A)] <0.0000>：10（输入长度增量数值。如果选择圆弧段，则可输入选项"A"给定角度增量）

　　　选择要修改的对象或 [放弃(U)]：（选定要修改的对象，进行拉长操作）

　　　选择要修改的对象或 [放弃(U)]：（继续选择，按 Enter 键，结束命令）

3. 选项说明

☑　增量(DE)：用指定增加量的方法改变对象的长度或角度。

☑　百分数(P)：用指定要修改对象的长度占总长度的百分比的方法改变圆弧或直线段的长度。

☑　总计(T)：用指定新的总长度或总角度值的方法改变对象的长度或角度。

☑　动态(DY)：在这种模式下，可以使用拖曳鼠标的方法动态地改变对象的长度或角度。

4.5.12 实例——挂钟

本实例利用"圆"命令绘制外轮廓，再利用"直线"命令绘制指针，最后利用"拉长"命令创建长指针。绘制流程图如图 4-105 所示。

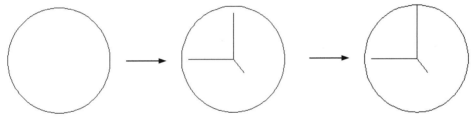

图 4-105　绘制挂钟

（1）单击"默认"选项卡"绘图"面板中的"圆"按钮⊙，以坐标（100,100）为圆心，绘制半径为 20 的圆形作为挂钟的外轮廓线，如图 4-106 所示。

（2）单击"默认"选项卡"绘图"面板中的"直线"按钮／，绘制坐标分别为（100,100），（100,118）；（100,100），（86,100）；（100,100），（105,94）的 3 条直线作为挂钟的指针，如图 4-107 所示。

（3）单击"默认"选项卡"修改"面板中的"拉长"按钮／，将秒针拉长至圆的边，完成挂钟的绘制，如图 4-108 所示。命令行提示如下。

命令：LENGTHEN↙
选择要测量的对象或 [增量(DE)/百分比(P)/总计(T)/动态(DY)] <增量(DE)>：DE↙
输入长度增量或 [角度(A)] <18.6333>：2↙
选择要修改的对象或 [放弃(U)]：（选择秒针）

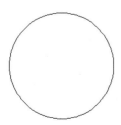
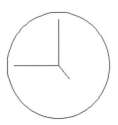
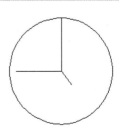

图 4-106　绘制圆　　　　　图 4-107　绘制指针　　　　　图 4-108　挂钟图形

4.5.13 "打断"命令

1. 执行方式

- ☑ 命令行：BREAK。
- ☑ 菜单栏："修改"→"打断"。
- ☑ 工具栏："修改"→"打断" 凸。
- ☑ 功能区："默认"→"修改"→"打断" 凸。

2. 操作步骤

> 命令：BREAK✓
> 选择对象：（选择要打断的对象）
> 指定第二个打断点或 [第一点(F)]：（指定第二个断开点或输入 F）

3. 选项说明

如果选择"第一点(F)"选项，系统将丢弃前面的第一个选择点，重新提示用户指定两个打断点。

4.5.14 "打断于点"命令

"打断于点"命令是指在对象上指定一点，从而把对象在此点拆分成两部分。此命令与"打断"命令类似。

1. 执行方式

- ☑ 工具栏："修改"→"打断于点" 凵。
- ☑ 功能区："默认"→"修改"→"打断于点" 凵。

2. 操作步骤

输入此命令后，命令行提示如下。

> 命令：_breakatpoint✓
> 选择对象：（选择要打断的对象）
> 指定打断点：

4.5.15 "分解"命令

1. 执行方式

- ☑ 命令行：EXPLODE。
- ☑ 菜单栏："修改"→"分解"。
- ☑ 工具栏："修改"→"分解" 凸。
- ☑ 功能区："默认"→"修改"→"分解" 凸。

2. 操作步骤

> 命令：EXPLODE✓
> 选择对象：（选择要分解的对象）

选择一个对象后，该对象会被分解。系统继续提示该行信息，允许分解多个对象。

4.5.16 "合并"命令

可以将直线、圆弧、椭圆弧和样条曲线等独立的对象合并
为一个对象，如图 4-109 所示。

1. 执行方式

☑ 命令行：JOIN。
☑ 菜单栏："修改"→"合并"。
☑ 工具栏："修改"→"合并" ➡。
☑ 功能区："默认"→"修改"→"合并" ➡。

2. 操作步骤

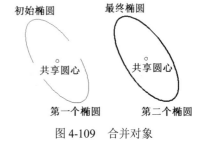

图 4-109 合并对象

> 命令：JOIN✓
> 选择源对象或要一次合并的多个对象：（选择一个对象）
> 选择要合并的对象：（选择另一个对象）
> 选择要合并的对象：✓

4.6 对 象 编 辑

在对图形进行编辑时，还可以对图形对象本身的某些特性进行编辑，从而方便对图形进行绘制。

4.6.1 钳夹功能

利用钳夹功能可以快速方便地编辑对象。AutoCAD 在图
形对象上定义了一些特殊点，称为夹点，利用夹点可以灵活
地控制对象，如图 4-110 所示。

要使用钳夹功能编辑对象，必须先打开该功能，打开方
法是，选择"工具"→"选项"→"选择"命令。

在弹出的"选项"对话框的"选择集"选项卡中选中"启
用夹点"复选框，在该选项卡中，可以设置代表夹点的小方
格的尺寸和颜色。也可以通过 GRIPS 系统变量来控制是否打
开钳夹功能，1 代表打开，0 代表关闭。

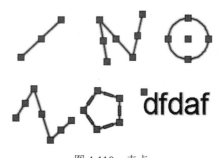

图 4-110 夹点

打开了钳夹功能后，应该在编辑对象之前先选择对象。夹点表示对象的控制位置。

使用夹点编辑对象时，要先选择一个夹点作为基点，称为基准夹点。然后选择一种编辑操作，如
镜像、移动、旋转、拉伸和缩放。可以用空格键、Enter 键或键盘上的快捷键循环选择这些功能。

下面仅就其中的拉伸对象操作为例进行讲述，其他操作类似。

在图形上拾取一个夹点来改变颜色，此点为夹点编辑的基准夹点。这时系统提示如下。

> ** 拉伸 **
> 指定拉伸点或 [基点(B)/复制(C)/放弃(U)/退出(X)]：

在上述拉伸编辑提示下，输入"镜像"命令或右击，在弹出的快捷菜单中选择"镜像"命令，如图 4-111 所示。系统就会转换为"镜像"操作，其他操作类似。

4.6.2 修改对象属性

1. 执行方式

- ☑ 命令行：DDMODIFY 或 PROPERTIES。
- ☑ 菜单栏："修改"→"特性"。
- ☑ 工具栏："标准"→"特性" 。
- ☑ 功能区："视图"→"选项板"→"特性" 或"默认"→"特性"→"对话框启动器" 。
- ☑ 快捷键：Ctrl+1。

2. 操作步骤

在 AutoCAD 中打开"特性"选项板，如图 4-112 所示。利用它可以方便地设置或修改对象的各种属性。

不同的对象属性种类和值不同，修改属性值后，对象改变为新的属性。

图 4-111　快捷菜单

4.6.3 特性匹配

利用特性匹配功能可以将目标对象的属性与源对象的属性进行匹配，使目标对象的属性与源对象属性相同。利用特性匹配功能可以方便、快捷地修改对象属性，并保持不同对象的属性相同。

1. 执行方式

- ☑ 命令行：MATCHPROP。
- ☑ 菜单栏："修改"→"特性匹配"。

2. 操作步骤

图 4-112　"特性"选项板

```
命令：MATCHPROP✓
选择源对象：（选择源对象）
选择目标对象或 [设置(S)]：（选择目标对象）
```

图 4-113（a）为两个属性不同的对象，以左边的圆为源对象，对右边的矩形进行特性匹配。结果如图 4-113（b）所示。

（a）原图　　　　　　　　　　　　　　　（b）结果

图 4-113　特性匹配

Note

4.6.4 实例——花朵

本实例利用"圆"命令绘制花蕊，再利用"多边形""圆弧"等命令绘制花瓣，最后利用"多段线"命令绘制花茎与叶子并修改。绘制流程图如图 4-114 所示。

图 4-114 绘制花朵

（1）单击"默认"选项卡"绘图"面板中的"圆"按钮⊙，绘制花蕊。

（2）单击"默认"选项卡"绘图"面板中的"多边形"按钮⬠，以圆心为中心点绘制适当大小的五边形，结果如图 4-115 所示。

📖 **说明：** 一定要先绘制中心的圆，因为正五边形的外接圆与此圆同心，必须通过捕捉获得正五边形的外接圆圆心位置。如果反过来，先画正五边形再画圆，会发现无法捕捉正五边形外接圆圆心。

（3）单击"默认"选项卡"绘图"面板中的"圆弧"按钮⌒，分别捕捉最上斜边中点、最上顶点和左上斜边中点为端点绘制花朵外轮廓雏形，绘制花朵。绘制结果如图 4-116 所示。重复"圆弧"命令，绘制另外 4 段圆弧，结果如图 4-117 所示。最后删除正五边形，结果如图 4-118 所示。

（4）单击"默认"选项卡"绘图"面板中的"多段线"按钮⟋，绘制枝叶。花枝的宽度为 4；叶子的起点半宽为 12，端点半宽为 3。用同样方法绘制另两片叶子。

（5）选择枝叶，枝叶上显示夹点标志，在一个夹点上右击，在弹出的快捷菜单中选择"特性"命令，如图 4-119 所示。系统打开"特性"选项板，在"颜色"下拉列表框中选择"绿"选项，如图 4-120 所示。

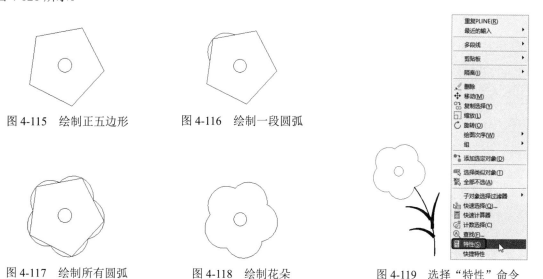

图 4-115 绘制正五边形　　　　图 4-116 绘制一段圆弧

图 4-117 绘制所有圆弧　　　　图 4-118 绘制花朵　　　　图 4-119 选择"特性"命令

（6）按照步骤（5）的方法修改花朵颜色为红色，花蕊颜色为洋红色，如图4-121所示。最终结果如图4-122所示。

图4-120 选择"绿"选项

图4-121 修改枝叶颜色

图4-122 花朵图案

视频讲解

4.7 综合实例——绘制家庭影院

本实例运用"矩形""直线""圆""圆弧""圆角""图案填充"等一些基础的绘图命令绘制图形。绘制流程图如图4-123所示。

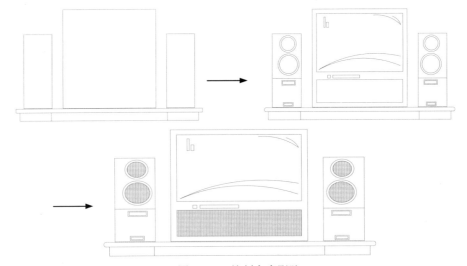

图4-123 绘制家庭影院

（1）图层设计。新建两个图层。

❶ "1"图层，颜色为白色，其余属性默认。

❷ "2"图层，颜色为蓝色，其余属性默认。

（2）图形缩放。选择"视图"→"缩放"→"范围"命令，将绘图区域缩放到适当大小。

（3）绘制轮廓线。将"2"图层设置为当前图层，单击"默认"选项卡"绘图"面板中的"矩形"按钮，绘制矩形。命令行提示如下。

```
命令: _rectang↙
指定第一个角点或 [倒角(C)/标高(E)/圆角(F)/厚度(T)/宽度(W)]: 0,0↙
指定另一个角点或 [面积(A)/尺寸(D)/旋转(R)]: 2300,100↙
```

（4）用同样的方法，单击"默认"选项卡"绘图"面板中的"矩形"按钮，绘制 4 个矩形，端点坐标分别为{（-50,100），（2350,150）}、{（50,155），（@360,900）}、{（2250,155），（@-360,900）}、{（550,155），（@1200,1200）}。

（5）绘制直线。单击"默认"选项卡"绘图"面板中的"直线"按钮，坐标为{（400,0），（@0,100）}和{（1900,0），（@0,100）}。绘制结果如图 4-124 所示。

（6）绘制矩形。将当前图层设置为"1"图层，单击"默认"选项卡"绘图"面板中的"矩形"按钮，绘制矩形。命令行提示如下。

```
命令: _rectang↙
指定第一个角点或 [倒角(C)/标高(E)/圆角(F)/厚度(T)/宽度(W)]: 604,585↙
指定另一个角点或 [面积(A)/尺寸(D)/旋转(R)]: @1092,716↙
```

（7）用同样的方法绘制 11 个矩形，端点坐标分别为{（605,210），（@1090,280）}、{（745,510），（@37,35）}、{（810,510），（@340,35）}、{（167,426），（@171,57）}、{（177,436），（@151,37）}、{（185,168），（@124,46）}、{（195,178），（@104,26）}、{（2133,426），（@-171,57）}、{（2123,436），（@-151,37）}、{（2115,168），（@-124,46）}、{（2105,178），（@-104,26）}。绘制结果如图 4-125 所示。

图 4-124　绘制轮廓线

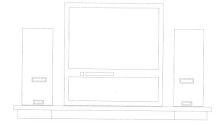

图 4-125　绘制矩形

（8）绘制圆。单击"默认"选项卡"绘图"面板中的"圆"按钮，绘制半径为 131 的圆，然后单击"默认"选项卡"修改"面板中的"偏移"按钮，将圆向内偏移 20，绘制同心圆。命令行提示如下。

```
命令: _circle↙
指定圆的圆心或 [三点(3P)/两点(2P)/相切、相切、半径(T)]: 251,677↙
指定圆的半径或 [直径(D)]: 131↙
命令: _offset↙
当前设置: 删除源=否 图层=源 OFFSETGAPTYPE=0
指定偏移距离或 [通过(T)/删除(E)/图层(L)] <通过>: 20↙
选择要偏移的对象，或 [退出(E)/放弃(U)] <退出>: 选择圆
选择要偏移的对象，或 [退出(E)/放弃(U)] <退出>:
```

> 指定要偏移的那一侧上的点，或 [退出(E)/多个(M)/放弃(U)] <退出>：在圆的内侧单击

（9）用"圆"命令 CIRCLE 绘制同心圆，圆心坐标为（244,930），圆的半径为 103。然后单击"默认"选项卡"修改"面板中的"偏移"按钮 ⊆，将圆向内偏移 20，绘制同心圆。

（10）用"圆"命令 CIRCLE 绘制同心圆，圆心坐标为（2049,677），圆的半径为 131。然后单击"默认"选项卡"修改"面板中的"偏移"按钮 ⊆，将圆向内偏移 20，绘制同心圆。

（11）用"圆"命令 CIRCLE 绘制同心圆，圆心坐标为（2056,930），圆的半径为 103。然后单击"默认"选项卡"修改"面板中的"偏移"按钮 ⊆，将圆向内偏移 20，绘制同心圆。绘制结果如图 4-126 所示。

（12）单击"默认"选项卡"绘图"面板中的"直线"按钮 ╱，绘制直线。命令行提示如下。

```
命令：LINE↙
指定第一个点：50,506↙
指定下一点或 [放弃(U)]：@360,0↙
指定下一点或 [放弃(U)]：↙
命令：LINE↙
指定第一个点：1890,506↙
指定下一点或 [放弃(U)]：@360,0↙
指定下一点或 [放弃(U)]：↙
```

（13）绘制画面图形。单击"默认"选项卡"绘图"面板中的"矩形"按钮 ▢ 和"圆弧"按钮 ⌒，绘制结果如图 4-127 所示。

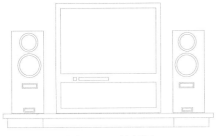

图 4-126　绘制圆

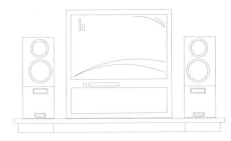

图 4-127　绘制画面图形

（14）圆角处理。单击"默认"选项卡"修改"面板中的"圆角"按钮 ⌒，圆角半径为 20，命令行提示如下。

```
命令：_fillet↙
当前设置：模式=修剪，半径=0.0000
选择第一个对象或 [放弃(U)/多段线(P)/半径(R)/修剪(T)/多个(M)]：r↙
指定圆角半径 <0.0000>：20↙
选择第一个对象或 [放弃(U)/多段线(P)/半径(R)/修剪(T)/多个(M)]：p↙
选择二维多段线：（选择如图 4-124 所示的矩形）
4 条直线已被圆角
```

绘制结果如图 4-128 所示。

（15）图案填充。单击"默认"选项卡"绘图"面板中的"图案填充"按钮 ▨，选择合适的填充图案和填充区域。绘制结果如图 4-129 所示。

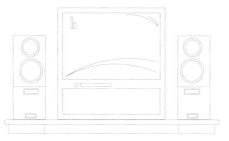

图 4-128　圆角处理

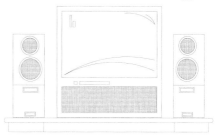

图 4-129　家庭影院

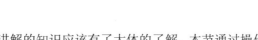

4.8　操作与实践

通过前面的学习，读者对本章讲解的知识应该有了大体的了解，本节通过操作实践使读者进一步掌握本章知识要点。

4.8.1　绘制洗衣机

1. 目的要求

本实践利用一些基础绘图以及修改命令绘制图形，从而使读者灵活掌握这些绘图命令与修改命令的使用方法。

2. 操作提示

（1）利用"直线"命令绘制洗衣机的外观轮廓。

（2）利用"直线""圆""偏移""复制"等命令绘制洗衣机的顶部操作面板部分。

（3）利用"直线""偏移""复制"等命令绘制洗衣机的底部轮廓。

（4）利用"圆""偏移"命令绘制洗衣机的滚筒部分。

（5）利用"缩放"命令将洗衣机图形调整到适当大小，洗衣机造型绘制完成。

绘制结果如图 4-130 所示。

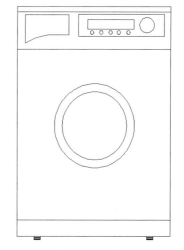

图 4-130　洗衣机

4.8.2　绘制平面配景图形

1. 目的要求

本实践利用一些基础绘图以及修改命令绘制图形，从而使读者灵活掌握这些绘图与修改命令的使用方法。

2. 操作提示

（1）利用"直线""圆弧""样条曲线""镜像"等命令绘制一条花茎。

（2）利用"圆弧""环形阵列"等命令绘制其余花茎。

（3）利用"圆""图案填充"命令绘制花茎上的装饰图形。

绘制结果如图 4-131 所示。

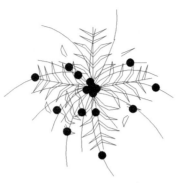

图 4-131　平面配景图形

4.8.3　绘制餐桌和椅子

1．目的要求

本实践先利用一些如"矩形""圆弧"等基础绘图命令绘制图形，再利用一些如"偏移""移动""镜像"等基础的修改命令修改图形，从而使读者灵活掌握这些绘图及修改命令的使用方法。

2．操作提示

（1）利用"矩形"命令绘制桌面。

（2）利用"圆弧""直线""偏移""镜像"等命令绘制椅子。

（3）利用"移动""镜像""复制"等命令创建其余的椅子，最终完成餐桌与椅子的绘制。

绘制结果如图 4-132 所示。

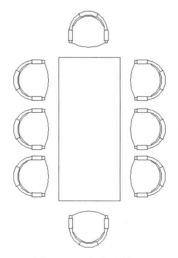

图 4-132　餐桌和椅子

辅助工具

在绘图设计过程中，经常会遇到一些重复出现的图形（如建筑设计中的桌椅、门窗等），如果每次都重新绘制这些图形，不仅会造成大量的重复工作，而且存储这些图形及其信息也会占据相当大的磁盘空间。图块与设计中心提出了模块化绘图的方法，这样不仅避免了大量的重复工作，提高了绘图速度和工作效率，而且还可以大大节省磁盘空间。本章主要介绍图块和设计中心功能，主要内容包括图块操作、图块属性、设计中心、工具选项板等知识。

- ☑ 查询工具
- ☑ 图块及其属性
- ☑ 设计中心与工具选项板

任务驱动&项目案例

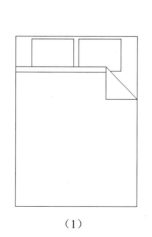

（1）

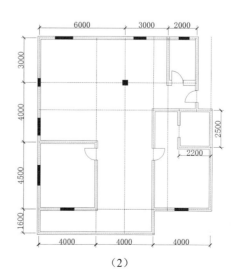

（2）

5.1 查询工具

为方便用户及时了解图形信息，AutoCAD 提供了很多查询工具，这里对"距离""面积"两个查询工具进行简要说明。

5.1.1 距离查询

1. 执行方式

- ☑ 命令行：MEASUREGEOM。
- ☑ 菜单栏："工具"→"查询"→"距离"。
- ☑ 工具栏："查询"→"距离" 🖿。
- ☑ 功能区："默认"→"实用工具"→"距离" 🖿。

2. 操作步骤

命令：MEASUREGEOM↙
移动光标或[距离(D)/半径(R)/角度(A)/面积(AR)/体积(V)/快速(Q)/模式(M)/退出(X)] <退出>:D↙
指定第一点：
指定第二个点或 [多个点(M)]：
距离=65.3123，XY 平面中的倾角=0， 与 XY 平面的夹角=0
X 增量=65.3123， Y 增量=0.0000， Z 增量=0.0000
输入一个选项[距离(D)/半径(R)/角度(A)/面积(AR)/体积(V)/快速(Q)/模式(M)/退出(X)] <距离>：X↙（退出）

3. 选项说明

多个点(M)：如果使用此选项，将基于现有直线段和当前橡皮线即时计算总距离。

5.1.2 面积查询

1. 执行方式

- ☑ 命令行：MEASUREGEOM。
- ☑ 菜单栏："工具"→"查询"→"面积"。
- ☑ 工具栏："查询"→"面积" 🖿。
- ☑ 功能区："默认"→"实用工具"→"面积" 🖿。

2. 操作步骤

命令：MEASUREGEOM↙
移动光标或[距离(D)/半径(R)/角度(A)/面积(AR)/体积(V)/快速(Q)/模式(M)/退出(X)] <退出>:AR↙
指定第一个角点或 [对象(O)/增加面积(A)/减少面积(S)/退出(X)] <对象(O)>：选择选项

3. 选项说明

在工具选项板中，系统设置了一些常用图形的选项卡，这些选项卡可以方便用户绘图。

☑　指定第一个角点：计算由指定点所定义的面积和周长。

☑　增加面积(A)：打开"加"模式，并在定义区域时即时保持总面积。

☑　减少面积(S)：从总面积中减去指定的面积。

5.2　图块及其属性

Note

把一组图形对象组合成图块加以保存，需要时可以把图块作为一个整体以任意比例和旋转角度插入图中任意位置，这样不仅避免了大量的重复工作，提高了绘图速度和工作效率，而且可大大节省磁盘空间。

5.2.1　图块操作

1. 图块定义

（1）执行方式。

☑　命令行：BLOCK。

☑　菜单栏："绘图"→"块"→"创建"。

☑　工具栏："绘图"→"创建块" 。

☑　功能区："默认"→"块"→"创建" 或"插入"→"块定义"→"创建块" 。

（2）操作步骤。

执行上述操作之一后，系统弹出如图 5-1 所示的"块定义"对话框，利用该对话框可指定定义对象和基点以及其他参数，并为其命名，确定后完成块定义。

2. 图块保存

（1）执行方式。

命令行：WBLOCK。

（2）操作步骤。

执行上述命令后，系统弹出如图 5-2 所示的"写块"对话框。利用该对话框可把图形对象保存为图块或把图块转换成图形文件。

图 5-1　"块定义"对话框

图 5-2　"写块"对话框

Note

3. 图块插入

（1）执行方式。

☑ 命令行：INSERT。

☑ 菜单栏："插入"→"块选项板"。

☑ 工具栏："插入"→"插入块" 或"绘图"→"插入块" 。

☑ 功能区："默认"→"块"→"插入" 下拉菜单或"插入"→"块"→"插入" 下拉菜单（见图5-3）。

（2）操作步骤。

执行上述操作之一后，❶系统弹出"块"选项板，如图5-4所示。❷利用该选项板可以指定要插入的图块，并且可以设置插入点位置、插入比例以及旋转角度。

图5-3 "插入"下拉菜单

图5-4 "块"选项板

5.2.2 图块的属性

1. 属性定义

（1）执行方式。

☑ 命令行：ATTDEF。

☑ 菜单栏："绘图"→"块"→"定义属性"。

☑ 功能区："默认"→"块"→"定义属性" ，或"插入"→"块定义"→"定义属性" 。

（2）操作步骤。

执行上述操作之一后，系统弹出"属性定义"对话框，如图5-5所示。

（3）选项说明。

❶ "模式"选项组。

☑ "不可见"复选框：选中此复选框，属

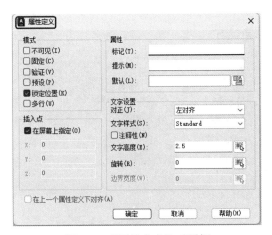

图5-5 "属性定义"对话框

性为不可见显示方式，即插入图块并输入属性值后，属性值在图中并不显示出来。

☑ "固定"复选框：选中此复选框，属性值为常量，即属性值在属性定义时给定，在插入图块时 AutoCAD 不再提示输入属性值。

☑ "验证"复选框：选中此复选框，当插入图块时，AutoCAD 重新显示属性值让用户验证该值是否正确。

☑ "预设"复选框：选中此复选框，当插入图块时，AutoCAD 自动把事先设置好的默认值赋予属性，而不再提示输入属性值。

☑ "锁定位置"复选框：选中此复选框，当插入图块时，AutoCAD 锁定块参照中属性的位置。解锁后，属性可以相对于使用夹点编辑的块的其他部分移动，并且可以调整多行属性的大小。

☑ "多行"复选框：指定属性值可以包含多行文字。

❷ "属性"选项组。

☑ "标记"文本框：输入属性标签。属性标签可由除空格和感叹号以外的所有字符组成。AutoCAD 自动把小写字母改为大写字母。

☑ "提示"文本框：输入属性提示。属性提示是插入图块时，AutoCAD 要求输入属性值的提示。如果不在此文本框内输入文本，则以属性标签作为提示。如果在"模式"选项组中选中"固定"复选框，即设置属性为常量，则无须设置属性提示。

☑ "默认"文本框：设置默认的属性值。可把使用次数较多的属性值作为默认值，也可不设默认值。

其他各选项组比较简单，这里不再赘述。

2. 修改属性定义

（1）执行方式。

☑ 命令行：TEXTEDIT。

☑ 菜单栏："修改"→"对象"→"文字"→"编辑"。

（2）操作步骤。

```
命令：TEXTEDIT✓
当前设置：编辑模式 = Multiple
选择注释对象或 [放弃(U)/模式(M)]：
```

在此提示下选择要修改的属性定义，AutoCAD 打开"编辑属性定义"对话框，如图 5-6 所示。可以在该对话框中修改属性定义。

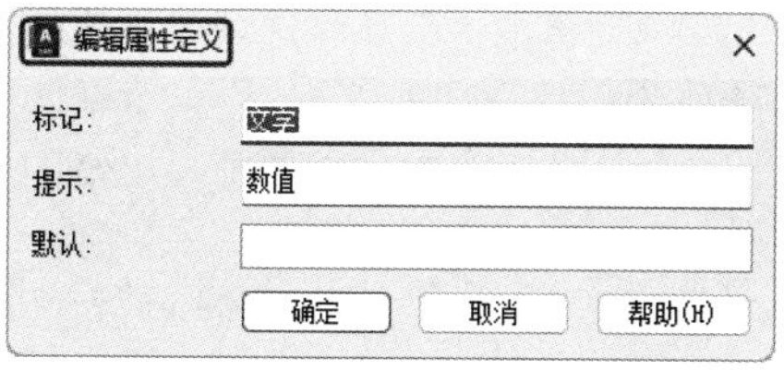

3. 图块属性编辑

（1）执行方式。

☑ 命令行：EATTEDIT。

☑ 菜单栏："修改"→"对象"→"属性"→"单个"。

☑ 工具栏："修改 II"→"编辑属性" 。

（2）操作步骤。

图 5-6　"编辑属性定义"对话框

```
命令：EATTEDIT✓
选择块：
```

选择块后，系统弹出"增强属性编辑器"对话框，如图5-7所示。该对话框不仅可以编辑属性值，还可以编辑属性的文字选项和图层、线型、颜色等特性值。

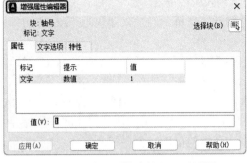

图5-7   "增强属性编辑器"对话框

5.2.3   实例——指北针图块

本实例应用二维绘图及编辑命令绘制指北针，利用写块命令将其定义为图块。绘制流程图如图5-8所示。

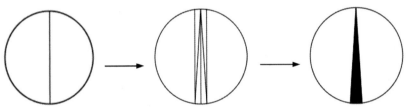

图5-8   绘制指北针图块

（1）单击"默认"选项卡"绘图"面板中的"圆"按钮⊙，绘制一个直径为24的圆。

（2）单击"默认"选项卡"绘图"面板中的"直线"按钮╱，绘制圆的竖直直径。结果如图5-9所示。

（3）单击"默认"选项卡"修改"面板中的"偏移"按钮⊂，使直径向左右两边各偏移 1.5。结果如图5-10所示。

（4）单击"默认"选项卡"修改"面板中的"修剪"按钮⅄，选取圆作为修剪边界，修剪偏移后的直线。

（5）单击"默认"选项卡"绘图"面板中的"直线"按钮╱，绘制直线。结果如图5-11所示。

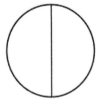

图5-9   绘制竖直直线

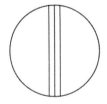

图5-10   偏移直线

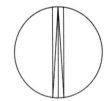

图5-11   绘制直线

（6）单击"默认"选项卡"修改"面板中的"删除"按钮✎，删除多余直线。

（7）单击"默认"选项卡"绘图"面板中的"图案填充"按钮▨，选择图案填充选项板的 SOLID图标，选择指针作为图案填充对象进行填充。结果如图5-8所示。

（8）在命令行中输入 WBLOCK，将弹出"写块"对话框，如图 5-12 所示。单击"拾取点"按钮 ，拾取指北针的顶点为基点；单击"选择对象"按钮，拾取下面的图形为对象，输入图块名称"指北针图块"并指定保存路径，单击"确定"按钮确认保存。

图 5-12　"写块"对话框

5.3　设计中心与工具选项板

　　使用 AutoCAD 2024 设计中心可以很容易地组织设计内容，并把它们拖曳到当前图形中。工具选项板是"工具选项板"窗口中选项卡形式的区域，提供组织、共享和放置块及填充图案的有效方法。工具选项板还可以包含由第三方开发人员提供的自定义工具。也可以利用设置中心组织内容，并将其创建为工具选项板。设计中心与工具选项板的使用大大方便了绘图，提高了绘图的效率。

5.3.1　设计中心

1. 启动设计中心

　　（1）执行方式。

　　☑　命令行：ADCENTER。

　　☑　菜单栏："工具"→"选项板"→"设计中心"。

　　☑　工具栏："标准"→"设计中心"。

　　☑　功能区："视图"→"选项板"→"设计中心"。

　　☑　快捷键：Ctrl+2。

　　（2）操作步骤。

　　执行上述操作之一后，系统打开设计中心。第一次启动设计中心时，其默认打开的选项卡为"文件夹"。内容显示区采用大图标显示，左边的资源管理器采用 Tree View 显示方式显示系统的树形结构，浏览资源的同时，在内容显示区显示所浏览资源的有关细目或内容，如图 5-13 所示。也可以搜索资源，方法与 Windows 资源管理器类似。

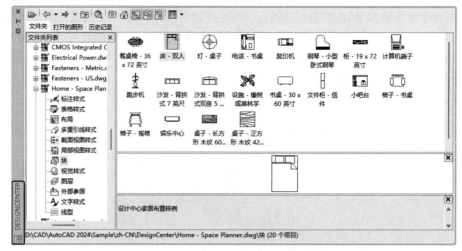

图 5-13 AutoCAD 2024 设计中心的资源管理器和内容显示区

2. 利用设计中心插入图形

设计中心一个最大的优点是可以将系统文件夹中的 DWG 图形当成图块插入当前图形中。

（1）从查找结果列表框中选择要插入的对象，并双击该对象。

（2）右击，在弹出的快捷菜单中选择"插入块"命令，打开"插入"对话框，可以在对话框中设置比例、旋转角度等，如图 5-14 所示。将所选择的对象根据指定的参数插入图形中。

图 5-14 "插入"对话框

（3）在对话框中设置插入点、比例和旋转角度等数值。

将所选择的对象根据指定的参数插入图形中。

5.3.2 工具选项板

1. 打开工具选项板

（1）执行方式。

☑ 命令行：TOOLPALETTES。

☑ 菜单栏："工具"→"选项板"→"工具选项板"。

☑ 工具栏："标准"→"工具选项板窗口"📇。

☑ 功能区："视图"→"选项板"→"工具选项板"📇。

☑ 快捷键：Ctrl+3。

（2）操作步骤。

执行上述操作之一后，系统自动弹出"工具选项板"选项板，如图 5-15 所示。右击，在弹出的快捷菜单中选择"新建选项板"命令，如图 5-16 所示。系统将新建一个空白选项板，可以命名该选项板，如图 5-17 所示。

图 5-15 "工具选项板"选项板　　　　图 5-16 快捷菜单　　　　图 5-17 新建选项板

2.　将设计中心内容添加到工具选项板中

在 DesignCenter 文件夹上右击，系统打开快捷菜单，从中选择"创建块的工具选项板"命令，如图 5-18 所示。设计中心中存储的图元就出现在工具选项板中新建的 DesignCenter 选项卡上，如图 5-19 所示。这样就可以将设计中心与工具选项板结合起来，建立一个快捷方便的工具选项板。

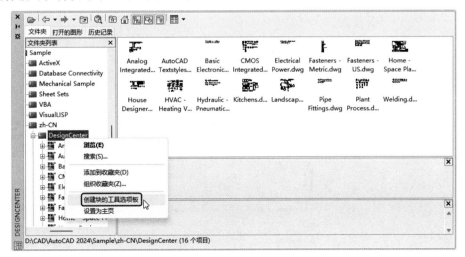

图 5-18 选择"创建块的工具选项板"命令

3. 利用工具选项板绘图

只需要将工具选项板中的图形单元拖曳到当前图形中,该图形单元就以图块的形式插入当前图形中。图 5-20 显示了将工具选项板"建筑"选项卡中的"床—双人床"图形单元拖曳到当前图形中的结果。

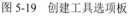

图 5-19　创建工具选项板

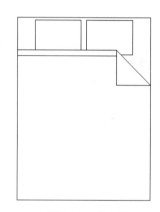

图 5-20　双人床

5.4　综合实例——绘制居室室内布置平面图

视频讲解

本实例利用"直线""圆弧"等命令绘制主图平面图,再利用设计中心和工具选项板辅助绘制居室室内布置平面图。绘制结果如图 5-21 所示。

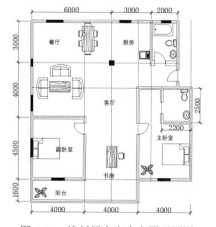

图 5-21　绘制居室室内布置平面图

5.4.1 绘制建筑主体图

单击"默认"选项卡"绘图"面板中的"直线"按钮／和"圆弧"按钮 ，绘制建筑主体图，或者直接打开"源文件\第 5 章\居室平面图"，结果如图 5-22 所示。

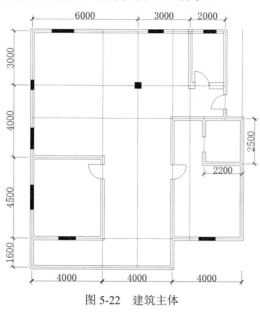

图 5-22 建筑主体

5.4.2 启动设计中心

（1）单击"视图"选项卡"选项板"面板中的"设计中心"按钮 ，出现如图 5-23 所示的"DESIGNCENTER"选项板，其中左侧为"资源管理器"。

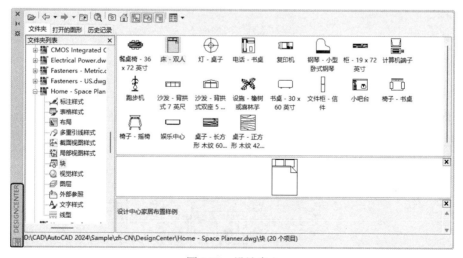

图 5-23 设计中心

（2）双击左侧的 Kitchens.dwg，弹出如图 5-24 所示的选项板。双击左侧的"块"图标 ，出现如图 5-25 所示的厨房设计常用的冰箱、橱柜、水龙头和微波炉等模块。

Note

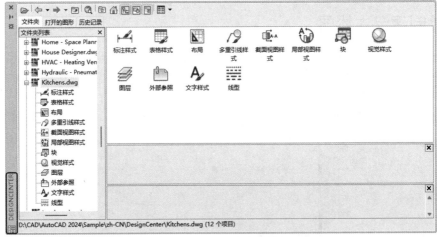

图 5-24　Kitchens.dwg

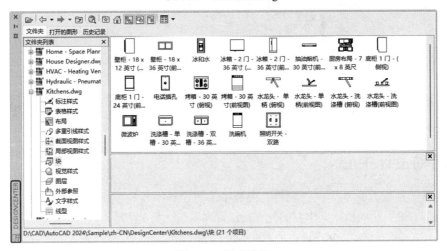

图 5-25　图形模块

5.4.3　插入图块

新建"内部布置"图层，双击图 5-25 中的"微波炉"图标，弹出如图 5-26 所示的"插入"对话框，设置统一比例为 1，角度为 0°，插入的图块如图 5-27 所示，绘制结果如图 5-28 所示。重复上述操作，把 Home-Space Planner 与 House Designer 中的相应模块插入图形中，绘制结果如图 5-29 所示。

图 5-26　"插入"对话框

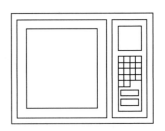

图 5-27　插入的图块

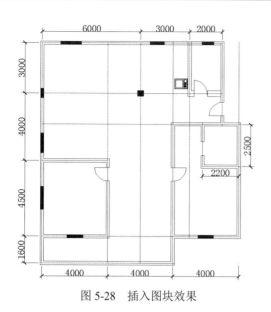

图 5-28　插入图块效果

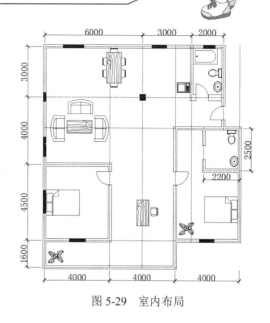

图 5-29　室内布局

5.4.4　标注文字

单击"默认"选项卡"注释"面板中的"多行文字"按钮 A，在"客厅""厨房"等位置输入相应的名称，结果如图 5-21 所示。

5.5　操作与实践

通过前面的学习，读者对本章讲解的知识应该有了大体的了解，本节通过操作实践使读者进一步掌握本章知识要点。

5.5.1　创建餐桌图块

1．目的要求

本实践利用一些基础绘图以及修改命令绘制图形，并利用 WBLOCK 命令将绘制好的餐桌图形创建为图块，从而使读者灵活掌握 WBLOCK 命令的使用方法。

2．操作提示

（1）利用"矩形""直线""偏移""复制""镜像""图案填充"等命令绘制餐桌图形。

（2）利用 WBLOCK 命令将绘制好的餐桌图形创建为图块。

绘制结果如图 5-30 所示。

图 5-30　餐桌

5.5.2　绘制居室布置平面图

1．目的要求

本实践利用设计中心创建新的工具选项板，再将所需图块插入平面图中，完成居室布置平面图，如图 5-31 所示，从而使读者灵活掌握设计中心及工具选项板的使用。

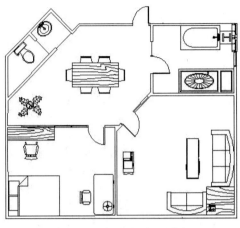

图 5-31　居室布置平面图

2．操作提示

（1）利用前面学过的绘图命令与编辑命令绘制住房结构截面图。

（2）创建新的工具选项板。

（3）将所需图块插入平面图中。

室内设计基础知识

本章主要介绍室内设计的基本概念和基本理论。在掌握了基本概念的基础上，才能理解和领会室内设计布置图中的内容和安排方法，以更好地学习室内设计的知识。

- ☑ 室内设计基础
- ☑ 室内设计原理
- ☑ 室内设计制图的内容
- ☑ 室内设计制图的要求及规范
- ☑ 室内设计方法

任务驱动&项目案例

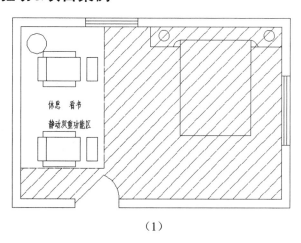

（1）

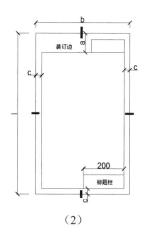

（2）

6.1 室内设计基础

室内装潢是现代工作、生活空间环境中比较重要的内容，也是与建筑设计密不可分的组成部分。了解室内装潢的特点和要求，对学习使用 AutoCAD 进行设计是十分必要的。

6.1.1 室内设计概述

室内（interior）是指建筑物的内部，即建筑物的内部空间。室内设计（interior design）就是对建筑物的内部空间进行设计。所谓"装潢"，意为"装点、美化、打扮"之义。关于室内设计的特点与专业范围，各种提法很多，但把室内设计简单地称为"装潢设计"是较为普遍的。诚然，在室内设计工作中含有装潢设计的内容，但它又不完全是单纯的装潢问题。要深刻地理解室内设计的含义，必须对历史文化、技术水平、城市文脉、环境状况、经济条件、生活习俗和审美要求等因素做出综合的分析，才能掌握室内设计的内涵和其应有的特色。在具体的创作过程中，室内设计不同于雕塑、绘画等其他的造型艺术形式能再现生活，只能运用自身的特殊手段，如空间、体型、细部、色彩、质感等形成的综合整体效果，表达出各种抽象的意味，即宏伟、壮观、粗放、秀丽、庄严、活泼、典雅等气氛。因为室内设计的创作，其构思过程是受各种制约条件限定的，只能沿着一定的轨迹，运用形象的思维逻辑，创造出美的艺术形式。

从含义上说，室内设计是建筑创作不可分割的组成部分，其焦点是如何为人们创造良好的物质与精神上的生活环境。所以室内设计不是一项孤立的工作，确切地说，它是建筑构思中的深化、延伸和升华。因而既不能人为地将它从完整的建筑总体构思中划分出去，也不能抹杀室内设计的相对独立性，更不能把室内外空间界定的那么准确。因为室内空间的创意是相对于室外环境和总体设计架构而存在的，只能是相互依存、相互制约、相互渗透和相互协调的有机关系。忽视或有意割断这种内在的关联，将使创作落入"空中楼阁"的境地，犹如无源之水、无本之木一样，失掉了构思的依据，必然导致创作思路的枯竭，使作品苍白、落套而缺乏新意。显然，当今室内设计发展的特征，强调更多的是尊重人们自身的价值观、深层的文化背景、民族的形式特色及宏观的时代新潮。通过装潢设计，可以使室内环境更加优美，更加适宜人们工作和生活。图 6-1 和图 6-2 是常见住宅居室中的客厅装潢前后的效果对比图。

图 6-1　客厅装潢前效果

图 6-2　客厅装潢后效果

现代室内设计作为一门新兴的学科，尽管还只是近数十年的事情，但是人们有意识地对自己生活、生产活动的室内进行安排布置，甚至美化装潢，赋予室内环境以所祈使的气氛，却早已从人类文明伊始就存在了。我国各类民居，如北京的四合院、四川的山地住宅以及上海的里弄建筑等，在体现地域文化的建筑形体和室内空间组织、在建筑装潢的设计与制作等许多方面，都有极为宝贵的可供借鉴的成果。随着经济的发展，从公共建筑、商业建筑，乃至涉及千家万户的居住建筑，在室内设计和建筑装潢方面都有了蓬勃的发展。现代社会是一个经济、信息、科技、文化等各方面都高速发展的社会，人们对社会的物质生活和精神生活不断提出新的要求，相应地人们对自身所处的生产、生活环境的质量，也必将提出更高的要求，这就需要设计师从实践到理论认真学习、钻研和探索，才能创造出安全、健康、适用、美观、能满足现代室内综合要求、具有文化内涵的室内环境。

从风格上划分，室内设计有中式风格、西式风格和现代风格，再进一步细分，可分为地中海风格、北美风格等。

6.1.2　室内设计特点

室内设计具有以下特点。

1. 室内设计是建筑的构成空间，是环境的一部分

室内设计的空间存在形式主要依靠建筑物的围合性与控制性而形成，在没有屋顶的空间中，对其进行空间和地面两大体系设计语言的表现。当然，室内设计是以建筑为中心，并与周围环境要素共同构成的统一整体，它与周围的环境要素既相互联系，又相互制约，组合成具有功能相对单一、空间相对简洁的室内设计。

室内设计是整体环境中的一部分，是环境空间的节点设计，是衬托主体环境的视觉构筑形象，同时，室内设计的形象特色还将反映建筑物的某种功能以及空间特征。设计师运用地面上形成的水面、草地、踏步、铺地的变化；在空间中运用高墙、矮墙、花墙、透空墙等的处理；在向外延伸时，又可包括花台、廊柱、雕塑、小品、栏杆等多种空间的隔断形式的交替使用，都要与建筑主体物的功能、形象、含义相得益彰，在造型上、色彩上协调统一。因此，室内设计必须在整体性原则的基础上，处理好整体与局部、建筑主体与室内设计的关系。

2. 室内设计的相对独立性

室内设计与任何环境一样，都是由环境的构成要素及环境设施组成的空间系统。室内设计在整体的环境中具有相对独立的功能，也具有由环境设施构成的相对完整的空间形象，并且可以传达出相对独立的空间内涵，同时，在满足部分人群的行为需求基础上，也可以满足部分人群精神上的慰藉及对美的、个性化环境的追求。

在相对独立的室内设计中，虽然从属于整体建筑环境空间，但每一处室内设计都是为了表达某种含义或服务于某些特定的人群行为，是外部环境的最终归宿，是整个环境的设计节点。

3. 室内设计的环境艺术性

环境是门综合的艺术，它将空间的组织方法、空间的造型方式、材料等与社会文化、人们的情感、审美、价值趋向相结合，创造出具有艺术美感价值的环境空间。为人们提供"舒适、美观、安全、实用"的生活空间，并满足人们生理的、心理的、审美的等多方面的需求。环境的设计是自然科学与社会科学的综合，是哲学与艺术的探讨。

环境是一种空间艺术的载体，室内设计是环境的一部分，所以，室内设计是环境空间与艺术的综合体现，是环境设计的细化与深入。

在进行现代的室内设计时，设计师需要使室内设计在统一的、整体的环境前提下，运用自己对空间造型、材料肌理、"人—环境—建筑"之间关系的理解进行设计。同时还要突出室内设计所具有的独立性，并利用空间环境的构成要素的差异性和统一性，通过造型、质地、色彩向人们展示形象，表达特定的情感。而且通过整体的空间形象向人们传达某种特定的信息，通过室内设计的空间造型、色彩基调、光线的变化以及空间尺度等的协调统一，借鉴建筑形式美的法则等艺术手段进行加工处理，完成传达特定的情感、吸引人们的注意力、实现空间行为的需要，并把小环境的环境艺术性得以充分的展现。

6.2　室内设计原理

室内设计是一门大众参与最为广泛的艺术活动，是设计内涵集中体现的地方。室内设计是人类创造更好的生存和生活环境条件的重要活动，它通过运用现代的设计原理进行适用、美观的设计，使空间更加符合人们的生理和心理的需求，同时也促进了社会中审美意识的普遍提高，从而不仅对社会的物质文明建设有着重要的促进作用，对社会的精神文明建设也有潜移默化的积极作用。

6.2.1　室内设计的作用

一般情况下，室内设计具有以下作用和意义。

1．提高室内造型的艺术性，满足人们的审美需求

在拥挤、嘈杂、忙碌、紧张的现代社会生活中，人们对于城市的景观环境、居住环境以及居住周围的室内设计的设计质量越来越关注，特别是城市的景观环境以及与人难以割舍的室内设计。室内设计不仅关系城市的形象、城市的经济发展，而且还与城市的精神文明建设密不可分。

在时代发展、高技术、高情感的指导下，强化建筑及建筑空间的性格、意境和气氛，使不同类型的建筑及建筑外部空间更具性格特征、情感及艺术感染力，以此来满足不同人群室外活动的需要。同时，通过对空间造型、色彩基调、光线的变化，以及空间尺度的艺术处理来营造良好的、开阔的室外视觉审美空间。

因此，室内设计从舒适、美观入手，改善并提高人们的生活水平及生活质量，表现出空间造型的艺术性；同时，它还伴随着时间的流逝，运用创造性而凝铸在历史中的时空艺术。

2．保护建筑主体结构的牢固性，延长建筑的使用寿命

室内设计可以弥补建筑空间的缺陷与不足，加强建筑的空间序列效果，增强构筑物、景观的物理性能，以及辅助设施的使用效果，提高室内空间的综合使用性能。

室内设计是综合性的设计，要求设计师不仅具备审美的艺术素质，同时还应具备环境保护学、园林学、绿化学、室内装修学、社会学、设计学等多门学科的综合知识体系，以增强建筑的物理性能和设备的使用效果，提高建筑的综合使用性能。因此，家具、绿化、雕塑、水体、基面、小品等的设计可以弥补由建筑而造成的空间缺陷与不足，加强室内设计空间的序列效果，增强对室内设计中各构成要素进行艺术的处理，提高室外空间的综合使用性能。

如在室内设计中，雕塑、小品、构筑物的设置既可以改变空间的构成形式，提高空间的利用效果，也可以提升空间的审美功能，满足人们对室外空间的综合性能的使用需要。

3．协调"建筑—人—空间"三者的关系

室内设计是以人为中心的设计，是空间环境的节点设计。室内设计是由建筑物围合而成的，且具有限定性的空间小环境。自室内设计产生，就展现出"建筑—人—空间"三者之间协调与制约的关系。

室内设计的设计就是要将建筑的艺术风格、形成的限制性空间的强弱，使用者的个人特征、需要及所具有的社会属性，小环境空间的色彩、造型、肌理三者之间的关系按照设计者的思想，重新加以组合，并以满足使用者"舒适、美观、安全、实用"的需求，实践在空间环境中。

　　总之，室内设计的中心议题是如何通过对室外小空间进行艺术的、综合的、统一的设计，提升室外整体空间环境的形象，提升室内空间环境形象，满足人们的生理及心理需求，更好地为人类的生活、生产和活动服务，并创造出新的、现代的生活理念。

6.2.2　室内设计主体

　　人是室内设计的主体。人的活动决定了室内设计的目的和意义，人是室内环境的使用者和创造者。有了人，才区分出了室内和室外。

　　人的活动规律之一是动态和静态交替进行：动态—静态—动态—静态。

　　人的活动规律之二是个人活动与多人活动交叉进行。

　　人们在室内空间活动时，按照一般的活动规律，可将活动空间分为 3 种功能区，即静态功能区、动态功能区和静动双重功能区。

　　根据人们的具体活动行为，又将有更加详细的划分，如静态功能区又可划分为睡眠区、休息区和学习办公区，如图 6-3 所示；动态功能区划分为运动区、大厅，如图 6-4 所示；静动双重功能区分为会客区、车站候车室、生产车间等，如图 6-5 所示。

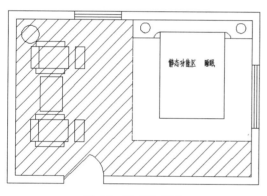

图 6-3　静态功能区

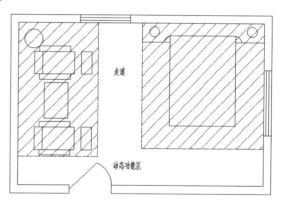

图 6-4　动态功能区

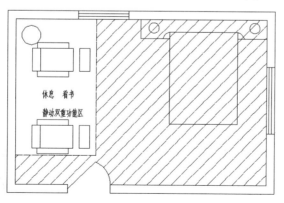

图 6-5　静动双重功能区

同时，要明确使用空间的性质。其性质通常是由其使用功能决定的。虽然许多空间中设置了其他使用功能的设施，但要明确其主要的使用功能。如在起居室内设置酒吧台、视听区等，但其主要功能仍然是起居室的性质。

空间流线分析是室内设计中的重要步骤，其目的如下所示。

（1）明确空间主体——人的活动规律和使用功能的参数，如数量、体积、常用位置等。

（2）明确设备、物品的运行规律、摆放位置、数量、体积等。

（3）分析各种活动因素的平行、互动、交叉关系。

（4）经过以上3部分分析，提出初步设计思路和设想。

空间流线分析从构成情况上分为水平流线和垂直流线；从使用状况分为单人流线和多人流线；从流线性质上可分为单一功能流线和多功能流线；流线交叉形成的枢纽室内空间厅、场。

如某单人流线分析如图6-6所示，大厅多人流线平面图如图6-7所示。

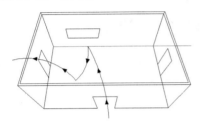
图6-6　单人组成水平流线图

图6-7　多人组成水平流线图

功能流线组合形式分为中心型、自由型、对称型、簇型和线型等，如图6-8所示。

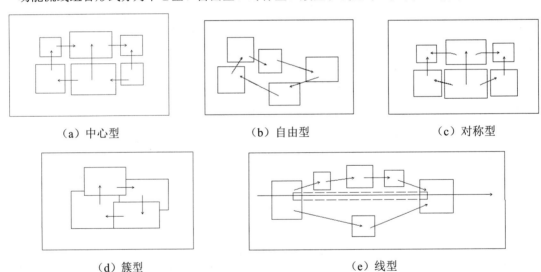

（a）中心型　　　　　　　（b）自由型　　　　　　　（c）对称型

（d）簇型　　　　　　　　　　　（e）线型

图6-8　功能流线组合形式图例

6.2.3　室内设计构思

1. 初始阶段

室内设计的构思在设计的过程中起着举足轻重的作用。因此在设计初始阶段，就要进行一系列的构思设计，从而使后续工作能够有效、完美地进行。构思的初始阶段主要包括以下几方面内容。

（1）空间性质及使用功能。室内设计是在建筑主体完成后的原型空间内进行的。因此，室内设计的首要工作就是要认定原型空间的使用功能，也就是原型空间的使用性质。

（2）水平流线组织。当原型空间认定之后，着手构思的第一步是做流线分析和组织，包括水平流线和垂直流线。流线功能按需要可能是单一流线，也可能是多种流线。

（3）功能分区图示化。空间流线组织之后，要进行功能分区图示化布置，进一步接近平面布局设计。

（4）图示选择。选择最佳图示布局作为平面设计的最终依据。

（5）平面初步组合。经过前面几个步骤操作，最后形成空间平面组合的形式，有待进一步深化。

2．深化阶段

经过初始阶段的室内设计构成了最初构思方案后，要在此基础上进行构思深化阶段的设计。深化阶段的构思内容和步骤如图6-9所示。

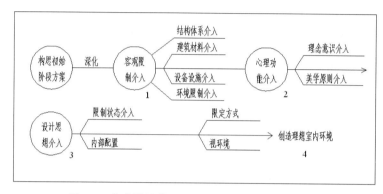

图6-9　室内设计构思深化阶段的内容与步骤图解

结构技术对室内设计构思的影响主要表现在两个方面：一是原型空间墙体结构方式；二是原型空间屋顶结构方式。

墙体结构方式关系到室内设计内部空间改造的饰面采用的方法和材料。基本的原型空间墙体结构方式有以下4种。

（1）板柱墙。

（2）砌块墙。

（3）柱间墙。

（4）轻隔断墙。

屋盖结构原型屋顶（屋盖）结构关系到室内设计的顶棚做法。屋盖结构主要分为以下4个方面。

（1）构架结构体系。

（2）梁板结构体系。

（3）大跨度结构体系。

（4）异型结构体系。

另外，室内设计要考虑建筑所用材料对设计内涵和色彩、光影、情趣的影响；室内外露管道和布线的处理；通风条件、采光条件、噪声和空气清新、温度的影响等。

人们对室内要求越来越高，设计时要结合个人喜好，定好室内设计的基调。一般人们对室内的格调要求有3种类型。

（1）现代新潮观念。

（2）怀旧情调观念。

（3）随意舒适观念（折中型）。

Note

6.2.4　创造理想室内空间

经过前面两个构思阶段的设计，已形成较完美的设计方案。创建室内空间的第一个标准就是要使其具备形态、体量、质量，即形、体、质3个方向的统一协调；而第二个标准是使用功能和精神功能的统一，如在住宅的书房中除了布置写字台、书柜外，还可布置绿化等装饰物，使室内空间在满足书房使用功能的同时，也活跃了气氛，净化了空气，满足人们的精神需要。

一个完美的室内设计作品，是经过初始构思阶段和深入构思阶段，最后又通过设计师对各种因素和功能的协调平衡创造出来的。要提高室内设计的水平，就要综合利用各个领域的知识和深入的构思设计。最终室内设计方案形成最基本的图纸方案，一般包括设计平面图、设计剖面图和室内透视图。

6.3　室内设计制图的内容

一套完整的室内设计图一般包括平面图、顶棚图、立面图、构造详图和透视图。下面简述各种图样的概念及内容。

6.3.1　室内平面图

室内平面图是以平行于地面的切面在距地面1.5m左右的位置将上部切去而形成的正投影图。室内平面图中应表达的内容如下。

（1）墙体、隔断及门窗、各空间大小及布局、家具陈设、人流交通路线、室内绿化等。若不单独绘制地面材料平面图，则应该在平面图中表示地面材料。

（2）标注各房间尺寸、家具陈设尺寸及布局尺寸，对于复杂的公共建筑，则应标注轴线编号。

（3）注明地面材料名称及规格。

（4）注明房间名称、家具名称。

（5）注明室内地坪标高。

（6）注明详图索引符号、图例及立面内视符号。

（7）注明图名和比例。

（8）若需要辅助文字说明的平面图，还要注明文字说明、统计表格等。

6.3.2　室内顶棚图

室内顶棚图是根据顶棚在其下方假想的水平镜面上的正投影绘制而成的镜像投影图。顶棚图中应表达的内容如下。

（1）顶棚的造型及材料说明。

（2）顶棚灯具和电器的图例、名称规格等说明。

（3）顶棚造型尺寸标注、灯具、电器的安装位置标注。

（4）顶棚标高标注。

（5）顶棚细部做法的说明。

（6）详图索引符号、图名、比例等。

6.3.3 室内立面图

以平行于室内墙面的切面将前面部分切去后,剩余部分的正投影图即室内立面图。立面图的主要内容如下。

(1)墙面造型、材质及家具陈设在立面上的正投影图。

(2)门窗立面及其他装潢元素立面。

(3)立面各组成部分尺寸、地坪吊顶标高。

(4)材料名称及细部做法说明。

(5)详图索引符号、图名、比例等。

6.3.4 构造详图

为了放大个别设计内容和细部做法,多以剖面图的方式表达局部剖开后的情况,这就是构造详图。表达的内容如下。

(1)以剖面图的绘制方法绘制出各材料断面、构配件断面及其相互关系。

(2)用细线表示出剖视方向上看到的部位轮廓及相互关系。

(3)标出材料断面图例。

(4)用指引线标出构造层次的材料名称及做法。

(5)标出其他构造做法。

(6)标注各部分尺寸。

(7)标注详图编号和比例。

6.3.5 透视图

透视图是根据透视原理在平面上绘制能够反映三维空间效果的图形,与人的视觉空间感受相似。室内设计常用的绘制方法有一点透视、两点透视(成角透视)和鸟瞰图 3 种。

透视图可以通过人工绘制,也可以应用计算机绘制,能直观表达设计思想和效果,故也称作效果图或表现图,是一个完整的设计方案不可缺少的部分。鉴于本书重点是介绍应用 AutoCAD 2024 绘制二维图形,因此书中不包含这部分内容。

6.4 室内设计制图的要求及规范

本节主要介绍室内制图中的图幅、图标及会签栏的尺寸、线型要求以及常用图示标志、材料符号和绘图比例。

6.4.1 图幅、图标及会签栏

1. 图幅

图幅即图面的大小,根据国家规范的规定,按图面的长和宽的大小确定图幅的等级。室内设计常用的图幅有 A0(也称 0 号图幅,其余类推)、A1、A2、A3 及 A4,每种图幅的长宽尺寸如表 6-1 所示,该表中的尺寸代号意义如图 6-10 和图 6-11 所示。

表 6-1　图幅及图框标准　　　　　　　　　　　　单位：mm

尺 寸 代 号	图 幅 代 号				
	A0	A1	A2	A3	A4
b×l	841×1189	594×841	420×594	297×420	210×297
c	10			5	
a	25				

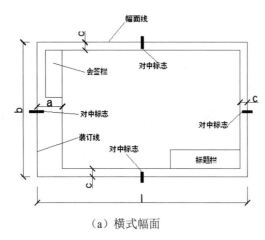

（a）横式幅面

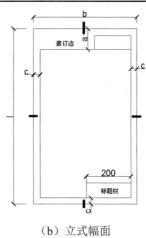

（b）立式幅面

图 6-10　A0～A3 图幅格式

2. 图标

图标即图纸的标题栏，包括设计单位名称、工程名称、签字区、图名区及图号区等内容。一般图标格式如图 6-12 所示，如今不少设计单位采用个性化的图标格式，但是仍必须包括这几项内容。

3. 会签栏

会签栏是为各工种负责人审核后签名用的表格，包括专业、姓名、日期等内容，具体内容可根据需要设置，图 6-13 为其中一种格式。对于不需要会签的图样，可以不设此栏。

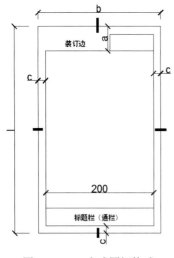

图 6-11　A4 立式图幅格式

图 6-12　图标格式

图 6-13　会签栏格式

6.4.2 线型要求

室内设计图主要由各种线条构成，不同的线型表示不同的对象和不同的部位，代表不同的含义。为了图面能够清晰、准确、美观地表达设计思想，工程实践中采用了一套常用的线型，并规定了它们的使用范围，常用线型如表 6-2 所示。在 AutoCAD 2024 中，可以通过图层中"线型""线宽"的设置来选定所需线型。

表 6-2 常用线型

名 称		线 型	线 宽	适 用 范 围
线	粗	——————	b	（1）平、剖面图中被剖切的主要建筑构造（包括构配件）的轮廓线； （2）建筑立面图或室内立面图的外轮廓线； （3）建筑构造详图中被剖切的主要部分的轮廓线； （4）建筑构配件详图中的外轮廓线； （5）平、立、剖面的剖切符号
	中粗	——————	0.7b	（1）平、剖面图中被剖切的次要建筑构造（包括构配件）的轮廓线； （2）建筑平、立、剖面图中建筑构配件的轮廓线； （3）建筑构造详图及建筑构配件详图中的一般轮廓线
	中	——————	0.5b	小于 0.7b 的图形线、尺寸线、尺寸界线、索引符号、标高符号、详图材料做法引出线、粉刷线、保温层线、地面、墙面的高差分界线等
	细	——————	0.25b	图例填充线、家具线、纹样线等
虚线	中粗	– – – – – –	0.7b	（1）建筑构造详图及建筑构配件不可见的轮廓线； （2）平面图中的梁式起重机（吊车）轮廓线； （3）拟建、扩建建筑物轮廓线
	中	– – – – – –	0.5b	投影线、小于 0.5b 的不可见轮廓线
	细	– – – – – –	0.25b	图例填充线、家具线等
单点长画线	细	— · — · —	0.25b	轴线、构配件的中心线、对称线等
折断线	细	—/\—	0.25b	画图样时的断开界限
波浪线	细	∿∿	0.25b	构造层次的断开界线，有时也表示省略画出时的断开界限

📖 **说明：**地平线宽度可用 1.4b。

6.4.3 尺寸标注

在第 3 章中，已介绍过 AutoCAD 的尺寸标注的设置问题，然而具体在对室内设计图进行标注时，还要注意下面一些标注原则。

（1）尺寸标注应力求准确、清晰、美观大方。在同一张图样中，标注风格应保持一致。

（2）尺寸线应尽量标注在图样轮廓线以外，从内到外依次标注从小到大的尺寸，不能将大尺寸标在内，而小尺寸标在外，如图 6-14 所示。

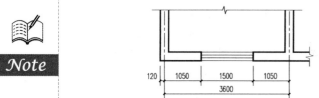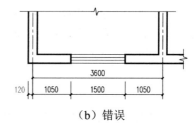

（a）正确　　　　　　　　　　　　　　（b）错误

图 6-14　尺寸标注正误对比

（3）最内一道尺寸线与图样轮廓线之间的距离不应小于 10mm，两道尺寸线之间的距离一般为 7～10mm。

（4）尺寸界线朝向图样的端头距图样轮廓的距离应大于或等于 2mm，不宜直接与之相连。

（5）在图线拥挤的地方，应合理安排尺寸线的位置，但不宜与图线、文字及符号相交；可以考虑将轮廓线用作尺寸界线，但不能作为尺寸线。

（6）对于连续相同的尺寸，可以采用"均分"或"（EQ）"字样代替，如图 6-15 所示。

图 6-15　相同尺寸的标注

6.4.4　文字说明

在一张完整的图样中，如果有用图线方式表现得不充分和无法用图线表示的地方，就需要进行文字说明，如材料名称、构配件名称、构造做法、统计表及图名等。文字说明是图样内容的重要组成部分，制图规范对文字标注中的字体、字号及字体字号搭配等方面做了一些具体规定。

（1）一般原则：字体端正，排列整齐，清晰准确，美观大方，避免过于个性化的文字标注。

（2）字体：一般标注推荐采用仿宋字，标题可用楷体、隶书、黑体字等，例如：

仿宋：室内设计（小四）室内设计（四号）室内设计（二号）

黑体：**室内设计（四号）室内设计（小二）**

楷体：室内设计（四号）室内设计（二号）

隶书：室内设计（三号）室内设计（一号）

字母、数字及符号：0123456789abcdefghijk% @ 或

0123456789abcdefghijk%@

（3）字号：标注的文字高度要适中，同一类型的文字采用同一字号。较大的字用于较概括性的说明内容，较小的字用于较细致的说明内容。

Note

（4）字体及字号的搭配应注意体现层次感。

6.4.5　常用图示标志

1. 详图索引符号及详图符号

室内平、立、剖面图中，在需要另设详图表示的部位标注一个索引符号，以表明该详图的位置，这个索引符号就是详图索引符号。详图索引符号采用细实线绘制，圆圈直径为10mm。当详图就在本张图样时，采用图6-16（a）所示的形式；详图不在本张图样时，采用图6-16（b）～图6-16（h）所示的形式；图6-16（d）～图6-16（g）所示的形式用于索引剖面详图。

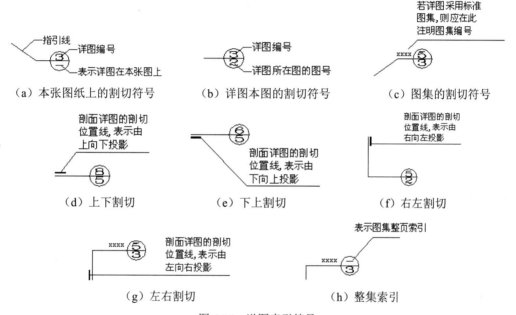

图 6-16　详图索引符号

详图符号即详图的编号，用粗实线绘制，圆圈直径为14mm，如图6-17所示。

图 6-17　详图符号

2. 引出线

由图样引出一条或多条线段指向文字说明，该线段就是引出线。引出线与水平方向的夹角一般采用 0°、30°、45°、60°、90°，常见的引出线形式如图6-18所示。图6-18（a）～图6-18（d）所示为普通引出线，图6-18（e）～图6-18（h）所示为多层构造引出线。使用多层构造引出线时，应注意构造分层的顺序要与文字说明的分层顺序一致。文字说明可以放在引出线的端头，如图6-18（a）～图6-18（h）所示，也可以放在引出线水平段之上，如图6-18（i）所示。

Note

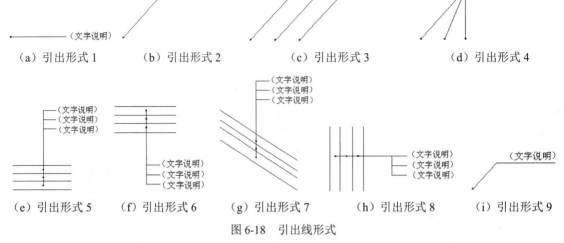

| （a）引出形式 1 | （b）引出形式 2 | （c）引出形式 3 | （d）引出形式 4 |

| （e）引出形式 5 | （f）引出形式 6 | （g）引出形式 7 | （h）引出形式 8 | （i）引出形式 9 |

图 6-18　引出线形式

3. 内视符号

在房屋建筑中，一个特定的室内空间领域总存在竖向分隔（隔断或墙体）来界定。因此，根据具体情况，就有可能绘制一个或多个立面图来表达隔断、墙体及家具、构配件的设计情况。内视符号标注在平面图中，包含视点位置、方向和编号 3 个信息，建立平面图和室内立面图之间的联系。内视符号的形式如图 6-19 所示。图中立面图编号可用英文字母或阿拉伯数字表示，黑色的箭头指向表示立面的方向，图 6-19（a）为单向内视符号，图 6-19（b）为双向内视符号，图 6-19（c）为四向内视符号，A、B、C、D 顺时针标注。

（a）　　　　　　　　（b）　　　　　　　　（c）

图 6-19　内视符号

为了方便读者查阅，其他常用符号及其说明如表 6-3 所示。

表 6-3　室内设计图常用符号图例

符　号	说　明	符　号	说　明
3.600 / 3.600	标高符号，线上数字为标高值，单位为 m；下面一种在标注位置比较拥挤时采用	i=5%	表示坡度
1　　1	标注剖切位置的符号，标数字的方向为投影方向，"1"与剖面图的编号"3-1"对应	2　　2	标注绘制断面图的位置，标数字的方向为投影方向，"2"与断面图的编号"3-2"对应
	对称符号。在对称图形的中轴位置画此符号，可以省画另一半图形		指北针
	楼板开方孔		楼板开圆孔

符　号	说　明	符　号	说　明
@	表示重复出现的固定间隔，如"双向木格栅@500"	Ø	表示直径，如 Ø30
平面图 1:100	图名及比例	① 1:5	索引详图名及比例
	单扇平开门		旋转门
	双扇平开门		卷帘门
	子母门		单扇推拉门
	单扇弹簧门		双扇推拉门
	四扇推拉门		折叠门
	窗		首层楼梯
	顶层楼梯		中间层楼梯

6.4.6　常用材料符号

室内设计图中经常应用材料图例来表示材料，在无法用图例表示的地方，也采用文字说明。常用的材料图例如表 6-4 所示。

表 6-4　常用材料图例

符　号	说　明	符　号	说　明
	自然土壤		夯实土壤
	毛石砌体		普通砖
	石材		砂、灰土
	空心砖		松散材料
	混凝土		钢筋混凝土
	多孔材料		金属
	矿渣、炉渣		玻璃
	纤维材料		防水材料，上下两种根据绘图比例大小选用
	木材		液体，必须注明液体名称

6.4.7　常用绘图比例

下面列出常用的绘图比例，读者可根据实际情况灵活使用。

- ☑　平面图：1∶50、1∶100等。
- ☑　立面图：1∶20、1∶30、1∶50、1∶100等。
- ☑　顶棚图：1∶50、1∶100等。
- ☑　构造详图：1∶1、1∶2、1∶5、1∶10、1∶20等。

6.5　室内设计方法

室内设计要美化环境是无可置疑的，但如何达到美化的目的，有不同的方法，分别介绍如下。

1．现代室内设计方法

该方法即是在满足功能要求的情况下，利用材料、色彩、质感、光影等有序的布置创造美。

2．空间分割方法

组织和划分平面与空间，这是室内设计的一个主要方法。利用该设计方法，巧妙地布置平面和利用空间，有时可以突破原有的建筑平面、空间的限制，满足室内需要。在另一种情况下，设计又能使室内空间流通、平面灵活多变。

3．民族特色方法

在表达民族特色方面，应采用设计方法使室内充满民族韵味，而不是民族符号、语言的堆砌。

4．其他设计方法

如突出主题、人流导向、制造气氛等都是室内设计的方法。

室内设计人员往往首先拿到的是一个建筑的外壳，这个外壳或许是新建的，也或许是旧建筑，设计的魅力就在于在原有建筑的各种限制下制作出最理想的方案。

📖 **说明**："他山之石，可以攻玉。"多看、多交流有助于提高设计水平和鉴赏能力。

第 2 篇

施工图

　　本篇将介绍办公空间、餐厅和卡拉 OK 歌舞厅室内设计 AutoCAD 实现过程。通过本篇的学习，读者将掌握室内设计方法及其相应的 AutoCAD 制图技巧。

☑　了解室内设计的方法和特点

☑　掌握室内设计 CAD 制图操作技巧

第 **7** 章

办公空间室内装潢设计

本章将详细论述办公空间的室内装饰设计思路及其相关装饰图的绘制方法与技巧，包括办公室各个建筑空间平面图中的墙体、柱子、门窗以及文字尺寸等图形绘制和标注；办公空间室内建筑装修平面图中的前台门厅、办公室和会议室等装修设计和家具布局方法；男女卫生间的隔间等装修绘制方法；办公室空间部分立面装修图及节点大样图设计要点。此外，还将详细论述办公空间室内的天花和地面造型设计方法及其他功能房间吊顶与地面设计方法等。

- ☑ 办公空间装修前建筑平面图绘制
- ☑ 办公空间装饰图绘制
- ☑ 地面和天花等平面装饰图绘制
- ☑ 办公空间立面和节点大样图设计

任务驱动&项目案例

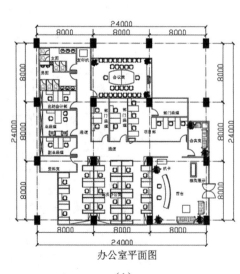

办公室平面图

（1）

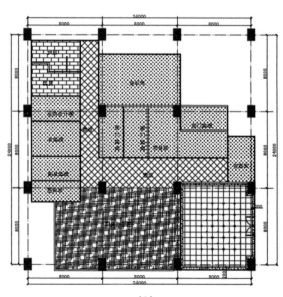

（2）

7.1 办公空间装修前建筑平面图绘制

办公室的设计是指人们在行政工作中特定的环境设计。我国办公室设计种类繁多，在机关、学校、团体办公室中多数采用小空间的全间断设计。这里主要介绍一种现代企业办公室的设计。该设计从环境空间来认识，是一种集体和个人空间的综合体，应考虑的因素大致如下。

（1）个人空间与集体空间系统的便利化及办公环境给人的心理满足。

（2）从功能出发考虑空间划分的合理性，如办公自动化、提高工作效率、提高个人工作的集中力等。

（3）主入口的整体形象的完美性。

办公空间建筑平面图绘制与其他建筑平面图绘制方法类似，同样是先建立各个功能房间的开间和进深轴线，然后按轴线位置绘制建筑柱子以及各个功能房间墙体及相应的门窗洞口的平面造型，最后绘制消火栓等建筑设施的平面图形，同时标注相应的尺寸和文字说明。

7.1.1 概述

一方面，办公室是脑力劳动的场所，企业的创造性大都来源于该场所的个人创造性的发挥，因此重视个人环境兼顾集体空间，借以活跃员工的思维，努力提高办公效率，也就成为提高企业生产率的重要手段；另一方面，办公室也是企业的整体形象的体现，一个完整、统一而美观的办公室形象，能增加客户的信任感，同时也能给员工以心理上的满足。

下面介绍办公室建筑平面设计的相关知识及其绘图方法与技巧，如图 7-1 所示。

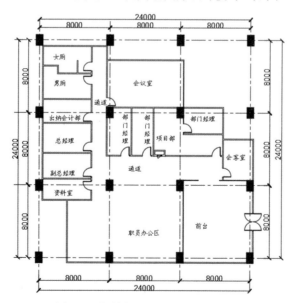

图 7-1 绘制办公空间装修前平面图

7.1.2 办公空间建筑墙体绘制

进行装饰设计前的准备工作，是绘制办公空间的各个房间的墙体轮廓。

视频讲解

Note

（1）单击"默认"选项卡"绘图"面板中的"直线"按钮／，创建办公室建筑的平面轴线。绘制一条水平方向的直线和一条垂直方向的直线，其长度要略大于办公建筑水平和垂直方向的总长度尺寸，如图7-2所示。

📖 **说明**：作为办公建筑的平面轴线，其长度要略大于建筑水平和垂直方向的总长度尺寸。

（2）将两条直线改变为点画线线型，如图7-3所示。

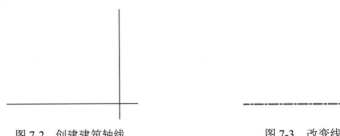

图 7-2　创建建筑轴线　　　　　　　图 7-3　改变线型

改变线型为点画线。先单击所绘的直线，然后在"特性"工具栏的"线型"下拉列表框中选择点画线，所选择的直线将改变线型，得到建筑平面图的轴线点画线。若还未加载此种线型，则选择"其他"命令先加载此种点画线线型。

（3）单击"默认"选项卡"修改"面板中的"偏移"按钮 ⊏，根据办公室柱网尺寸大小（即进深与开间），通过偏移生成相应位置的轴线网。轴线网的间距为8000，如图7-4所示。

（4）单击"默认"选项卡"绘图"面板中的"矩形"按钮 囗，在两轴线的交点处，绘制长度为1200、宽度为800的柱子轮廓，如图7-5所示。

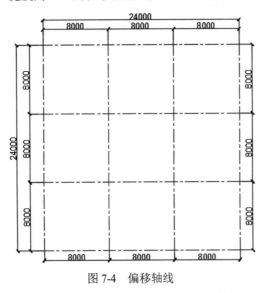

图 7-4　偏移轴线

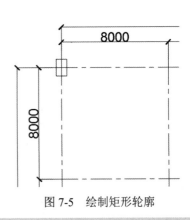

图 7-5　绘制矩形轮廓

📖 **说明**：矩形柱子可以使用 PLINE、LINE、RECTANG 等命令绘制。

（5）单击"默认"选项卡"绘图"面板中的"图案填充"按钮▨，设置填充图案为SOLID，填充柱子，如图7-6所示。

（6）单击"默认"选项卡"修改"面板中的"复制"按钮 ⅋，根据柱子的布局进行复制，如图7-7所示。

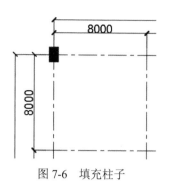

图 7-6　填充柱子

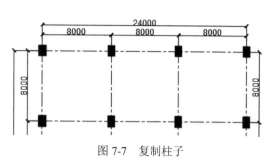

图 7-7　复制柱子

（7）完成柱网和柱子的布局绘制，如图 7-8 所示。

（8）选择菜单栏中的"绘图"→"多线"命令，设置多线比例为 100。绘制办公室前台的墙体，如图 7-9 所示。

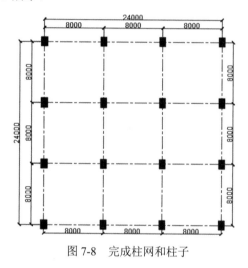

图 7-8　完成柱网和柱子

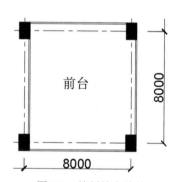

图 7-9　绘制前台墙体

（9）选择菜单栏中的"绘图"→"多线"命令，根据办公室的布局情况，进行其他房间的墙体绘制，如图 7-10 所示。

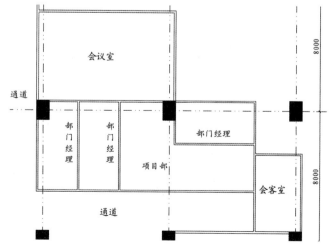

图 7-10　绘制其他房间墙体

> 📖 **说明：** 墙体宽度可以通过设置 MLINE 的比例（S）来调整。

（10）按上述方法，完成该办公空间各个房间的墙体绘制，如图 7-11 所示。

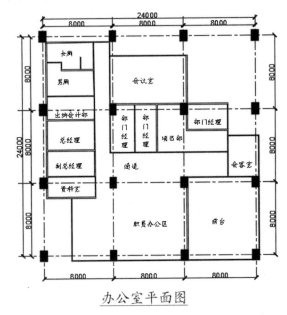

图 7-11 完成办公空间墙体绘制

视频讲解

7.1.3 办公空间室内门窗绘制

在绘制好的办公室各个墙体上绘制相应房间的门窗造型。

（1）单击"默认"选项卡"绘图"面板中的"直线"按钮 ╱，绘制直线段，然后单击"默认"选项卡"修改"面板中的"偏移"按钮 ⊆，偏移距离为 2000。绘制前台入口大门，如图 7-12 所示。

（2）单击"默认"选项卡"修改"面板中的"修剪"按钮 ✂，通过对线条进行修剪得到入口门洞造型，如图 7-13 所示。

（3）单击"默认"选项卡"绘图"面板中的"矩形"按钮 ▢ 和"直线"按钮 ╱，绘制门扇造型，矩形长度为 1000，宽度为 60，如图 7-14 所示。

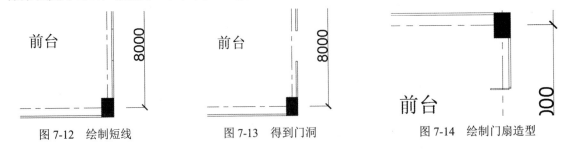

图 7-12 绘制短线　　　　　图 7-13 得到门洞　　　　　图 7-14 绘制门扇造型

（4）单击"默认"选项卡"绘图"面板中的"圆弧"按钮 ╱，绘制弧线构成完整的门扇造型，如图 7-15 所示。

（5）单击"默认"选项卡"修改"面板中的"镜像"按钮 ▲，将步骤（4）中绘制的门扇镜像，得到双扇门扇造型，如图 7-16 所示。

（6）单击"默认"选项卡"修改"面板中的"镜像"按钮 ▲，将步骤（5）中绘制的双扇门镜像，得到两个方向都可以开启的门扇造型，如图7-17所示。

图7-15　绘制弧线

图7-16　镜像门扇

图7-17　双向门扇造型

📖 **说明：两个方向可以开启的门扇即是双向门。**

（7）单扇门和门洞造型可参照上述双扇门的方法绘制，如图7-18所示。

（8）办公室空间其他房间的门扇和门洞造型可按上述方法绘制，如图7-19所示。

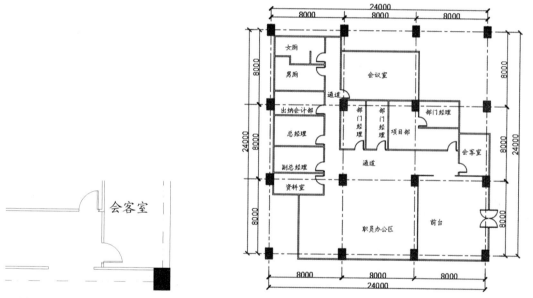

图7-18　绘制单扇门和门洞

图7-19　绘制其他门扇

7.1.4　消火栓箱等消防辅助设施绘制

基于安全考虑，现代办公室中还有一些消防辅助设施需要绘制，如消火栓箱等。

（1）单击"默认"选项卡"绘图"面板中的"矩形"按钮▢，在墙体附近绘制消火栓箱造型轮廓，如图7-20所示。

（2）单击"默认"选项卡"修改"面板中的"修剪"按钮✂，对轮廓线内的线条进行修剪，如图7-21所示。

（3）单击"默认"选项卡"修改"面板中的"偏移"按钮⊏，偏移轮廓线形成消火栓箱外轮廓造型，如图7-22所示。

（4）单击"默认"选项卡"绘图"面板中的"直线"按钮╱和"修改"面板中的"镜像"按钮⚠，绘制消火栓箱门扇造型，如图7-23所示。

| 图 7-20 绘制消火栓箱轮廓 | 图 7-21 修剪线条 | 图 7-22 偏移轮廓线 |

（5）单击"默认"选项卡"绘图"面板中的"圆弧"按钮 和"直线"按钮 ，绘制开启形状的门扇造型，如图 7-24 所示。

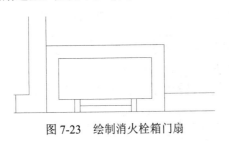

图 7-23 绘制消火栓箱门扇

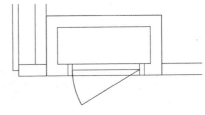

图 7-24 绘制门扇开启形状

（6）至此，办公室未装修的建筑平面图绘制完成。缩放视图观察图形，保存图形，如图 7-1 所示。

📖 **说明**：在图形绘制过程中要随时保存。

7.2 办公空间装饰图绘制

办公空间设计需要考虑多方面的问题，涉及科学、技术、人文、艺术等诸多因素。空间就是布局、格局，即指对空间的物理和心理分割。办公空间室内设计的最大目标就是要为工作人员创造一个舒适、方便、卫生、安全、高效的工作环境，以便更大程度地提高员工的工作效率。这一目标在当前商业竞争日益激烈的情况下显得更加重要，它是办公空间设计的基础，是办公空间设计的首要目标。其中"舒适"涉及建筑声学、建筑光学、建筑热工学、环境心理学和人类工效学等方面的学科；"方便"涉及功能流线分析，人类工效学等方面的内容；"卫生"涉及绿色材料、卫生学、给排水工程等方面的内容；"安全"问题则涉及建筑防灾、装饰构造等方面的内容。

7.2.1 概述

办公空间具有不同于普通住宅的特点，它是由办公、会议、走廊 3 个区域来构成内部空间使用功能的，从有利于办公组织以及采光通风等角度考虑，其进深通常以 8～12m 为基本尺寸。办公室主要有总经理室、副总经理室、部门经理室、会计室等，还有办公配套用房，如前台、会议室、接待室（会客室）、资料室和卫生间等。其装修设计关键是各个房间相应的家具设施安排和布局方式，设计方法与前面相关建筑的装修图绘制方法类似。

办公空间设计的首要目标是以人为本。在国外，商务是随着商业而发展起来的，商业则是从生产车间发展起来的。随着社会的发展，为了满足会见客户和管理的需要，办公空间开始从生产空间里分离出来，并逐渐搬进市中心，开始形成自己专门的商务区，现代的写字楼模式开始形成。根据社会的发展状况，写字楼将迎来空间形态大小兼顾、硬件标准日趋超前、服务理念具有针对性的时代。尤其随着新世纪科技的进步以及人们思想观念的转变，工作环境的舒适与否将变得越来越重要。上班族对现代办公环境的设计要求越来越高，办公智能化和办公空间环境的人性化将成为主流。

下面介绍办公室装饰平面设计的相关知识及其绘图方法与技巧，如图 7-25 所示。

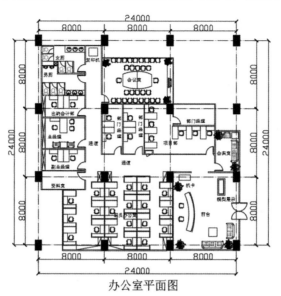

办公室平面图

图 7-25　办公空间装饰图

7.2.2　前台门厅平面装饰设计

前台门厅是进入各个办公室的主要入口，也是客人对公司形象产生第一印象的地方。

（1）还没有进行家具布置前的前台门厅空间平面如图 7-26 所示。

（2）单击"默认"选项卡"块"面板"插入"按钮下拉菜单中的"最近使用的块"选项，将沙发插入前台门厅处，如图 7-27 所示。

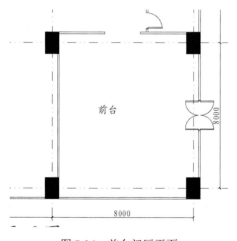

图 7-26　前台门厅平面

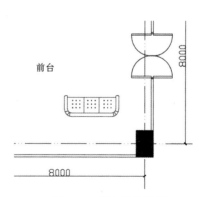

图 7-27　插入沙发造型

（3）若插入的位置不合适，单击"默认"选项卡"修改"面板中的"移动"按钮，则可以对其位置进行调整，如图 7-28 所示。

（4）单击"默认"选项卡"绘图"面板中的"圆弧"按钮和"修改"面板中的"偏移"按钮，绘制弧形前台轮廓，如图 7-29 所示。

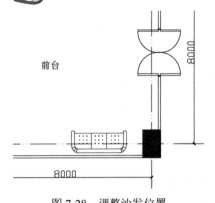

图 7-28 调整沙发位置

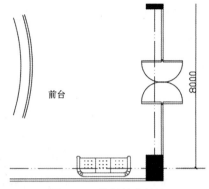

图 7-29 绘制前台轮廓

（5）单击"默认"选项卡"绘图"面板中的"直线"按钮 ∕，在弧线两端绘制端线轮廓。单击"默认"选项卡"修改"面板中的"镜像"按钮 ⚖，将直线镜像，如图 7-30 所示。

（6）单击"默认"选项卡"块"面板"插入"按钮 🔳 下拉菜单中的"最近使用的块"选项，插入两把椅子造型，如图 7-31 所示。

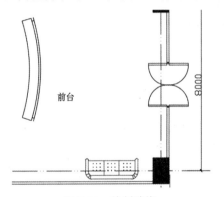

图 7-30 绘制端线

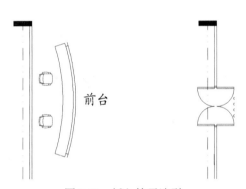

图 7-31 插入椅子造型

（7）单击"默认"选项卡"块"面板"插入"按钮 🔳 下拉菜单中的"最近使用的块"选项，在前台门厅右下角布置沙发与茶几组合造型，如图 7-32 所示。

（8）单击"默认"选项卡"绘图"面板中的"多段线"按钮 ⌐⌐，在门厅前台上方布置考勤打卡机和一个模型展示区域，如图 7-33 所示。

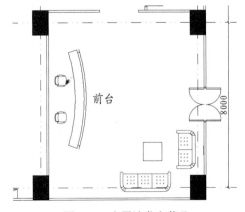

图 7-32 布置沙发和茶几

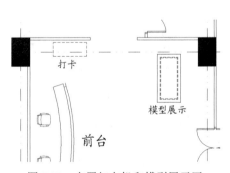

图 7-33 布置打卡机和模型展示区

（9）单击"默认"选项卡"块"面板"插入"按钮🔽下拉菜单中的"最近使用的块"选项，布置一些花草予以美化，完成前台门厅装饰设计，如图 7-34 所示。

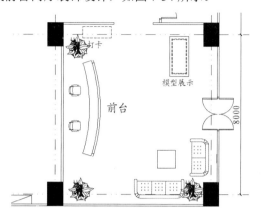

图 7-34　布置花草

7.2.3　办公室和会议室等房间平面装饰设计

一个公司的办公空间，除前台门厅外，一般还有多间办公室、1～2 间会议室、出纳会计室、会客室以及资料室等各种功能的房间。

（1）单击"默认"选项卡"注释"面板中的"多行文字"按钮 **A**，按照功能相应安排各个房间的平面位置，标注相应的房间名称，如图 7-35 所示。

（2）单击"默认"选项卡"块"面板"插入"按钮🔽下拉菜单中的"最近使用的块"选项，插入两个沙发造型，然后单击"默认"选项卡"绘图"面板中的"矩形"按钮🔲，绘制一个茶几，并布置会客室，如图 7-36 所示。

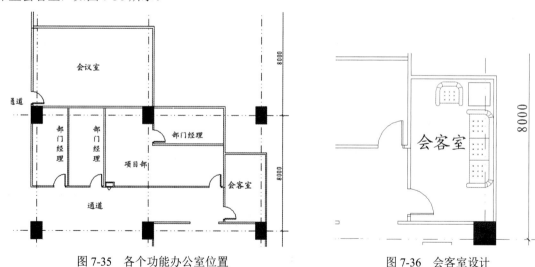

图 7-35　各个功能办公室位置　　　　　　图 7-36　会客室设计

（3）单击"默认"选项卡"块"面板"插入"按钮🔽下拉菜单中的"最近使用的块"选项，插入花草，对会客室进行装饰，如图 7-37 所示。

（4）局部缩放视图，对项目部区域办公室进行设计，如图 7-38 所示。

（5）单击"默认"选项卡"绘图"面板中的"矩形"按钮🔲，在适当的位置处绘制办公桌造型，

视 频 讲 解

如图 7-39 所示。

图 7-37　布置花草

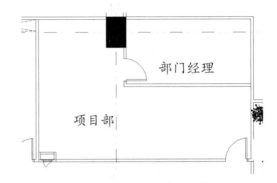

图 7-38　项目部办公室区域

（6）单击"默认"选项卡"块"面板"插入"按钮下拉菜单中的"最近使用的块"选项，在适当的位置处插入办公椅造型。

（7）单击"默认"选项卡"修改"面板中的"复制"按钮，根据项目部办公平面的范围，布置办公桌和椅子，如图 7-40 所示。

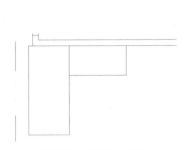

图 7-39　绘制办公桌

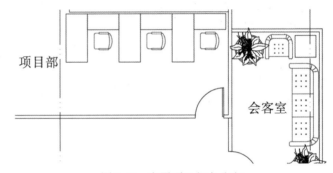

图 7-40　布置项目部办公室

（8）单击"默认"选项卡"修改"面板中的"旋转"按钮，旋转复制办公桌和椅子，在另一个方向布置办公桌，如图 7-41 所示。

（9）单击"默认"选项卡"绘图"面板中的"矩形"按钮和"直线"按钮，在其他合适的位置处安排办公文件柜，最后完成整个项目部的平面设计，如图 7-42 所示。

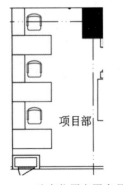

图 7-41　改变位置布置家具

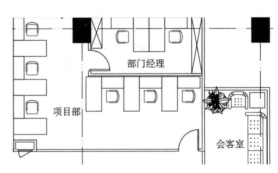

图 7-42　布置文件柜

📖 **说明：办公文件柜大小一般为 450mm×1200mm。**

（10）其他部门的办公室，如总经理、部门经理和资料室等房间，参照上述方法进行装饰设计，如图 7-43 所示。

（11）单击"默认"选项卡"绘图"面板中的"直线"按钮 ╱，绘制会议桌造型轮廓，如图 7-44 所示。

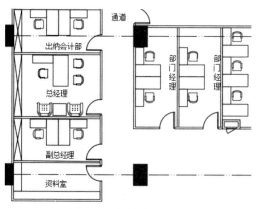

图 7-43　其他房间的设计

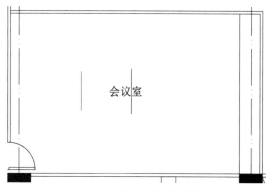

图 7-44　绘制会议桌轮廓

（12）单击"默认"选项卡"绘图"面板中的"圆弧"按钮 ╱ 和"修改"面板中的"镜像"按钮 ⚤，绘制会议桌两边弧形边，如图 7-45 所示。

（13）单击"默认"选项卡"修改"面板中的"镜像"按钮 ⚤，镜像得到整个会议桌造型，如图 7-46 所示。

图 7-45　绘制弧形边

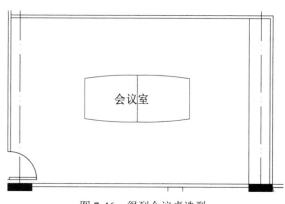

图 7-46　得到会议桌造型

（14）单击"默认"选项卡"块"面板"插入"按钮 下拉菜单中的"最近使用的块"选项，在会议室中插入椅子，如图 7-47 所示。

（15）单击"默认"选项卡"修改"面板中的"旋转"按钮 ↻，通过旋转和复制布置会议室的全部椅子，如图 7-48 所示。

📖 **说明：此会议室比较大，能容纳 30 人左右。**

（16）单击"默认"选项卡"绘图"面板中的"直线"按钮 ╱，在会议室右端绘制电视柜造型。单击"默认"选项卡"块"面板"插入"按钮 下拉菜单中的"最近使用的块"选项，在相应的位置插入电视和花草等设施造型，如图 7-49 所示。

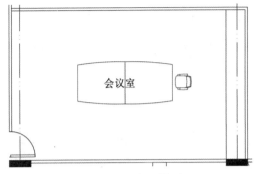

图 7-47   插入椅子

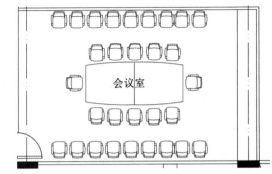

图 7-48   复制椅子

（17）完成会议室的装饰设计布局，如图 7-50 所示。

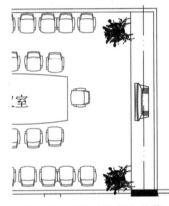

图 7-49   布置电视柜和花草

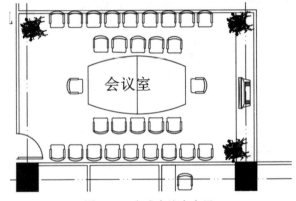

图 7-50   完成会议室布局

（18）对公共办公区（普通员工办公区）空间平面进行设计，如图 7-51 所示。

（19）单击"默认"选项卡"修改"面板中的"复制"按钮，复制前面所绘制的办公桌和椅子造型，如图 7-52 所示。

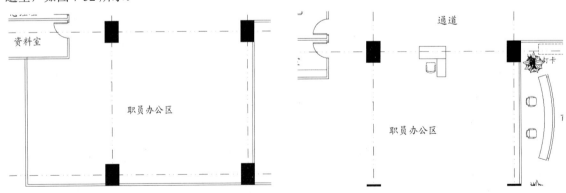

图 7-51   员工办公区空间平面

图 7-52   复制办公桌和椅子

（20）单击"默认"选项卡"绘图"面板中的"多段线"按钮，在办公桌外侧绘制隔间轮廓造型和矮柜造型，如图 7-53 所示。

（21）单击"默认"选项卡"修改"面板中的"镜像"按钮，以中间轴线为镜像线，将步骤（20）中绘制的办公隔间轮廓镜像。单击"默认"选项卡"修改"面板中的"复制"按钮，根据空间平面布置办公隔间，如图 7-54 所示。

图 7-53 绘制办公隔间轮廓和矮柜

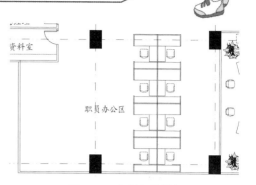

图 7-54 布置办公隔间

📖 **说明：** 每个办公隔间大小约 2200mm×1700mm。

（22）单击"默认"选项卡"绘图"面板中的"多段线"按钮，在空隙处布置文件柜造型，如图 7-55 所示。

（23）完成普通员工办公区空间平面设计，如图 7-56 所示。

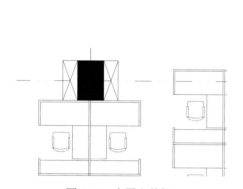

图 7-55 布置文件柜

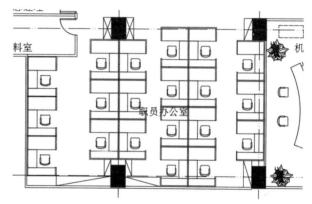

图 7-56 完成员工办公区设计

7.2.4 男女公共卫生间平面装饰设计

下面介绍办公室的男女公共卫生间平面装饰设计和布局安排。

（1）单击"默认"选项卡"绘图"面板中的"矩形"按钮，绘制复印机，如图 7-57 所示。

（2）单击"默认"选项卡"绘图"面板中的"多段线"按钮，绘制卫生间隔间轮廓，如图 7-58 所示。

视频讲解

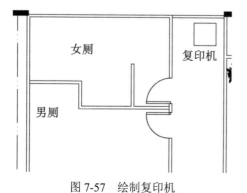

图 7-57 绘制复印机

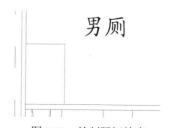

图 7-58 绘制隔间轮廓

📖 **说明**：卫生间内开门大小约 1400mm×1200mm。

（3）单击"默认"选项卡"绘图"面板中的"直线"按钮✏，在轮廓内侧绘制隔间的隔断墙体，如图 7-59 所示。

（4）单击"默认"选项卡"绘图"面板中的"矩形"按钮❑，创建隔间门扇轮廓，如图 7-60 所示。

（5）单击"默认"选项卡"绘图"面板中的"圆弧"按钮✐，绘制隔间门扇弧线，如图 7-61 所示。

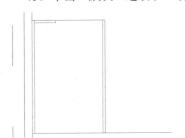

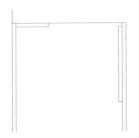
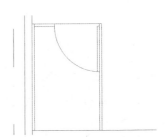

图 7-59　绘制隔断　　　　　图 7-60　创建隔间门扇　　　　图 7-61　绘制门扇弧线

（6）单击"默认"选项卡"绘图"面板中的"矩形"按钮❑和"直线"按钮✏，在隔间的隔断内侧绘制手纸支架造型，如图 7-62 所示。

（7）单击"默认"选项卡"块"面板"插入"按钮🔲下拉菜单中的"最近使用的块"选项，在隔间内插入卫生洁具坐便器造型，如图 7-63 所示。

（8）单击"默认"选项卡"修改"面板中的"复制"按钮🍀，复制隔间得到多个隔间造型，如图 7-64 所示。

图 7-62　绘制手纸支架　　图 7-63　插入卫生洁具坐便器　　　图 7-64　复制隔间

（9）单击"默认"选项卡"块"面板"插入"按钮🔲下拉菜单中的"最近使用的块"选项和"修改"面板中的"复制"按钮🍀，插入小便器造型，如图 7-65 所示。

📖 **说明**：小便器间距约 700mm。

（10）单击"默认"选项卡"绘图"面板中的"直线"按钮✏，创建洗手盆台面造型轮廓，如图 7-66 所示。

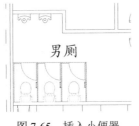

图 7-65　插入小便器　　　　　图 7-66　创建台面

（11）单击"默认"选项卡"块"面板"插入"按钮下拉菜单中的"最近使用的块"选项，插入洗手盆。单击"默认"选项卡"修改"面板中的"复制"按钮，复制并布置洗手盆，如图 7-67 所示。

（12）将女厕的隔间和洗手盆造型按男厕的方法进行绘制和布置，如图 7-68 所示。

（13）单击"默认"选项卡"绘图"面板中的"多段线"按钮和"修改"面板中的"偏移"按钮，在女厕内绘制拖布池造型轮廓，如图 7-69 所示。

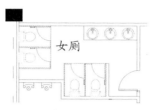

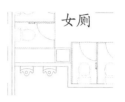

图 7-67　布置洗手盆　　　　图 7-68　女厕设计　　　　图 7-69　绘制拖布池

（14）单击"默认"选项卡"绘图"面板中的"直线"按钮和"圆"按钮，绘制拖布池内部的造型，如图 7-70 所示。

（15）完成男女卫生间的设计与布置，如图 7-71 所示。

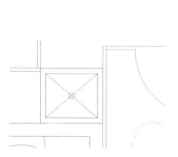

图 7-70　绘制拖布池内部的造型　　　　图 7-71　完成男女卫生间设计

（16）办公空间的平面装饰设计绘制完成，缩放视图观察，保存图形，如图 7-25 所示。

7.3　地面和天花等平面装饰图绘制

地面设计在室内外整体建筑设计中的作用是不容忽视的。在人的视域中，地面的比例比较大，离人眼的距离比较近，因此它的造型带给人的感受往往比较直观。在地面设计中必须注意设计的整体效果，包括上下界面的组合、地面和空间的实用机能、图案和色彩的设计、材料的质感和功能等。总之，地面的设计好坏，对整体室内环境的艺术质量与效果具有举足轻重的作用。办公室天花的装修材料较多，如轻钢龙骨石膏板天花、铝扣板天花和矿面板天花等，根据各个房间的性质选用。

7.3.1　概述

地面材料有天然石材地面（花岗岩、大理石）、水泥板块地面（水磨石、混凝土）、陶瓷板地面、木板地面、金属板地面、钢化玻璃地面和卷材地面（地毯、靶料、橡胶）。设计选择地面材料应注意以下几个方面。

（1）大量人流通过的地面，如门厅、共享大堂、过道等处可选用美观、耐磨和易清洁的花岗岩、水磨石地面。

（2）安静、私密、休息的空间，可选用有良好消声和触感的地毯、橡胶地板等材料。

（3）厨房、卫生间等处，应用防滑、耐水、易清洗的地面，如缸砖、马赛克等材料。

📖 **说明：** 办公室的地面材料多采用地毯、大理石和抛光砖等。

天花的装修材料较多，下面介绍几种以供参考。

（1）轻钢龙骨石膏板天花。石膏天花板是以熟石膏为主要原料掺入添加剂与纤维制成，具有质轻、绝热、吸声、阻燃和可锯等性能。多用于商业空间，一般采用 600mm×600mm 规格，有明骨和暗骨之分，龙骨常用铝或铁制作。石膏板与轻钢龙骨相结合，便构成轻钢龙骨石膏板。轻钢龙骨石膏板天花有纸面石膏板、装饰石膏板、纤维石膏板、空心石膏板等多种。

📖 **说明：** 从目前来看，使用轻钢龙骨石膏板做隔断墙的较多，而用来做造型天花的也比较常见。

（2）夹板天花。夹板（也叫胶合板）具有材质轻、强度大、良好的弹性和韧性，耐冲击和耐振动、易加工和易涂饰、绝缘等优点，还能轻易地创造出弯曲的、圆的、方的等各种各样的造型天花。

（3）铝扣板天花。在厨房、厕所等容易脏污的地方使用，是目前的主流产品。

（4）其他类型。如彩绘玻璃天花，这种天花具有多种图形图案，内部可安装照明装置，但一般只用于局部装饰。

装修若用轻钢龙骨石膏板天花或夹板天花，在其表面涂漆时，应用石膏粉封好接缝，然后用牛皮胶带纸密封后再打底层、涂漆。

7.3.2　地面装饰图设计

本小节介绍办公空间的地面装饰图绘制方法与相关技巧，如图 7-72 所示。

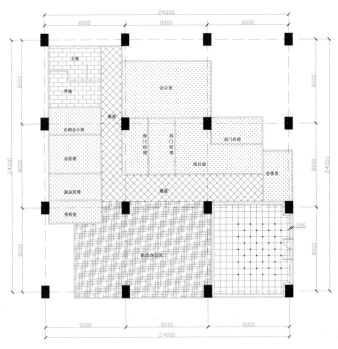

图 7-72　绘制地面装饰图

（1）单击快速访问工具栏中的"打开"按钮➋，打开"办公空间装修前平面图"，继续单击"默认"选项卡"修改"面板中的"删除"按钮✎和"绘图"面板中的"直线"按钮╱，对图形进行整理，如图 7-73 所示。

（2）单击"默认"选项卡"绘图"面板中的"多段线"按钮⌐⊃，先绘制前台门厅的地面，即绘制分界轮廓线，如图 7-74 所示。

图 7-73 整理后图形

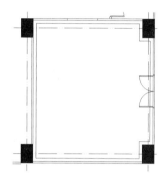

图 7-74 绘制分界轮廓线

📖 **说明：** 绘制不同材质地面分界轮廓线，其距离为距门厅各个墙体边的一定距离（通过偏移定位相同距离）。

（3）单击"默认"选项卡"绘图"面板中的"直线"按钮╱，在轮廓线转角处绘制分界线，如图 7-75 所示。

（4）单击"默认"选项卡"绘图"面板中的"图案填充"按钮▨，设置填充图案为 AR-SAND，比例为 5。对轮廓线外侧进行图案填充，如图 7-76 所示。

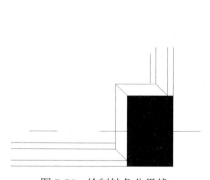

图 7-75 绘制转角分界线

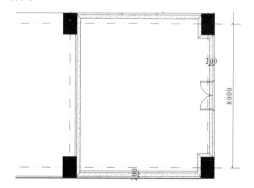

图 7-76 填充地面材质

📖 **说明：** 也可以通过 LINE、OFFSET 功能命令来完成。

（5）单击"默认"选项卡"绘图"面板中的"直线"按钮╱和"修改"面板中的"偏移"按钮⊑，绘制水平方向和竖直方向的地面材质分割线，间距为 600，如图 7-77 和图 7-78 所示。

（6）单击"默认"选项卡"绘图"面板中的"多边形"按钮⬠，在网格交点处绘制外切圆半径为 50 的一个小方框图案，如图 7-79 所示。

视频讲解

图 7-77　绘制水平分割线　　　　　　　　　　图 7-78　绘制竖直分割线

（7）单击"默认"选项卡"绘图"面板中的"图案填充"按钮▨，设置填充图案为 SOLID。将小方框的图案填充为实心图，如图 7-80 所示。

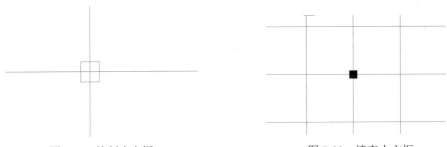

图 7-79　绘制小方框　　　　　　　　　　　图 7-80　填充小方框

（8）单击"默认"选项卡"修改"面板中的"复制"按钮⬡，将填充好的小方框复制到适当的位置处，完成前台门厅地面的绘制，如图 7-81 所示。

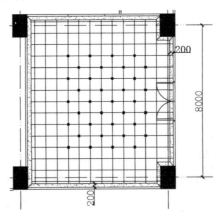

图 7-81　创建地面造型

📖 **说明：** 根据设计形状创建前台门厅地面装修造型效果。

（9）单击"默认"选项卡"绘图"面板中的"图案填充"按钮▨，设置填充图案为 ANSI37，角度为 0°，比例为 150，为公共走道填充地砖造型，如图 7-82 所示。

（10）单击"默认"选项卡"绘图"面板中的"图案填充"按钮▨，设置填充图案为 AR-B816，角度为 0°，比例为 2，为卫生间铺设条形地砖，如图 7-83 所示。

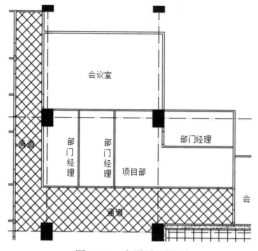

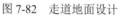

图 7-82 走道地面设计

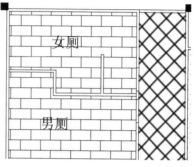

图 7-83 卫生间地面设计

（11）单击"默认"选项卡"绘图"面板中的"图案填充"按钮▨，设置填充图案为 CROSS，角度为 0°，比例为 30，为其他办公房间铺设地毯地面，如图 7-84 所示。

（12）单击"默认"选项卡"绘图"面板中的"图案填充"按钮▨，选择合适的图案和填充比例，为员工公共办公区域进行地面造型处理，如图 7-85 所示。

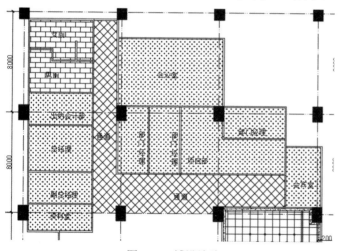

图 7-84 铺设地毯

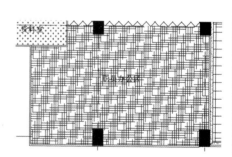

图 7-85 铺设员工办公区域地面

（13）单击"默认"选项卡"注释"面板中的"多行文字"按钮 A，对各个区域进行文字说明，如图 7-72 所示。

📖 **说明：** 可以引出标注各种文字，对装修采用的材料进行说明，在此从略。

7.3.3 天花平面装饰图设计

本小节将介绍办公空间的天花平面装饰图的绘制方法与相关技巧，如图 7-86 所示。

（1）单击快速访问工具栏中的"打开"按钮🗁，打开"地面装饰图"，继续单击"默认"选项卡"修改"面板中的"删除"按钮🖋，对图形进行整理，如图 7-87 所示。

视频讲解

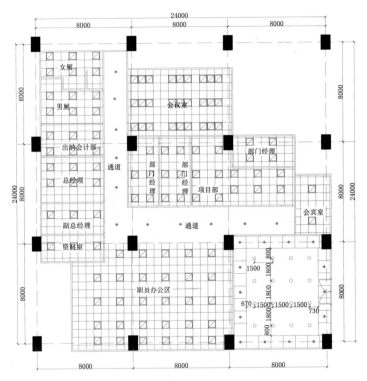

图 7-86　绘制天花平面装饰图

（2）单击"默认"选项卡"绘图"面板中的"多段线"按钮，对前台、门厅吊顶造型进行设计，如图 7-88 所示。

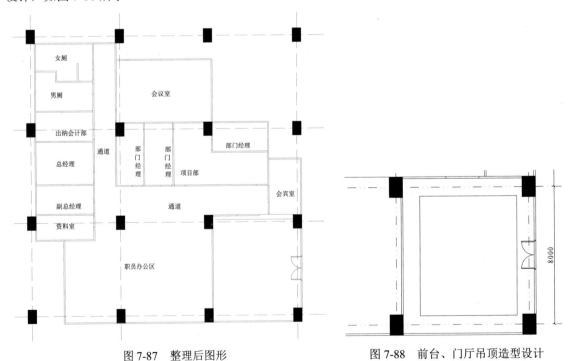

图 7-87　整理后图形　　　　　　　图 7-88　前台、门厅吊顶造型设计

（3）单击"默认"选项卡"绘图"面板中的"直线"按钮 ／ 和"修改"面板中的"偏移"按钮 ⊂，偏移距离为1000，对天花造型外圈进行分割，如图7-89所示。

（4）单击"默认"选项卡"块"面板"插入"按钮 ⬚ 下拉菜单中的"最近使用的块"选项，插入灯具设施，然后单击"默认"选项卡"修改"面板中的"复制"按钮 ⅍，将灯具复制到适当的位置处。布置外圈筒灯造型，如图7-90所示。

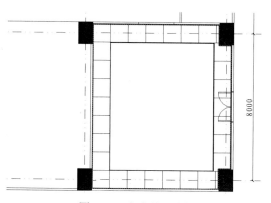

图 7-89　完成外圈分割

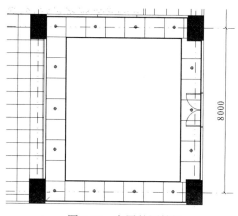

图 7-90　布置外圈筒灯

📖 **说明：** 按一定规律布置灯具。

（5）单击"默认"选项卡"块"面板"插入"按钮 ⬚ 下拉菜单中的"最近使用的块"选项，在适当的位置处插入灯具设施，然后单击"默认"选项卡"修改"面板中的"复制"按钮 ⅍，完成内圈吊顶造型灯布置，如图7-91所示。

（6）单击"默认"选项卡"绘图"面板中的"图案填充"按钮 ▨，设置填充图案为 ANSI37，角度为 45°，比例为 200。对各个办公室房间、卫生间和职员办公区域的吊顶采用矿棉板吊顶，如图7-92所示。

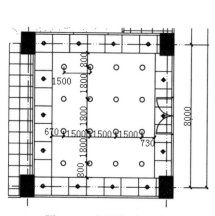

图 7-91　布置内圈造型灯

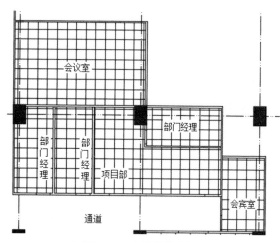

图 7-92　布置其他房间吊顶

（7）单击"默认"选项卡"绘图"面板中的"图案填充"按钮 ▨，设置填充图案为 AR-SAND，角度为 0°，比例为 20。办公室公共走道的吊顶采用石膏板，如图7-93所示。

（8）单击"默认"选项卡"块"面板"插入"按钮 ⬚ 下拉菜单中的"最近使用的块"选项和"修

改"面板中的"复制"按钮，布置相关房间的照明灯造型，如图7-94所示。

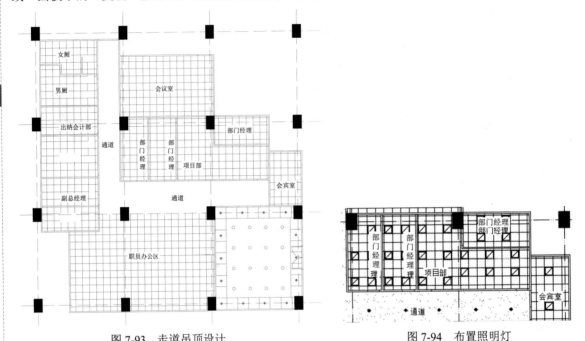

图7-93　走道吊顶设计　　　　　　　　　图7-94　布置照明灯

📖 **说明：** 灯具采用隔栅灯造型。

（9）单击"默认"选项卡"块"面板"插入"按钮下拉菜单中的"最近使用的块"选项和"修改"面板中的"复制"按钮，在走道吊顶上布置筒灯，如图7-95所示。

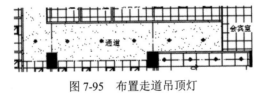

图7-95　布置走道吊顶灯

（10）完成办公室天花的绘制，如图7-86所示。

📖 **说明：** 根据做法使用折线引出，标注相应的说明文字，在此从略。同时要注意及时保存图形。

7.4　办公空间立面和节点大样图设计

　　立面设计应以满足功能为基础，与平面布局有机结合。设计中可充分利用各种几何线条来塑造立面效果。同时立面设计也应考虑到动态透视效果，以取得移步换景的良好效果。在室内立面设计处理中，形体上提倡简洁的线条和现代风格，并反映出个性特点；材质上鼓励设计中选用美观经济的新材料，通过材质变化及对比来丰富立面；色彩上居住建筑宜以淡雅、明快为主。此外，立面设计应考虑室内相关设施的位置，保持良好的整体效果。

　　本节介绍办公空间立面图和节点大样图设计的相关知识及其绘图方法与技巧。

Note

7.4.1　办公室相关立面设计

本小节介绍办公空间其中一个立面图——办公室墙体的玻璃隔断立面的绘制方法与相关技巧，如图 7-96 所示。

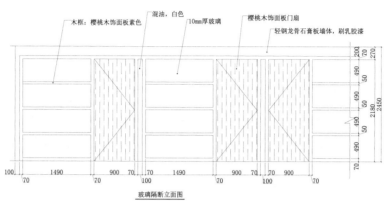

玻璃隔断立面图

图 7-96　绘制办公空间立面图

（1）单击"默认"选项卡"绘图"面板中的"直线"按钮 ，创建地平线，如图 7-97 所示。

图 7-97　创建地平线

（2）单击"默认"选项卡"修改"面板中的"偏移"按钮 ，将地平线向上偏移 2450，绘制立面天花线，如图 7-98 所示。

（3）单击"默认"选项卡"绘图"面板中的"直线"按钮 ，绘制立面侧面竖直方向端线轮廓，如图 7-99 所示。

（4）单击"默认"选项卡"绘图"面板中的"直线"按钮 和"修改"面板中的"偏移"按钮 ，按比例分割立面，如图 7-100 所示。

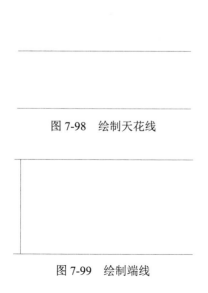

图 7-98　绘制天花线

图 7-99　绘制端线

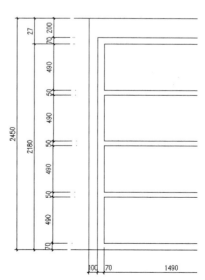

图 7-100　分割立面

（5）单击"默认"选项卡"修改"面板中的"修剪"按钮，绘制房间门立面轮廓，如图 7-101 所示。

（6）单击"默认"选项卡"绘图"面板中的"直线"按钮，绘制门扇开启方向立面轮廓线，如图 7-102 所示。

（7）单击"默认"选项卡"绘图"面板中的"图案填充"按钮，设置填充图案为 ANSI36，角度为 45°，比例为 30，填充立面图案，如图 7-103 所示。

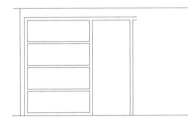
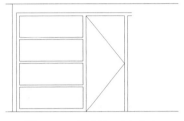
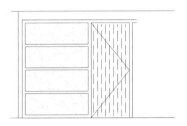

图 7-101　绘制房间门轮廓　　　图 7-102　绘制门开启方向　　　图 7-103　填充立面图案

（8）按上述方法绘制相邻房间的立面造型，如图 7-104 所示。

（9）单击"默认"选项卡"绘图"面板中的"直线"按钮和"修改"面板中的"修剪"按钮，在立面另一端绘制折断线，如图 7-105 所示。

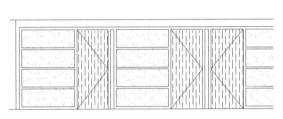

图 7-104　绘制相邻房间立面造型　　　　　图 7-105　绘制折断线

（10）单击"默认"选项卡"注释"面板中的"线性"按钮，在竖直和水平方向上标注尺寸，如图 7-106 所示。

（11）单击"默认"选项卡"绘图"面板中的"直线"按钮和"注释"面板中的"多行文字"按钮，标注相关材质的做法及说明文字，完成立面造型绘制，如图 7-107 所示。

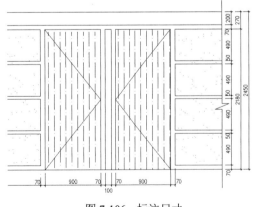
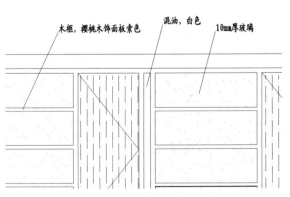

图 7-106　标注尺寸　　　　　　　　　　图 7-107　标注说明文字

7.4.2　办公室相关节点大样设计

本小节介绍办公空间中一个节点装修图的绘制方法与相关技巧，如图 7-108 所示。

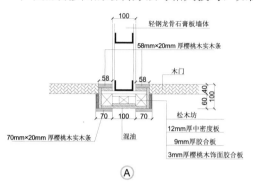

图 7-108　绘制节点大样图

（1）单击"默认"选项卡"绘图"面板中的"直线"按钮／和"修改"面板中的"偏移"按钮 ⊆，绘制中间的墙体轮廓，如图 7-109 所示。

（2）单击"默认"选项卡"绘图"面板中的"多段线"按钮 ，ノ和"修改"面板中的"复制"按钮 ℅，绘制龙骨轮廓造型，如图 7-110 所示。

（3）单击"默认"选项卡"绘图"面板中的"直线"按钮／和"矩形"按钮 ❑，绘制内侧细部构造做法，如图 7-111 所示。

图 7-109　绘制墙体轮廓　　图 7-110　绘制龙骨轮廓　　　　图 7-111　绘制构造做法

（4）单击"默认"选项卡"绘图"面板中的"直线"按钮／，再单击"默认"选项卡"修改"面板中的"偏移"按钮 ⊆和"修剪"按钮 ，继续逐层绘制不同部位的构造做法，如图 7-112 所示。

（5）单击"默认"选项卡"绘图"面板中的"矩形"按钮 ❑和"直线"按钮／，绘制外侧表面构造做法，如图 7-113 所示。

（6）单击"默认"选项卡"绘图"面板中的"直线"按钮／，绘制门扇平面造型，如图 7-114 所示。

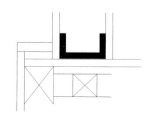
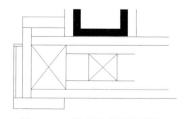
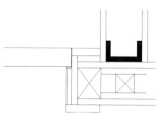

图 7-112　绘制不同部位构造做法　　图 7-113　绘制外侧构造做法　　　　图 7-114　绘制门扇造型

（7）单击"默认"选项卡"修改"面板中的"镜像"按钮◁▷，对图形进行镜像，得到节点 A 的大样图，如图 7-115 所示。

（8）单击"默认"选项卡"绘图"面板中的"图案填充"按钮▨，选择图案填充材质，如图 7-116 所示。

图 7-115　镜像图形　　　　　图 7-116　填充材质

（9）单击"默认"选项卡"注释"面板中的"线性"按钮┤┤，标注细部尺寸大小，如图 7-117 所示。

（10）单击"默认"选项卡"注释"面板中的"多行文字"按钮A，标注材质说明文字，如图 7-118 所示。

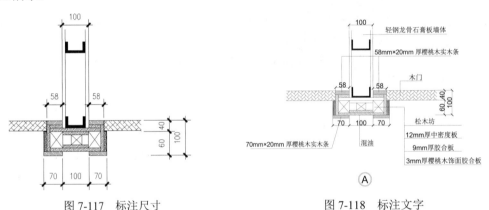

图 7-117　标注尺寸　　　　　图 7-118　标注文字

（11）单击"默认"选项卡"注释"面板中的"多行文字"按钮A、"绘图"面板中的"圆"按钮⊙以及"修改"面板中的"偏移"按钮⊆，标注节点大样编号，完成大样图绘制，如图 7-119 所示。

图 7-119　标注大样编号

7.5　操作与实践

通过前面的学习，读者对本章讲解的知识应该有了大体的了解，本节通过两个操作实践使读者进一步掌握本章知识要点。

7.5.1　绘制董事长室平面图

通过前面的学习，读者对本章知识有了大体的了解，本小节通过一个操作练习使读者进一步掌握本章知识要点。

1. 目的要求

本实践主要要求读者通过练习以进一步熟悉和掌握平面图的绘制方法。通过本实践，可以帮助读者学会完成董事长室平面图的整个绘制过程。

2. 操作提示

（1）绘图前准备。

（2）绘制外部墙线和柱子。

（3）绘制内部墙线和门窗。

（4）绘制楼梯。

（5）绘制室内装饰。

（6）标注尺寸、文字和索引符号。

绘制结果如图 7-120 所示。

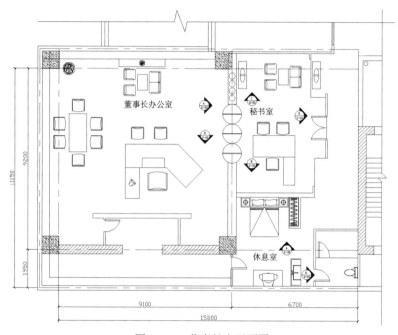

图 7-120　董事长室平面图

7.5.2　绘制董事长室立面图

通过前面的学习，读者对本章讲解的知识应该有了大体的了解，本节通过操作实践使读者进一步掌握本章知识要点。

1. 目的要求

本实践主要要求读者通过练习以进一步熟悉和掌握立面图的绘制方法。通过本实践，可以帮助读者学会完成整个董事长室立面图的整个绘制过程。

2. 操作提示

（1）绘图前准备。

（2）绘制立面图。

Note

（3）标注尺寸和文字。

绘制结果如图 7-121 所示。

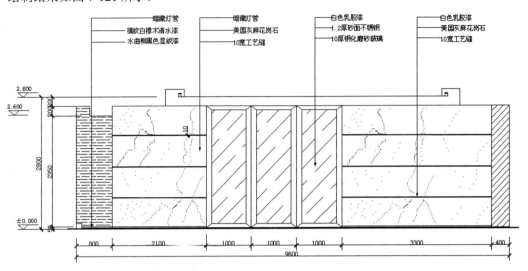

图 7-121　董事长室立面图

第 **8** 章

餐厅室内装潢设计

　　本章将详细讲解餐厅的室内装潢设计思路及其相关装饰图的绘制方法与技巧，包括餐厅各个建筑空间平面图中的墙体、门窗、文字尺寸等图形绘制和标注；餐厅建筑装修平面图中的前厅、餐厅、包间等的装修设计和餐桌布局方法；厨房操作间、储藏间等装修布局方法；冷库、点心加工等餐厅房间装修设计要点；餐厅大小包间的地面和天花平面造型设计方法及其他功能房间的吊顶与地面设计方法等。

- ☑ 餐厅装修前建筑平面图的绘制
- ☑ 餐厅地面和天花平面装饰图的绘制
- ☑ 餐厅装饰图的绘制

任务驱动&项目案例

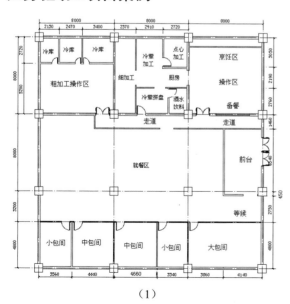

（1）

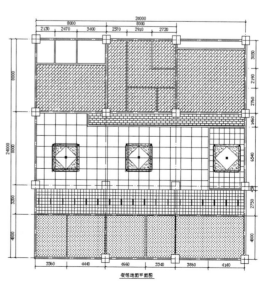

（2）

Note

视频讲解

8.1 餐厅装修前建筑平面图的绘制

餐厅内部设计首先由其面积决定。由于现代都市人口密集，寸土寸金，因此必须对空间做有效的利用。从生意上着眼，第一件应考虑的事就是每一位顾客可以利用的空间。餐厅的总体布局是通过交通空间、使用空间、工作空间等要素的完美组织所共同创造的一个整体。作为一个整体，餐厅的空间设计首先必须合乎接待顾客和使顾客方便用餐这一基本要求，同时还要追求更高的审美和艺术价值。从原则上说，餐厅的总体平面布局是不可能有一种"放诸四海而皆准"的标准的，但是确实也有不少规律可循，并能根据这些规律，创造相当不错的平面布局效果。与住宅建筑平面图绘制的方法类似，餐厅建筑平面图同样是先建立各个功能房间的开间和进深轴线，然后按轴线位置绘制建筑柱子、各个功能房间墙体及相应的门窗洞口的平面造型，最后绘制冷库等空间的平面图形，同时标注相应的尺寸和文字说明。

8.1.1 概述

餐厅的厅内场地太挤或太宽均不好，应以顾客来餐厅的数量来决定其面积大小。秩序是餐厅平面设计的一个重要因素。由于餐厅空间有限，所以许多建材与设备均应做经济有序的组合，以显示出形式之美。所谓形式美，就是整体与部分的和谐。简单的平面配置富于统一的理念，但容易因单调而失败；复杂的平面配置富于变化的趣味，但容易松散。配置得当时，添一份则多，减一份则少，移去一部分则有失去和谐之感。因此，设计时还是要运用适度的规律把握秩序的精华，这样才能求取完整而又灵活的平面效果。在设计餐厅空间时，由于各用途所需空间大小各异，其组合运用亦各不相同，必须考虑各种空间的适度性及各空间组织的合理性。在运用时要注意各空间面积的特殊性，并考察顾客与工作人员流动路线的简捷性，同时也要注意消防等安全性的安排，以求得各空间面积与建筑物的合理组合，高效率利用空间。

下面介绍餐厅装修前建筑平面设计的绘图方法与技巧及其相关知识，如图 8-1 所示。

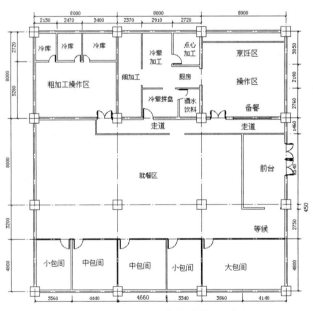

图 8-1　绘制餐厅装修前建筑平面图

8.1.2 餐厅建筑墙体的绘制

本小节绘制餐厅的各个空间平面的建筑墙体和柱子轮廓。

（1）单击"默认"选项卡"绘图"面板中的"直线"按钮 ╱，绘制一条水平直线和一条垂直直线，作为餐厅建筑的平面轴线，如图 8-2 所示。

  📖 **说明**：餐厅建筑的平面轴线的长度要略大于餐厅建筑水平和垂直方向的总长度尺寸。

（2）将轴线线型改变为点画线线型，如图 8-3 所示。先单击所绘的直线，然后在"特性"选项板的"线型"下拉列表框中选择点画线，所选择的直线将改变线型，得到建筑平面图的轴线点画线。若还未加载此种线型，则选择"其他"选项先加载此种点画线线型。

图 8-2　创建餐厅建筑轴线　　　　　　　图 8-3　改变轴线线型

（3）单击"默认"选项卡"修改"面板中的"偏移"按钮 ⊂，按照餐厅柱网尺寸大小（即进深与开间），通过偏移生成平面轴网，如图 8-4 所示。

（4）单击"默认"选项卡"绘图"面板中的"多边形"按钮 ⬠，创建餐厅正方形柱子外轮廓，如图 8-5 所示。

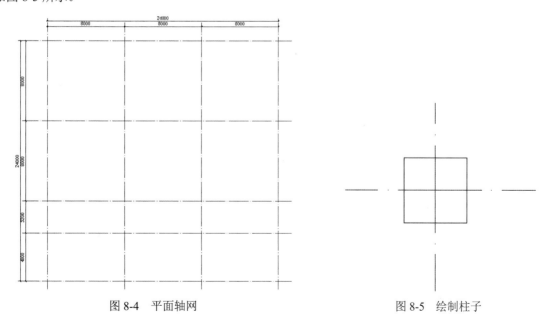

图 8-4　平面轴网　　　　　　　　　　　图 8-5　绘制柱子

（5）单击"默认"选项卡"修改"面板中的"复制"按钮 ℅，将柱子复制到其他位置处，结果如图 8-6 所示。

（6）选择菜单栏中的"绘图"→"多线"命令，设置多线比例为 240，再绘制餐厅平面建筑墙体，如图 8-7 所示。

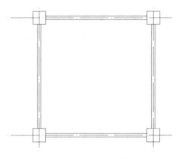

图 8-6　布置柱子　　　　　　　　　　　　图 8-7　绘制建筑墙体

（7）继续绘制其他房间的墙体轮廓线，如图 8-8 所示。

（8）选择菜单栏中的"绘图"→"多线"命令，设置多线比例为 120，绘制餐厅内部房间的隔墙薄墙体，如图 8-9 所示。

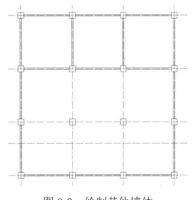

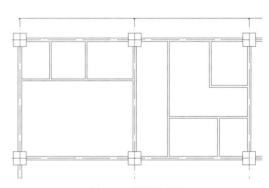

图 8-8　绘制其他墙体　　　　　　　　　　图 8-9　绘制薄墙体

（9）单击"默认"选项卡"注释"面板中的"线性"按钮，标注尺寸，如图 8-10 所示。

（10）单击"默认"选项卡"注释"面板中的"多行文字"按钮 A，对房间进行功能安排，并标注说明文字，如图 8-11 所示。

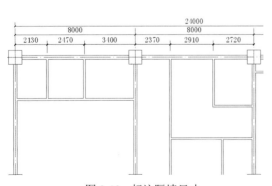

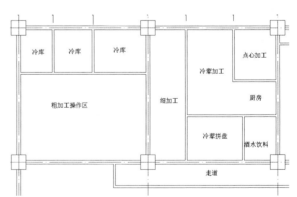

图 8-10　标注隔墙尺寸　　　　　　　　　　图 8-11　房间功能安排

（11）完成餐厅建筑墙体平面绘制，保存图形，如图 8-12 所示。

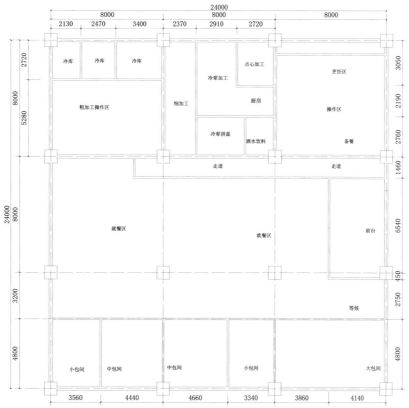

图 8-12　墙体绘制完成

8.1.3　餐厅室内门窗的绘制

在绘制好的餐厅各个墙体上，绘制相应房间的门窗造型。

（1）单击"默认"选项卡"绘图"面板中的"直线"按钮 ／和"修改"面板中的"偏移"按钮 ⊂，在前台入口绘制大门造型的门洞边线，如图 8-13 所示。

（2）单击"默认"选项卡"修改"面板中的"修剪"按钮 ↖，通过对线条进行修剪得到入口门洞造型，如图 8-14 所示。

（3）单击"默认"选项卡"绘图"面板中的"矩形"按钮 ▭ 和"直线"按钮 ／，创建入口处其中一扇门扇造型，如图 8-15 所示。

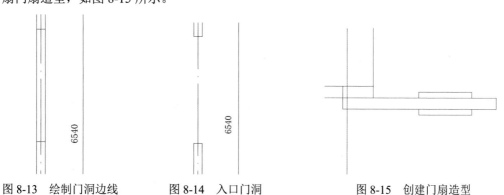

图 8-13　绘制门洞边线　　　图 8-14　入口门洞　　　图 8-15　创建门扇造型

视频讲解

Note

（4）单击"默认"选项卡"绘图"面板中的"圆弧"按钮 $\frown$ ，绘制门扇弧线造型，如图8-16所示。

（5）单击"默认"选项卡"修改"面板中的"镜像"按钮 $\triangle$ ，镜像步骤（4）中创建的门扇造型，得到双扇门扇造型，如图8-17所示。

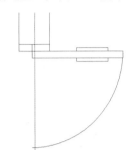

图8-16　绘制门扇弧线造型

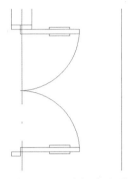

图8-17　双扇门扇造型

（6）单击"默认"选项卡"修改"面板中的"复制"按钮 $\%$ ，复制步骤（5）中创建的双扇门造型，得到两扇双扇门造型，如图8-18所示。

（7）其他单扇门造型和门洞造型用同样的绘制方法得到，如图8-19所示。

图8-18　复制门扇造型

图8-19　创建其他门扇造型

（8）至此，绘制完成了餐厅空间平面中的所有门扇和门洞，其建筑平面的创建也基本完成，如图8-1所示。

8.2　餐厅装饰图的绘制

餐厅装修的要点如下。

（1）色彩的搭配。餐厅的色彩搭配一般是从空间感的角度来考虑的。色彩的使用上，宜采用暖色系，因为从色彩心理学来讲，暖色有利于促进食欲。

（2）装修的风格。餐厅的风格在一定程度上是由餐具和餐桌等决定的，所以在装修前期，就应对餐桌、餐椅的风格定夺好。其中最容易冲突的是色彩、天花造型和墙面装饰品。

（3）家具选择。餐桌的选择需要注意与空间大小配合，小空间配大餐桌或者大空间配小餐桌都是不合适的。餐桌与餐椅一般是配套的，也可分开选购，但需要注意人体工程学方面的问题，如椅面到桌面的高度差以30cm左右为宜，过高或过低都会影响正常姿势；椅子的靠背应感觉舒适等。餐桌布宜以布料为主，目前市场上也有多种选择。使用塑料餐布的，在放置热物时应放置必要的厚垫，特别是玻璃桌，否则可能引起受热开裂。

8.2.1 概述

餐厅的装修包括方方面面，因为餐厅服务的对象包括社会各阶层人士，一般以广大工薪阶层为主，所以餐厅的装修从表至里，既要有文化品位，能突出自身经营的主题，又要大众化。有些经营者在装修餐厅前，总想将店铺设计得更豪华、更现代，使其能在激烈的竞争中受到消费者的欢迎，结果往往事与愿违，不根据自己餐厅的具体情况因时因地地灵活掌握装修的内容和档次，过分强调豪华，而忽视文化品位和大众化的构思，是不会收到好的效果的。餐厅装修各有特色，其一个共同点就是装修大众化，雅俗共赏。除了菜品丰富、菜量较大、经济实惠、上菜迅速等特点外，餐厅的装修风格也应朴实大方，能为百姓所乐于接受。

下面介绍餐厅装饰平面设计的绘图方法与技巧及其相关知识，如图 8-20 所示。

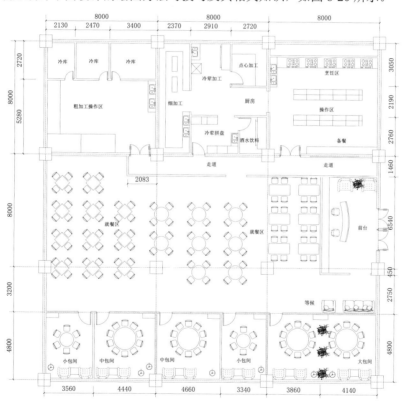

图 8-20　绘制餐厅装饰图

8.2.2 餐厅入口门厅平面装饰设计

下面先布置餐厅入口门厅平面。

（1）单击"默认"选项卡"绘图"面板中的"直线"按钮，在餐厅入口门厅空间平面后绘制一个展示柜轮廓，如图 8-21 所示。

（2）单击"默认"选项卡"块"面板"插入"按钮下拉菜单中的"最近使用的块"选项和"修改"面板中的"复制"按钮，插入服务台和椅子造型，如图 8-22 所示。

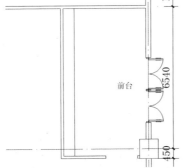

图 8-21   绘制展示柜轮廓

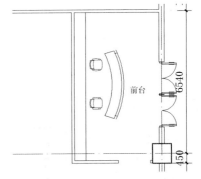

图 8-22   插入服务台和椅子

（3）单击"默认"选项卡"块"面板"插入"按钮下拉菜单中的"最近使用的块"选项，在另一端布置沙发和花草，如图 8-23 所示。

（4）入口门厅设计布置完成，如图 8-24 所示。

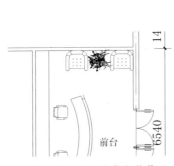

图 8-23   布置沙发和花草

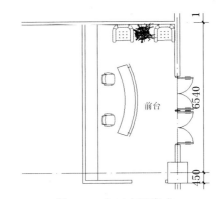

图 8-24   入口布置完成

8.2.3   包间和就餐区等房间平面装饰设计

视频讲解

餐厅一般有多间大小不同的包间，还有开放的公共就餐区等各种功能的房间和空间平面。

（1）单击"默认"选项卡"块"面板"插入"按钮下拉菜单中的"最近使用的块"选项，在入口门厅进入的通道休息区布置沙发造型，如图 8-25 所示。

（2）单击"默认"选项卡"块"面板"插入"按钮下拉菜单中的"最近使用的块"选项和"修改"面板中的"复制"按钮，在大包间布置两个大餐桌造型，如图 8-26 所示。

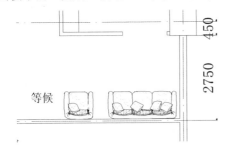

图 8-25   布置休息区沙发

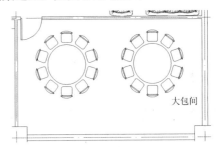

图 8-26   布置大餐桌

（3）单击"默认"选项卡"块"面板"插入"按钮下拉菜单中的"最近使用的块"选项和"修

改"面板中的"复制"按钮🍴，同时布置大包间沙发，如图 8-27 所示。

（4）单击"默认"选项卡"绘图"面板中的"矩形"按钮🗀，绘制一个小餐具桌，如图 8-28 所示。

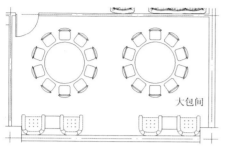

图 8-27　布置沙发

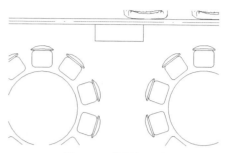

图 8-28　绘制餐具桌

（5）单击"默认"选项卡"绘图"面板中的"圆"按钮⊙和"修改"面板中的"偏移"按钮⋐，绘制包间衣帽架造型，如图 8-29 所示。

（6）单击"默认"选项卡"绘图"面板中的"直线"按钮╱，绘制衣帽架支架造型，如图 8-30 所示。

图 8-29　绘制衣帽架

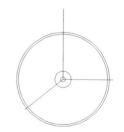

图 8-30　绘制衣帽架支架

（7）单击"默认"选项卡"修改"面板中的"复制"按钮🍴，复制衣帽架造型，如图 8-31 所示。

（8）单击"默认"选项卡"块"面板"插入"按钮🔧下拉菜单中的"最近使用的块"选项和"修改"面板中的"复制"按钮🍴，在中间位置布置花草作为空间软分割，完成大包间装饰平面设计，如图 8-32 所示。

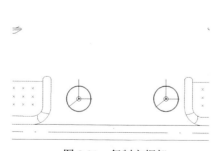

图 8-31　复制衣帽架

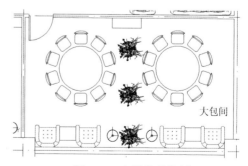

图 8-32　布置花草分割

（9）按大包间的平面设计方法，对中型和小型包间进行布置，如图 8-33 所示。

（10）单击"默认"选项卡"块"面板"插入"按钮🔧下拉菜单中的"最近使用的块"选项，对公共就餐区进行餐桌布置，先布置条形餐桌，如图 8-34 所示。

视频讲解

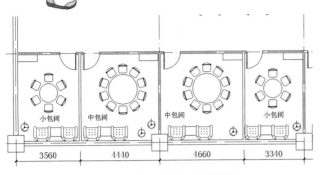

图 8-33　中、小包间平面设计

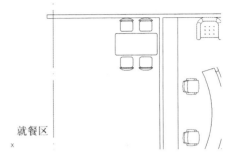

图 8-34　布置条形餐桌

（11）单击"默认"选项卡"修改"面板中的"复制"按钮，根据平面复制布置多个条形餐桌，如图 8-35 所示。

（12）单击"默认"选项卡"块"面板"插入"按钮下拉菜单中的"最近使用的块"选项，在公共就餐区中部位置布置圆形餐桌，如图 8-36 所示。

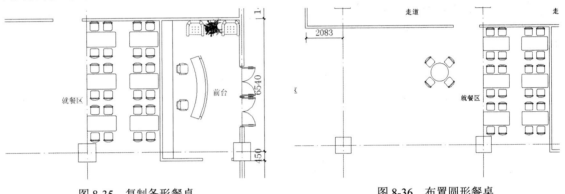

图 8-35　复制条形餐桌　　　　　　　　　　　图 8-36　布置圆形餐桌

（13）单击"默认"选项卡"修改"面板中的"复制"按钮，复制圆形餐桌，如图 8-37 所示。

（14）单击"默认"选项卡"块"面板"插入"按钮下拉菜单中的"最近使用的块"选项，在其他空闲地方布置方形餐桌，如图 8-38 所示。

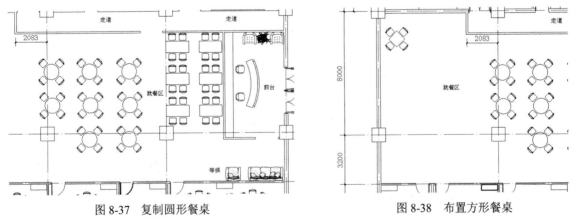

图 8-37　复制圆形餐桌　　　　　　　　　　　图 8-38　布置方形餐桌

（15）单击"默认"选项卡"修改"面板中的"复制"按钮，通过复制方式布置方形餐桌，如图 8-39 所示。

（16）完成公共就餐区平面设计，如图 8-40 所示。

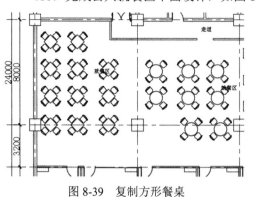

图 8-39　复制方形餐桌

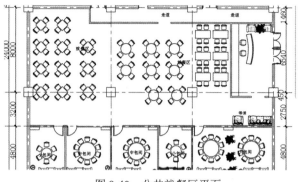

图 8-40　公共就餐区平面

8.2.4　餐厅厨房操作间平面装饰设计

本小节介绍餐厅的厨房操作间平面装饰设计和布局安排。

（1）绘制冷库的空间平面，如图 8-41 所示。

（2）单击"默认"选项卡"绘图"面板中的"多段线"按钮 ，绘制粗加工台轮廓，如图 8-42 所示。

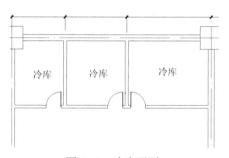

图 8-41　冷库平面

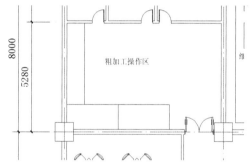

图 8-42　绘制粗加工台轮廓

（3）单击"默认"选项卡"绘图"面板中的"直线"按钮 和"块"面板"插入"按钮 下拉菜单中的"最近使用的块"选项，在其他位置布置洗涤池，如图 8-43 所示。

（4）单击"默认"选项卡"绘图"面板中的"直线"按钮 和"矩形"按钮 ，在细加工区绘制加工台造型，如图 8-44 所示。

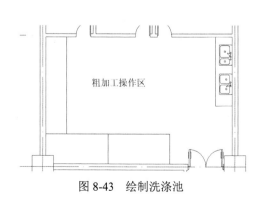

图 8-43　绘制洗涤池

图 8-44　创建细加工台

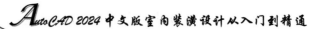

（5）单击"默认"选项卡"块"面板"插入"按钮下拉菜单中的"最近使用的块"选项，为细加工区布置洗涤池，如图 8-45 所示。

（6）单击"默认"选项卡"绘图"面板中的"矩形"按钮、"直线"按钮以及"块"面板"插入"按钮下拉菜单中的"最近使用的块"选项，在冷荤拼盘区域绘制操作台和储存柜造型，并插入相应的洗涤池，如图 8-46 所示。

图 8-45　插入细加工区洗涤池

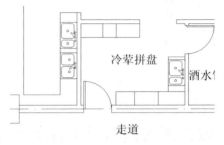

图 8-46　冷荤拼盘区域设计

（7）单击"默认"选项卡"绘图"面板中的"矩形"按钮和"直线"按钮，在酒水饮料间绘制酒水饮料储存柜造型，如图 8-47 所示。

（8）单击"默认"选项卡"绘图"面板中的"多段线"按钮，绘制点心加工间的加工台轮廓造型，如图 8-48 所示。

图 8-47　绘制酒水柜

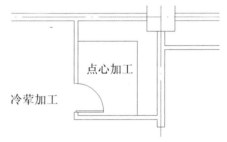

图 8-48　绘制点心加工台

（9）单击"默认"选项卡"绘图"面板中的"直线"按钮，在冷荤加工区绘制操作台和储存柜造型，如图 8-49 所示。

（10）单击"默认"选项卡"块"面板"插入"按钮下拉菜单中的"最近使用的块"选项，插入洗涤池，如图 8-50 所示。

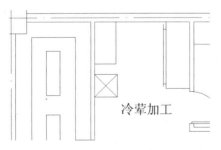

图 8-49　绘制冷荤加工区操作台和储存柜

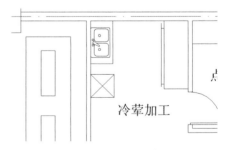

图 8-50　插入洗涤池

（11）单击"默认"选项卡"绘图"面板中的"直线"按钮，在厨房操作间进行设计，如

图 8-51 所示。

（12）单击"默认"选项卡"绘图"面板中的"多段线"按钮 ┘ 和"修改"面板中的"偏移"按钮 ⊂，在中部平面位置绘制厨房操作台，如图 8-52 所示。

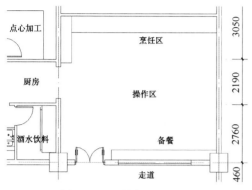

图 8-51　绘制烹饪灶台等

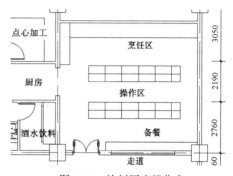

图 8-52　绘制厨房操作台

（13）在相应位置布置厨房洗涤池造型，如图 8-53 所示。

（14）在相应位置布置燃气灶造型，如图 8-54 所示。

图 8-53　布置厨房洗涤池

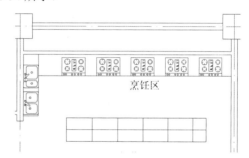

图 8-54　布置燃气灶

（15）完成厨房区域的设计与布置，如图 8-55 所示。

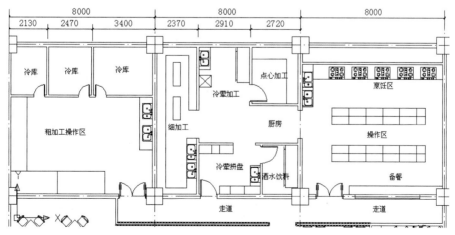

图 8-55　完成厨房区域设计

（16）至此，餐厅的平面装饰设计绘制完成，缩放视图观察，保存图形，如图 8-20 所示。

8.3　餐厅地面和天花平面装饰图的绘制

在餐厅的地面装修中，要注意使用易清洁的材料，如石材、瓷砖等。而在餐厅天花设计中，照明灯具的设计也十分重要。餐厅中安装和设计各种照明灯具，一定要根据餐厅内部装修的具体情况，选择适合本餐厅需要的各种类型的照明设备。餐厅的照明设备种类很多，如筒灯、烛光、太阳灯、吸顶灯、射灯、节能灯、彩光灯等。其中照明的色彩、亮度以及动感效果，均对就餐环境、就餐气氛以及顾客在用餐中的感觉起着很重要的作用。餐厅室外合理的照明，不但能照亮餐厅的重要标志，而且能使餐厅档次提高，更重要的是能增强顾客对餐厅的注意力，从而吸引更多的顾客，创造更好的经济效益。

8.3.1　概述

现代餐厅越来越注重运用适应时代潮流的装饰设计新理念，突出餐厅经营的主体性和个性，满足客人在快节奏的社会中追求完美舒适的心理需求。因此餐厅装饰设计要体现"完美舒适即是豪华"这一新理念，一改传统的烦琐复杂的设计手法，通过巧妙的几何造型、主体色彩的运用和富有节奏感的"目的性照明"烘托，营造出简洁、明快、亮丽的装饰风格和方便、舒适、快捷的经营主题。让共享大厅空间自然延伸，并与室外绿色景观融为一体。总而言之，餐厅的室内规划布局要合理，着重强调其整体和谐性和独特的装饰风格，突出舒适感和人性化的设计理念。同时，要完善配套隐蔽工程，为餐厅整体经营的经济性、安全性、环保性和舒适性打下良好的基础。

8.3.2　地面装饰设计

本小节介绍餐厅地面装饰图绘制方法与相关技巧，如图 8-56 所示。

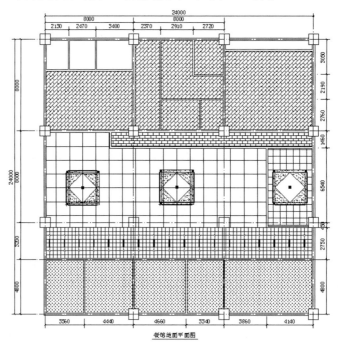

图 8-56　绘制地面装饰图

（1）单击快速访问工具栏中的"打开"按钮，打开"餐厅装修前建筑平面图"，继续单击"默认"选项卡"修改"面板中的"删除"按钮和"合并"按钮 ⇥ 等，对图形进行整理，如图 8-57 所示。

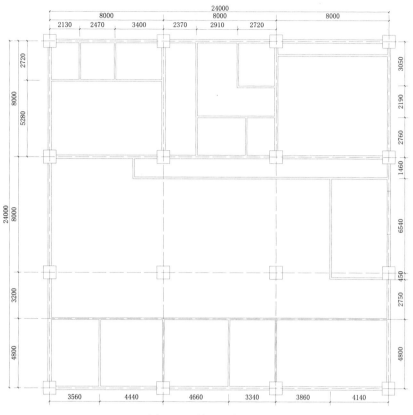

图 8-57　整理后的图形

（2）单击"默认"选项卡"绘图"面板中的"多段线"按钮、"修改"面板中的"偏移"按钮和"修剪"按钮，其中偏移的距离设置为 600，绘制餐厅入口门厅的地面，如图 8-58 所示。

（3）单击"默认"选项卡"绘图"面板中的"直线"按钮和"矩形"按钮，绘制入口地面的拼花图案造型，如图 8-59 所示。

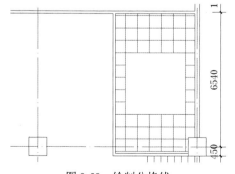

图 8-58　绘制分格线

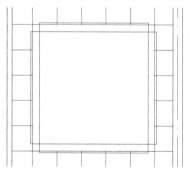

图 8-59　绘制地面拼花

（4）单击"默认"选项卡"绘图"面板中的"多边形"按钮，在图案内侧绘制一个菱形，如

图 8-60 所示。

（5）单击"默认"选项卡"绘图"面板中的"多边形"按钮，在内侧中心位置绘制一个小方框图案，如图 8-61 所示。

（6）单击"默认"选项卡"绘图"面板中的"图案填充"按钮，设置填充图案为 SOLID，对其中某些位置填充图案，如图 8-62 所示。

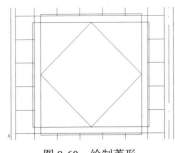
图 8-60　绘制菱形

图 8-61　绘制小方框

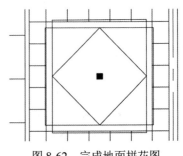
图 8-62　完成地面拼花图

（7）单击"默认"选项卡"修改"面板中的"偏移"按钮，在餐厅公共就餐区的走道创建水平和竖直方向分格线，如图 8-63 所示。

（8）单击"默认"选项卡"绘图"面板中的"多边形"按钮，绘制菱形小方框图形，如图 8-64 所示。

（9）单击"默认"选项卡"绘图"面板中的"矩形"按钮和"修改"面板中的"镜像"按钮，在菱形小方框下绘制窄矩形，并镜像菱形小方框，如图 8-65 所示。

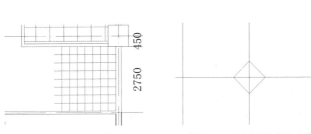
图 8-63　创建分格线　　　　图 8-64　绘制菱形小方框

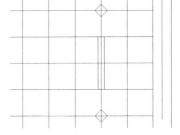
图 8-65　绘制矩形

（10）单击"默认"选项卡"修改"面板中的"复制"按钮和"修剪"按钮，复制造型，并修剪矩形和菱形内的线条，如图 8-66 所示。

（11）单击"默认"选项卡"绘图"面板中的"图案填充"按钮，设置填充图案为 AR-SAND，填充步骤（10）中绘制的矩形，如图 8-67 所示。

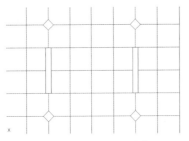
图 8-66　修剪图形线条

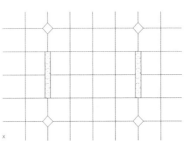
图 8-67　填充材质

（12）采用相同方法继续填充剩余的图形，如图 8-68 所示。

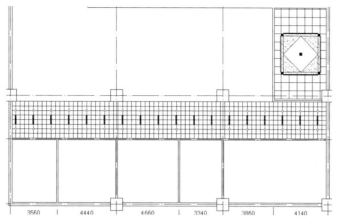

图 8-68 走道地面设计

（13）绘制公共就餐区地面造型。先绘制分格线，再绘制拼花图案（相同的图案可以复制得到），如图 8-69 所示。

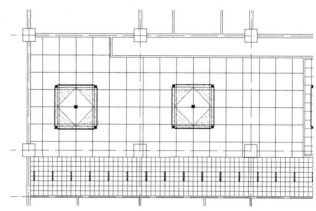

图 8-69 铺设就餐区地面

（14）单击"默认"选项卡"绘图"面板中的"图案填充"按钮，在各个包间内铺设地毯地面，如图 8-70 所示。

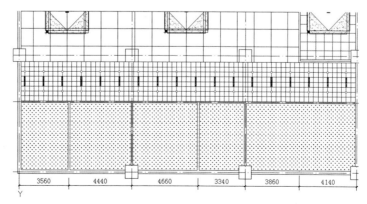

图 8-70 铺设包间地毯

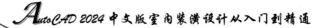
（15）完成地面装修材料的绘制，如图 8-71 所示。最终结果如图 8-56 所示。

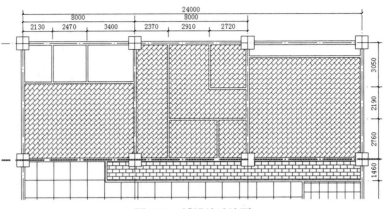

图 8-71　铺设地砖地面

8.3.3　天花平面装饰设计

本小节介绍餐厅天花平面装饰图绘制方法与相关技巧，如图 8-72 所示。

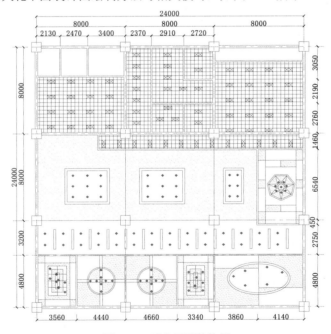

图 8-72　天花平面装饰图

（1）单击"默认"选项卡"绘图"面板中的"多边形"按钮⬠和"修改"面板中的"偏移"按钮⟺，绘制正七边形作为入口门厅吊顶造型，如图 8-73 所示。

（2）单击"默认"选项卡"绘图"面板中的"直线"按钮／，连接正七边形的对角线，如图 8-74所示。

（3）单击"默认"选项卡"绘图"面板中的"直线"按钮／和"修改"面板中的"偏移"按钮⟺，对多边形外圈进行分割造型，如图 8-75 所示。

Note

图 8-73　设计门厅吊顶

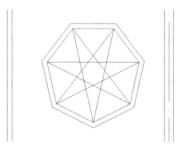

图 8-74　连接对角线

（4）单击"默认"选项卡"绘图"面板中的"图案填充"按钮，设置填充图案为 AR-SAND，对吊顶造型进行部分位置图案填充，如图 8-76 所示。

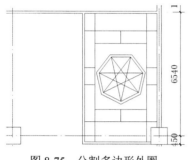

图 8-75　分割多边形外圈

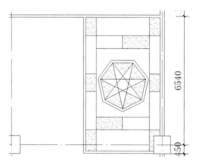

图 8-76　填充部分图案

（5）单击"默认"选项卡"绘图"面板中的"椭圆"按钮和"修改"面板中的"偏移"按钮，绘制大包间吊顶造型，如图 8-77 所示。

图 8-77　绘制大包间吊顶

（6）单击"默认"选项卡"绘图"面板中的"直线"按钮，分割大包间吊顶，如图 8-78 所示。

（7）单击"默认"选项卡"绘图"面板中的"图案填充"按钮，设置填充图案为 AR-SAND，填充大包间吊顶不同部位，如图 8-79 所示。

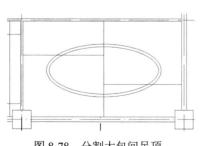

图 8-78　分割大包间吊顶

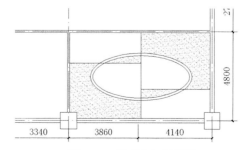

图 8-79　填充大包间吊顶

（8）单击"默认"选项卡"绘图"面板中的"直线"按钮和"修改"面板中的"偏移"按钮，分割小包间吊顶造型，如图 8-80 所示。

（9）单击"默认"选项卡"绘图"面板中的"多段线"按钮 和"修改"面板中的"偏移"按钮 ，进一步分割小包间吊顶内侧造型，如图 8-81 所示。

（10）单击"默认"选项卡"绘图"面板中的"图案填充"按钮 ，设置填充图案为 AR-SAND，填充小包间吊顶不同部位的造型，如图 8-82 所示。

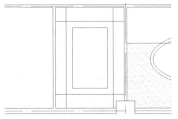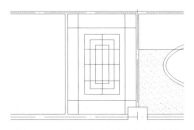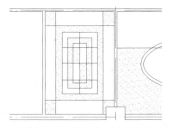

图 8-80　分割小包间吊顶　　　图 8-81　进一步分割小包间吊顶　　　图 8-82　填充小包间吊顶

（11）单击"默认"选项卡"绘图"面板中的"圆"按钮 和"修改"面板中的"偏移"按钮 ，分割中包间的吊顶造型，如图 8-83 所示。

（12）单击"默认"选项卡"绘图"面板中的"矩形"按钮 ，进一步绘制中包间吊顶造型，如图 8-84 所示。

（13）单击"默认"选项卡"绘图"面板中的"矩形"按钮 ，在另外对应位置绘制相同的包间吊顶造型，如图 8-85 所示。

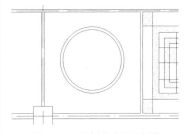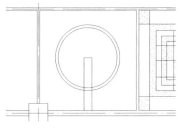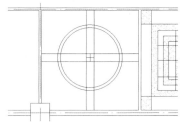

图 8-83　分割中包间吊顶　　　图 8-84　绘制中包间吊顶　　　图 8-85　绘制相同的包间吊顶

（14）单击"默认"选项卡"绘图"面板中的"图案填充"按钮 ，设置填充图案为 AR-SAND，填充中包间吊顶不同部位造型，如图 8-86 所示。

（15）另外两个中小包间吊顶造型按上述方法进行绘制，如图 8-87 所示。

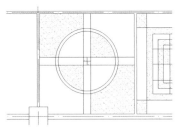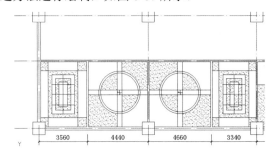

图 8-86　填充中包间吊顶不同部位　　　图 8-87　另外两个中小包间吊顶的设计

（16）单击"默认"选项卡"绘图"面板中的"矩形"按钮 和"修改"面板中的"复制"按钮 ，公共就餐区的走道吊顶造型设计如图 8-88 所示。

（17）单击"默认"选项卡"绘图"面板中的"多段线"按钮 和"修改"面板中的"偏移"按钮 ，绘制公共就餐区的大吊顶造型；单击"默认"选项卡"绘图"面板中的"图案填充"按钮 ，设置填充图案为 AR-SAND，填充公共就餐区的大吊顶，如图 8-89 所示。

图 8-88　就餐区走道吊顶

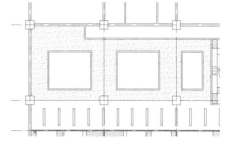

图 8-89　绘制和填充大吊顶

（18）单击"默认"选项卡"绘图"面板中的"图案填充"按钮，设置填充图案为 ANSI37，角度为 45°，对厨房操作区域及其交通走道矿棉板吊顶造型进行填充，如图 8-90 所示。

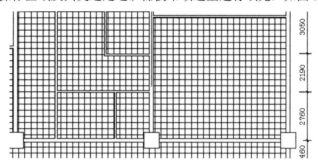

图 8-90　填充厨房操作区域及其交通走道矿棉板吊顶

（19）单击"默认"选项卡"块"面板"插入"按钮下拉菜单中的"最近使用的块"选项和"修改"面板中的"复制"按钮，布置吊顶灯造型，如图 8-91 所示。

（20）单击"默认"选项卡"块"面板"插入"按钮下拉菜单中的"最近使用的块"选项和"修改"面板中的"复制"按钮，布置其他矿棉板吊顶照明灯，如图 8-92 所示。

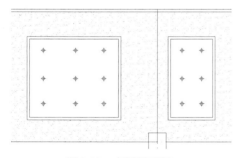

图 8-91　布置吊顶灯

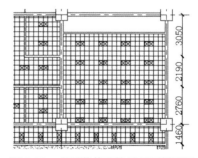

图 8-92　布置其他矿棉板吊顶照明灯

（21）完成餐厅吊顶图绘制。根据做法使用折线引出，标注相应的说明文字，在此从略。

8.4　操作与实践

通过前面的学习，读者对本章讲解的知识应该有了大体的了解，本节通过 5 个操作实践使读者进一步掌握本章知识要点。

8.4.1 绘制咖啡吧平面图

1．目的要求

本实践主要要求读者通过练习以进一步熟悉和掌握平面图的绘制方法。通过本实践，可以帮助读者完成平面图的整个绘制过程。

2．操作提示

（1）绘图前准备。

（2）绘制定位辅助线。

（3）绘制柱子。

（4）绘制墙线、门窗、洞口。

（5）绘制楼梯及台阶。

（6）绘制装饰凹槽。

（7）标注尺寸。

（8）标注文字。

绘制结果如图 8-93 所示。

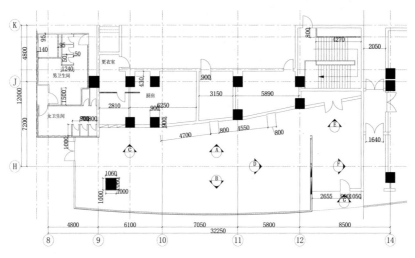

图 8-93　咖啡吧平面图

8.4.2 咖啡吧顶棚图

1．目的要求

本实践主要要求读者通过练习以进一步熟悉和掌握顶棚图的绘制方法。通过本实践，可以帮助读者完成咖啡吧顶棚图的整个绘制过程。

2．操作提示

（1）修改咖啡吧平面图。

（2）绘制顶棚造型。

（3）布置灯具。

（4）标注文字。

绘制结果如图 8-94 所示。

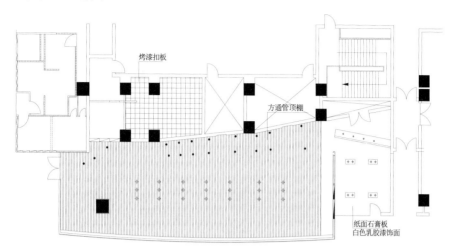

图 8-94　咖啡吧顶棚图

8.4.3　绘制咖啡吧装饰平面图

1. 目的要求

本实践主要要求读者通过练习以进一步熟悉和掌握装饰平面图的绘制方法。通过本实践，可以帮助读者完成装饰平面图的整个绘制过程。

2. 操作提示

（1）绘图前准备。

（2）绘制所需图块。

（3）布置图形。

绘制结果如图 8-95 所示。

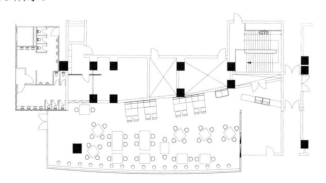

图 8-95　咖啡吧装饰平面图

8.4.4　绘制咖啡吧立面图

1. 目的要求

本实践主要要求读者通过练习以进一步熟悉和掌握立面图的绘制方法。通过本实践，可以帮助读者完成立面图的整个绘制过程。

2. 操作提示

（1）绘图前准备。

（2）绘制立面图。

（3）标注尺寸。

（4）标注文字。

绘制结果如图 8-96 所示。

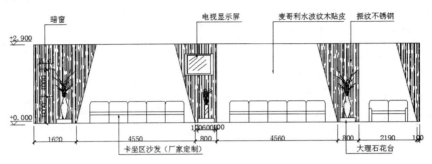

图 8-96　咖啡吧立面图

8.4.5　绘制咖啡吧玻璃台面节点详图

1. 目的要求

本实践主要要求读者通过练习以进一步熟悉和掌握节点详图的绘制方法。通过本实践，可以帮助读者完成节点详图的整个绘制过程。

2. 操作提示

（1）绘制定位辅助线。

（2）绘制折线。

（3）绘制详图。

（4）标注尺寸。

（5）标注文字。

绘制结果如图 8-97 所示。

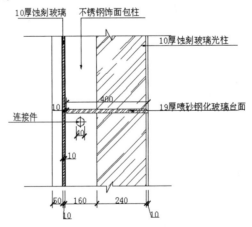

图 8-97　咖啡吧玻璃台面节点详图

卡拉 OK 歌舞厅室内设计图

本章在软件方面，除了进一步介绍各种绘图、编辑命令的使用，还结合实例介绍设计中心、工具选项板、图纸集管理器的应用；在设计图方面，除了照常介绍平面图、立面图、顶棚图以外，还重点介绍各种详图的绘制。本章的知识点既是对前面各章节知识的一个深化，又是对各章节内容的一个收拢和总结。

- ☑ 卡拉 OK 歌舞厅室内设计要点及实例简介
- ☑ 歌舞厅室内平面图的绘制
- ☑ 歌舞厅室内立面图的绘制
- ☑ 歌舞厅室内顶棚图的绘制

任务驱动&项目案例

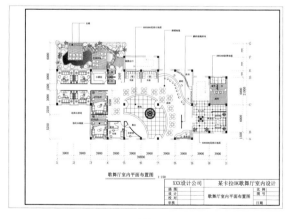

（1）

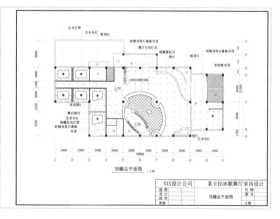

（2）

9.1 卡拉 OK 歌舞厅室内设计要点及实例简介

本节首先简单介绍卡拉 OK 歌舞厅室内设计的基本知识和设计要点，然后简要介绍本章采用的实例概况，为下面的讲解做准备。

9.1.1 卡拉 OK 歌舞厅室内设计要点概述

卡拉 OK 歌舞厅是当今社会常见的一种公共娱乐场所，集歌舞、酒吧、茶室、咖啡厅等功能于一体。卡拉 OK 歌舞厅的室内活动空间可以分为入口区、歌舞区及服务区三大部分，一般功能分区如图 9-1 所示。入口区往往设服务台、出纳结账和衣帽寄存等空间，有的歌舞厅设有门厅，并在门厅处布置休息区。歌舞区是卡拉 OK 厅中主要的活动场所，其中包括舞池、舞台、座席区、酒吧等部分，这几个部分相互临近、布置灵活，体现热情洋溢、生动活泼的气氛。较高级的歌舞厅还专门设置卡拉 OK 包房，是演唱卡拉 OK 较私密性的空间。卡拉 OK 包房内常设沙发、茶几、卡拉 OK 设备，较大的包房还设置有一个小舞池，供客人兴趣所致时翩翩起舞。在歌舞区，宾客可以进行唱歌、跳舞、听音乐、观赏表演、喝茶饮酒、喝咖啡、交友谈天等活动。服务区一般设置音控室、化妆室、餐饮供应、卫生间、办公室等空间。音控室、化妆室一般要临近舞台。餐饮供应区需要根据歌舞厅的大小及功能定位来确定，有的歌舞厅根据餐饮的需要设置专门的厨房。至于卫生间，应该男女分开，蹲位足够，临近歌舞区。办公室的设置可以根据具体情况和业主的需要来确定。卡拉 OK 歌舞厅常常处于人流较大的商业建筑区，不少歌舞厅是利用既由建筑的局部空间改造而成，而业主往往要求充分利用室内空间，这时，室内设计师就要合理地处理好各功能空间的组合布局。

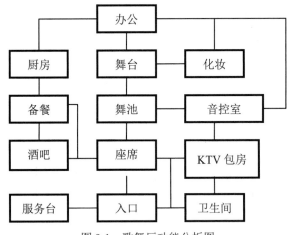

图 9-1　歌舞厅功能分析图

在营造歌舞厅室内环境时，光环境、声环境的运用发挥着重要的作用。在歌舞区，舞台处的灯光应具有较高的照度，稍微降低各种光色的变化；然而在舞池区域，则要降低光的照度，增加各种光色的变化。常见做法是，采用成套的歌舞厅照明系统来创造流光四溢、扑朔迷离的光照环境。有的舞池地面采用架空的钢化玻璃，玻璃下设置各种反照灯光加倍渲染舞池气氛。在座席区和包房中多采用一般照明和局部照明相结合的方式来完成。总体来说，它们所需的照度都比较低，最好是照度可调的形式，然后在局部用适当光色的点光源来渲染气氛。至于吧台、服务台，应注意适当提高光照度和显色性，以便工作的需要。在这样的大前提下，设计师可以发挥自己的创造力，利用不同的灯具形式和照明方式来营造特定的歌舞厅光照气氛。此外，室内音响设计也是一个重要环节，采用较高品质的音响设备，配合合理的音响布置，有利于形成良好的声音环境。

　　材质的选择非常重要。卡拉 OK 歌舞厅常用的室内装饰材料有木材、石材、玻璃、织物皮革、玻璃、墙纸、地毯等。木材使用广泛，可用于地面、墙面、顶棚、家具陈设，不同木材形式可以用在不同的地方；石材主要为花岗石和大理石，多用于舞池地面、入口地面、墙面等；玻璃的使用也比较广泛，可用于地面、隔断、家具陈设等，各式玻璃配合光照形成特殊的艺术效果；织物和皮革具有装饰、吸声、隔声的作用，多用于舞厅、包房的墙面；墙纸多用于舞厅、包房的墙面；地毯多用于座席区地面、公共走道、包房的地面，具有装饰、吸声、隔声、保暖等作用。

9.1.2　实例简介

　　该实例是一个目前国内比较典型的歌舞厅室内设计。该歌舞厅楼层处于某市商业区的一座钢筋混凝土框架楼房的顶层。该楼层原为餐馆，业主现打算将它改为卡拉 OK 歌舞厅，室内设歌舞区、酒吧、KTV 包房等活动场所，并利用与该楼相齐平的局部屋顶设计一个屋顶花园，考虑在花园内设少量茶座。与屋顶花园临近的室内部分原为餐馆的厨房。建筑平面图如图 9-2 所示。

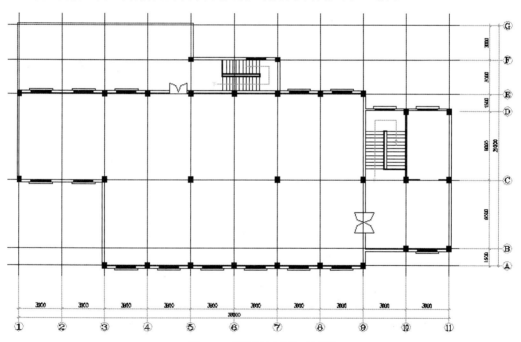

图 9-2　某歌舞厅建筑平面图

9.2　歌舞厅室内平面图的绘制

　　针对该实例的具体情况，本节首先给出室内功能区及交通流线分析图，然后讲解主要功能区的平面图形的绘制，分别是入口区、酒吧、歌舞区、KTV 包房区、屋顶花园等几个部分，最后简单介绍尺寸、文字标注、插入图框的要点，如图 9-3 所示。

Note

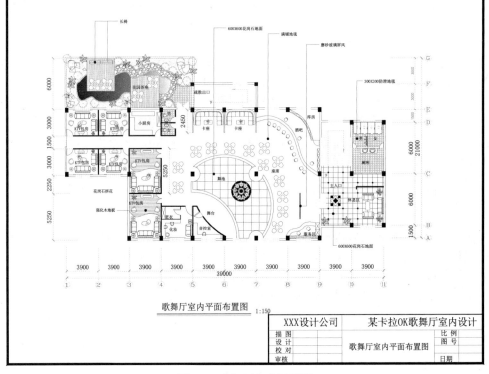

歌舞厅室内平面布置图　1:150

XXX设计公司	某卡拉OK歌舞厅室内设计	
描图		比 例
设 计	歌舞厅室内平面布置图	图 号
校 对		
审核		日 期

图 9-3　歌舞厅室内平面图

视频讲解

9.2.1　平面功能及流线分析

如前所述，该歌舞厅场地原为餐馆，现改为歌舞厅，因而其内部的所有隔墙及装饰层需要全部清除掉。为了把握歌舞厅室内各区域分布情况，以便讲解图形的绘制，现给出该楼层平面功能及流线分析图，如图 9-4 所示。

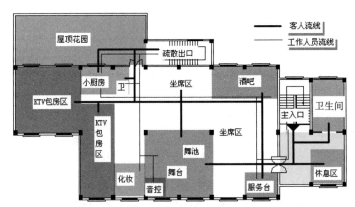

图 9-4　功能及流线分析图

9.2.2　绘图前的准备

该建筑平面比较规整，绘制的难度不大，为了节约篇幅，在此不叙述绘制过程。在本书的资源包内已经给出了如图 9-2 所示的平面图，读者可以打开它并直接使用，感兴趣的读者也可遵照该图练习绘制。

　　打开"源文件\第 9 章\建筑平面.dwg"文件，将其另存于刚才的文件夹内，取名为"歌舞厅室内设计.dwg"，结果如图 9-5 所示。

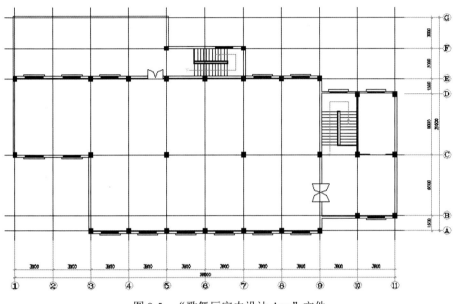

图 9-5　"歌舞厅室内设计.dwg"文件

　　在图 9.5 所示的图样中，接着绘制室内部分的平面图形。读者可以看到该文件中包含了现有图形所需的图层、图块及文字、尺寸、标注等样式。在下面的绘制中，若需要增加新的图层可以应用图层特性管理器来补充。

9.2.3　入口区的绘制

　　在图 9-4 中可以看到，入口区包括楼梯口处的门厅、休息区布置、服务台布置等内容。首先绘制隔墙、隔断，然后布置家具陈设，最后绘制地面材料图案。

1．隔墙、隔断

　　（1）绘制卫生间入口处的隔墙。

　　❶ 首先将门厅区放大显示，如图 9-6 所示，然后单击"默认"选项卡"修改"面板中的"偏移"按钮 ⊆，由 C 轴线向下偏移复制出一条轴线，偏移距离为 1500，结果如图 9-7 所示。

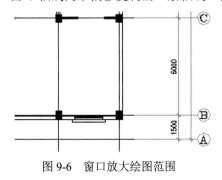

图 9-6　窗口放大绘图范围　　　　　　图 9-7　偏移轴线

Note

❷ 选择菜单栏中的"绘图"→"多线"命令，将多线的对正方式设为"无"，比例设为100，沿新增轴线由右向左绘制多线，绘制结果及尺寸如图9-8所示。命令行提示如下。

```
命令：MLINE✓
当前设置：对正=无，比例=100.00，样式=MLSTYLE01
指定起点或 [对正(J)/比例(S)/样式(ST)]：
指定下一点：@-3000,0✓
指定下一点或 [放弃(U)]：@0,-400✓
指定下一点或 [闭合(C)/放弃(U)]：✓
```

（2）绘制入口屏风。

❶ 单击"默认"选项卡"修改"面板中的"偏移"按钮，由轴线⑧和前面新增的轴线分别向右和向下偏移复制出两条轴线，偏移距离分别为1500、2250，结果如图9-9所示。这两条直线交于A点。

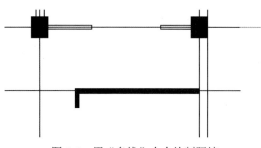

图9-8　用"多线"命令绘制隔墙

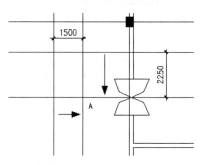

图9-9　偏移复制定位轴线

❷ 选择菜单栏中的"绘图"→"多线"命令，以A点为起点，绘制一条长为3000的多线，然后单击"默认"选项卡"修改"面板中的"移动"按钮，将其向下移动，使其中点与A点重合，结果如图9-10所示，屏风绘制完成。

2. 家具陈设布置

（1）休息区布置。

将"家具"图层设置为当前图层，下面插入家具图块。单击"默认"选项卡"块"面板"插入"按钮下拉菜单中的"最近使用的块"选项，打开"块"选项板，单击"文件导航"按钮，找到歌舞厅图块，将"歌舞厅沙发"插入如图9-11所示的位置处。

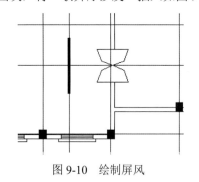

图9-10　绘制屏风

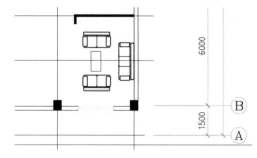

图9-11　将"歌舞厅沙发"插入休息区内

将"植物"图层设置为当前图层。使用相同的方法将歌舞厅绿色植物插入茶几面上，结果如图9-12所示。

（2）服务台布置。

❶ 将"家具"图层设置为当前图层。单击"默认"选项卡"修改"面板中的"偏移"按钮 ⊆，由 A 轴线向上偏移 1800，得到一条新轴线。单击"默认"选项卡"绘图"面板中的"矩形"按钮 □，以图 9-13 中 C 点为起点，绘制一个 500×1550 的矩形作为衣柜的轮廓。重复"矩形"命令，分别以 A 点和 B 点作为起点和终点绘制一个矩形作为陈列柜的轮廓，如图 9-13 所示。

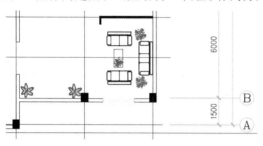

图 9-12　插入绿色植物

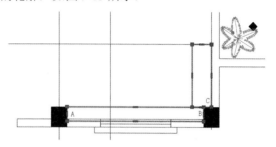

图 9-13　服务台柜子轮廓的绘制示意图

❷ 单击"默认"选项卡"绘图"面板中的"直线"按钮 ／，在矩形内部做适当分隔，并将柜子轮廓的颜色设为蓝色，结果如图 9-14 所示。

❸ 单击"默认"选项卡"绘图"面板中的"样条曲线拟合"按钮 ∿，在柜子的前面绘制出台面的外边线，然后单击"默认"选项卡"修改"面板中的"偏移"按钮 ⊆，向内偏移 400 得到内边线，最后将这两条样条曲线的颜色设为蓝色，如图 9-15 所示。

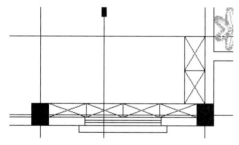

图 9-14　服务台柜子绘制示意图

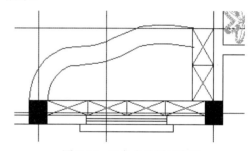

图 9-15　服务台绘制示意图

❹ 采用前面讲述的方法从图库中找到吧台椅子，并将其插入服务台前。单击"默认"选项卡"修改"面板中的"旋转"按钮 ⟳ 和"复制"按钮 ⯎，插入另一把椅子，结果如图 9-16 所示。

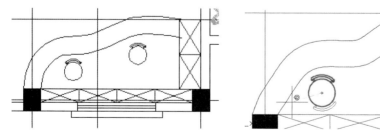

图 9-16　插入椅子并旋转

❺ 至此，服务台区的家具陈设平面图基本绘制结束。

3. 地面图案

入口处的地面采用 600mm×600mm 的花岗岩，门前地面上设计一个铺地拼花。

视频讲解

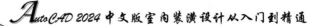

（1）从"设计中心"内拖入"地面材料"图层，或者新建该图层，并将其设置为当前图层。将"植物"图层和"家具"图层关闭，并将"轴线"图层解锁。

（2）绘制网格。单击"默认"选项卡"修改"面板中的"偏移"按钮⊂，由轴线⑨向右偏移1950，得到一条辅助线，沿该辅助线在门厅区域内绘制一条直线；另外，以大门的中点为起点绘制一条水平直线，如图9-17所示。

由这两条直线分别向两侧偏移300，得到4条直线，如图9-18所示，然后分别由这4条直线向四周阵列得出铺地网格，阵列间距为600，结果如图9-19所示。

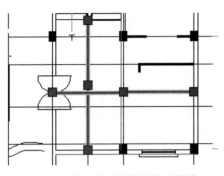

图9-17 绘制地面图案的控制基线

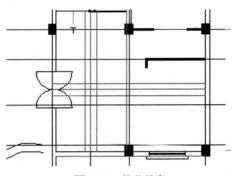

图9-18 偏移线条

（3）绘制地面拼花。在绘图区适当的位置处绘制好拼花图案后，移动到具体位置。首先，按如图9-20所示的尺寸绘制一个正方形线条图案，然后在线框内填充色块。

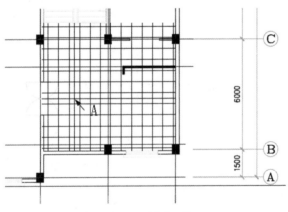

图9-19 铺地网格

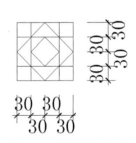

图9-20 拼花图案尺寸

此处，介绍一种填充图案的新方法。先单击工具选项板"图案填充"选项卡中的一个色块，如图9-21所示，然后移动鼠标指针在图案线框内需要填充色块的位置处单击，即可完成一个区域的填充。按Enter键重复执行"图案填充"命令，完成剩余色块的填充，结果如图9-22所示。

最后，将图案移至图9-19中的A点，单击"默认"选项卡"修改"面板中的"缩放"按钮◻，将图形缩放到合适的大小，结果如图9-23所示。

（4）修改地面图案。打开"家具""植物"图层，将那些与家具重合的线条及不需要的线条修剪掉，结果如图9-24所示。

（5）地面图案补充。绘制一个边长为150的正方形，将其旋转45°，并在其中填充与拼花相同的色块。将该正方形布置在地面网格节点上，结果如图9-25所示。

图 9-21　"图案填充"选项卡

图 9-22　填充后的拼花

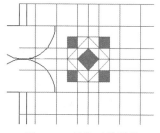

图 9-23　就位后的拼花

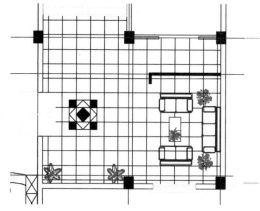

图 9-24　修剪后的地面图案

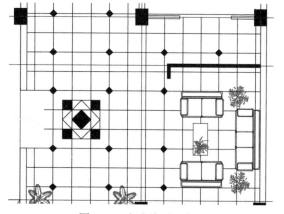

图 9-25　完成地面图案绘制

对于服务台区地面铺地毯，只要采用文字说明，就可以不绘制具体图案了。

9.2.4　酒吧的绘制

酒吧区的绘制内容包括吧台、酒柜、椅子等。将如图 9-26 所示的酒吧区域放大显示，将"家具"图层设置为当前图层，开始绘制。

1. 吧台

（1）绘制吧台外轮廓。单击"默认"选项卡"绘图"面板中的"样条曲线拟合"按钮 ，绘制如图 9-26 所示的一条样条曲线。

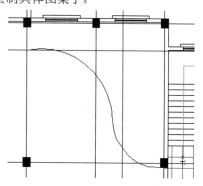

图 9-26　窗口放大绘图范围

视频讲解

233

Note

注意：如果一次绘出的曲线形式不满意，可以用鼠标将其选中，然后用鼠标拖曳节点进行调整，如图 9-27 所示。调整时建议将"对象捕捉"功能关闭。

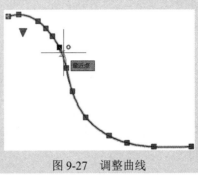

图 9-27　调整曲线

（2）单击"默认"选项卡"修改"面板中的"偏移"按钮，将吧台外轮廓向内偏移 500，完成吧台的绘制，并将吧台轮廓选中，颜色设置为蓝色，结果如图 9-28 所示。

2．酒柜

在吧台内部以吧台的弧线形式设计一个酒柜，酒柜的墙角处做储藏用。此处，直接给出酒柜的形式及尺寸，读者可自己完成，结果如图 9-29 所示。

3．布置椅子

单击"默认"选项卡"块"面板"插入"按钮下拉菜单中的"最近使用的块"选项，在图库中找到吧台椅，将其插入吧台前；单击"默认"选项卡"修改"面板中的"旋转"按钮，旋转定位，结果如图 9-30 所示。

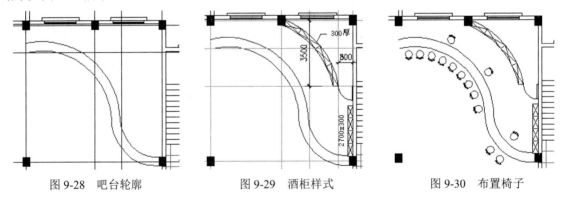

图 9-28　吧台轮廓　　　　　图 9-29　酒柜样式　　　　　图 9-30　布置椅子

地面图案在此不再绘制，只采用文字说明即可。

9.2.5　歌舞区的绘制

歌舞区的绘制内容包括舞池、舞台、隔墙、隔断、座席区隔断、家具陈设布置、地面图案等，在此逐一介绍。

1．舞池、舞台

（1）辅助定位线的绘制。将"轴线"图层设置为当前图层。单击"默认"选项卡"绘图"面板中的"射线"按钮，以图 9-31 中的 A 点为起点、B 点为通过点，绘制一条射线。命令行提示如下。

```
命令：_ray↙
指定起点：（用鼠标捕捉 A 点）
```

指定通过点：（用鼠标捕捉 B 点）
指定通过点：（按 Enter 键或右击确定）

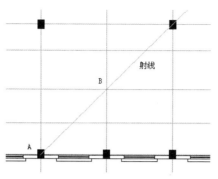

图 9-31　绘制辅助定位线

（2）绘制舞池、舞台。首先，建立一个"舞池舞台"图层，参数设置如图 9-32 所示，并将其设置为当前图层。

✓　舞池舞台　♀　☀　🔓　🖨　■白　Continu… —— 默认　0　🖾

图 9-32　"舞池舞台"图层

（3）单击"默认"选项卡"绘图"面板中的"圆"按钮⊙，依次在图中绘制 3 个圆，如图 9-33 所示，绘制参数如下。

圆 1：以点 B 为圆心，然后捕捉柱角 D 点确定半径。
圆 2：以点 C 为圆心，然后捕捉柱角 E 点确定半径。
圆 3：以点 A 为圆心，然后捕捉柱角 B 点确定半径。

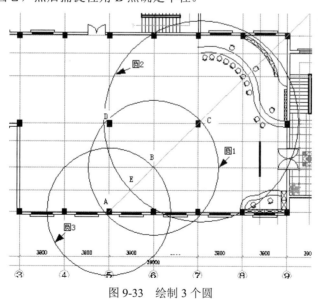

图 9-33　绘制 3 个圆

接着，单击"默认"选项卡"修改"面板中的"修剪"按钮，对刚才绘制的 3 个圆进行修剪，结果如图 9-34 所示。然后利用"偏移"命令将两条大弧向外偏移 300 得到舞池台阶。单击"默认"选项卡"绘图"面板中的"直线"按钮，补充左端缺口，交接处多余线条用"修剪"命令处理，结果如图 9-35 所示。

为了把舞池周边的 3 根柱子排除在舞池之外，在柱周边绘制 3 个半径为 1400 的小圆，如图 9-36 所示。然后使用"修剪"命令将不需要的部分修剪掉，结果如图 9-37 所示。

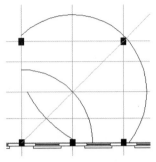

图 9-34　修剪后剩下的圆弧

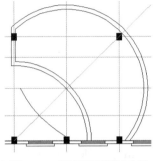

图 9-35　偏移得到舞池台阶

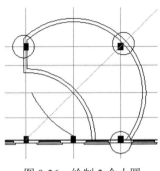

图 9-36　绘制 3 个小圆

2. 歌舞区隔墙、隔断

（1）将"墙体"图层设置为当前图层。将舞台后的圆弧置换到"轴线"图层。

（2）绘制化妆室、音控室隔墙。选择菜单栏中的"绘图"→"多线"命令，首先绘制出化妆室隔墙，如图 9-38 所示。对于弧墙，不便用"多线"命令绘制，因此单击"默认"选项卡"绘图"面板中的"多段线"按钮 ，沿图 9-38 中的 A、B、C、D 点绘制一条多段线，注意，BD 段设置为弧线。由这条线向两侧各偏移 50 得到弧墙，并将初始的多段线删除，结果如图 9-39 所示。

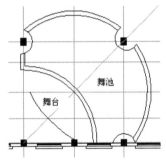

图 9-37　小圆修剪后的结果

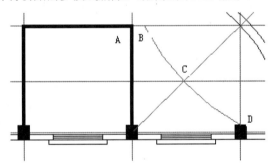

图 9-38　绘制化妆室隔墙

（3）按图 9-40 所示的图形用"多线"命令绘制化妆室内更衣室隔墙，多线比例更改为 50。

（4）参照图 9-41 所示的图形绘制平面门。首先单击"默认"选项卡"修改"面板中的"分解"按钮 ，将多线分解开，其次修剪出门洞，最后绘制一个门图案；也可以单击"默认"选项卡"块"面板"插入"按钮 下拉菜单中的"最近使用的块"选项，插入以前图样中的门图块。注意将门图案置换到"门窗"图层中便于管理。

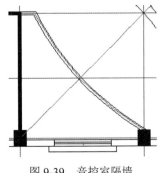

图 9-39　音控室隔墙

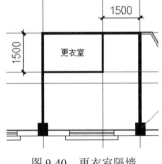

图 9-40　更衣室隔墙

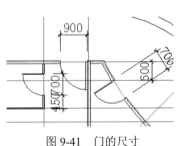

图 9-41　门的尺寸

（5）门的绘制结束后，将墙体涂黑。首先，将"轴线"图层关闭，并把待填充的区域放大显示。然后，单击"默认"选项卡"绘图"面板中的"图案填充"按钮，选择 SOLID 的填充图案，选择弧形的填充区域，对其进行填充，结果如图 9-42 所示。

3. 座席区隔断

在如图 9-43 所示的区域设两组卡座，座席间用隔断划分。

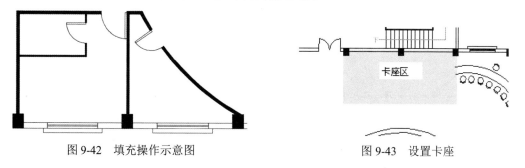

图 9-42 填充操作示意图　　　　　图 9-43 设置卡座

（1）选择菜单栏中的"格式"→"多线样式"命令，建立一个两端封闭、不填充的多线样式。

（2）选择菜单栏中的"绘图"→"多线"命令，绘制如图 9-44 所示的隔断，多线比例设为 100，长为 2400。

4. 家具陈设布置

（1）音控室、化妆室布置。这些家具布置操作比较简单，结果如图 9-45 所示，其操作要点如下。

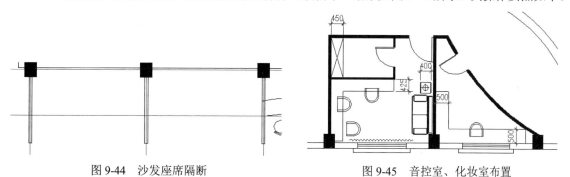

图 9-44 沙发座席隔断　　　　　图 9-45 音控室、化妆室布置

❶ 绘制转折型柜子、操作台时，建议用"多段线"命令绘制轮廓，这样将轮廓形成一个整体，便于更换颜色。

❷ 插入图块的方式有多种，读者可以根据自己的喜好选择，也可以选择自己所需的其他图块。本章中的有关图块放在"源文件\图库"中。

❸ 窗帘的绘制方法是，首先绘制一条直线，然后将其线型设置为 ZIGZAG。

（2）座席区布置。沙发、桌子从工具选项板中插入，结果如图 9-46 所示。

5. 地面图案

此处，主要表示舞池地面图案。舞池地面铺 600×600 的花岗石，中央设计一个圆形拼花图案。

（1）将"地面材料"图层设置为当前图层。将舞池区放大，全部在屏幕上显示出来。

（2）单击"默认"选项卡"绘图"面板中的"图案填充"按钮，设置填充图案为 NET，比例为 180，采用"点拾取"的方式选取填充区域，然后完成填充，结果如图 9-47 所示。

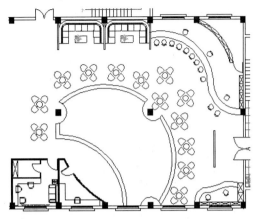

图 9-46 座席区布置

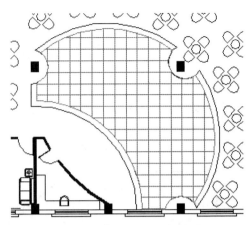

图 9-47 舞池地面图案填充

（3）单击"默认"选项卡"块"面板"插入"按钮下拉菜单中的"最近使用的块"选项，将"地面拼花"图块插入图中合适的位置处，并将被地面拼花覆盖的网格修剪掉。

9.2.6 KTV 包房区的绘制

KTV 包房区包括两部分，即 I 区和 II 区。I 区设 4 个小包房，II 区设两个大包房。I 区中间设置一条 1500 宽的过道（轴线距离）。隔墙均采用 100 厚的金属骨架。KTV 包房内设置沙发、茶几及电视机等卡拉 OK 设备。I 区包房地面满铺地毯，II 区包房内先满铺木地板，然后再局部铺地毯。

1. 隔墙的绘制

绘制 KTV 包房区隔墙（包括厨房及两个小卫生间），然后将厨房外墙删除，绘制一道卷帘门，并在走道尽头的横墙上开一扇窗，如图 9-48 所示。

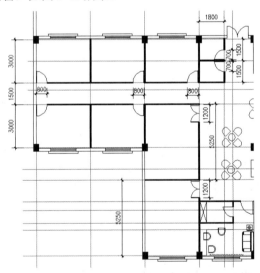

图 9-48 KTV 包房区隔墙

下面介绍如何利用"多段线"命令和"特性"功能来绘制卷帘门线条。

（1）单击"默认"选项卡"绘图"面板中的"多段线"按钮，绘制一条直线。

（2）选中该直线，单击"视图"选项卡"选项板"面板中的"特性"按钮，弹出"特性"选项板。

（3）设置"线型"为虚线、"线型比例"为 400、"全局宽度"为 20。这样，刚才绘制的多段线即变成粗虚线，如图 9-49 所示。

2．家具陈设布置

先布置出一个房间，然后单击"默认"选项卡"修改"面板中的"复制"按钮 和"镜像"按钮 来布置其他房间。

（1）小包房布置。小包房的布置结果如图 9-50 所示，其绘制要点如下。

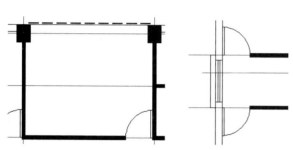

图 9-49　卷帘门及新增窗户

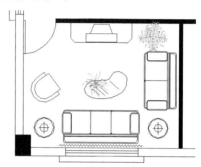

图 9-50　小包房布置

❶ 沙发椅、双人沙发、三人沙发、电视机、植物均由"源文件/图库"插入。

❷ 电视柜矩形边长为 1500×500，倒角为 100。圆形茶几直径为 500。异型玻璃面茶几采用样条曲线绘制。

❸ 窗帘图案的绘制方法与化妆室窗帘的绘制方法相同。

（2）将小包房的布置复制到大包房中并对其进行调整，即完成大包房的布置，结果如图 9-51 所示。

（3）将大、小包房的布置分别复制到其他包房中，结果如图 9-52 所示。在复制时，可以考虑先将"墙体""柱""门窗"等图层锁定，这样，在选取家具陈设时，即使将墙体、柱、门窗的图线选在其中，也不会产生影响。

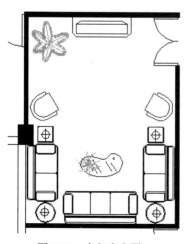

图 9-51　大包房布置

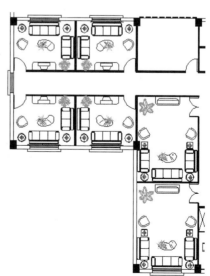

图 9-52　包房家具陈设布置

3. 地面图案

此处，仅绘制大包房地面材料图案。

（1）在包房地面中部绘制一条样条曲线作为木地面与地毯的交接线，如图 9-53 所示。注意，将样条曲线的两端与墙线相交。

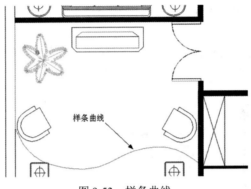

图 9-53　样条曲线

（2）将接近门的一端填充木地面图案。为了便于系统分析填充条件，将如图 9-53 所示的绘图区放大显示。

（3）单击"默认"选项卡"绘图"面板中的"图案填充"按钮，填充参数设置如图 9-54 所示，先采用"拾取点"的方式选中填充区域，然后单击"确定"按钮完成填充，结果如图 9-55 所示。

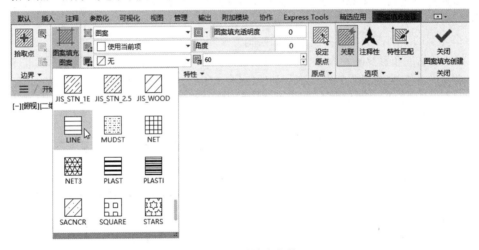

图 9-54　设置填充参数

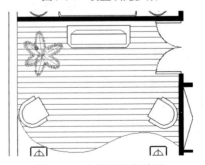

图 9-55　木地面填充效果

（4）将完成的地面图案复制到另一个大包房中。

关于地毯部分，这里只采用文字说明。

9.2.7　屋顶花园的绘制

屋顶花园的绘制内容包括水池、花坛、山石、小径、茶座等，下面介绍如何用 AutoCAD 绘制屋顶花园。

1．水池

水池的绘制思路是先采用"样条曲线"命令绘制水池轮廓，然后在其中填充水的图案。

（1）建立一个"花园"图层，参数设置如图 9-56 所示，并设置其为当前图层。

图 9-56　"花园"图层

（2）单击"默认"选项卡"绘图"面板中的"样条曲线拟合"按钮，绘制一个水池轮廓，然后向外侧偏移 100，如图 9-57 所示。

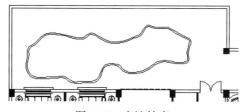

图 9-57　水池轮廓

2．平台、小径、花坛

（1）绘制如图 9-58 所示的两个矩形作为临水平台。

（2）由水池外轮廓偏移出小径，偏移距离分别为 800、100，结果如图 9-59 所示。

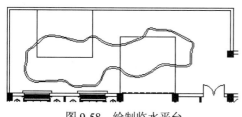

图 9-58　绘制临水平台

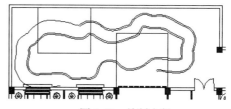

图 9-59　绘制小径

（3）综合利用"修改"命令，将花园调整为如图 9-60 所示的样式。进一步将图线补充、修改，如图 9-61 所示。

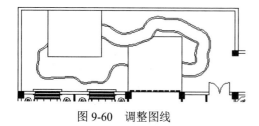

图 9-60　调整图线

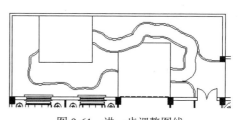

图 9-61　进一步调整图线

3. 家具布置

在平台上布置茶座和长椅。

4. 图案填充

对各部分进行图案填充，结果如图 9-62 所示。

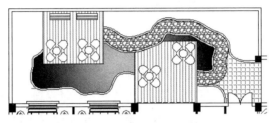

图 9-62　布置茶座和长椅

填充参数如下。

水池：采用渐变填充，颜色为蓝色，参数设置如图 9-63 所示。

平台：参数设置如图 9-64 所示。

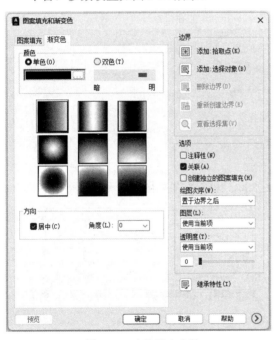

图 9-63　水池填充参数

图 9-64　平台填充参数

小径：参数设置如图 9-65 所示。

门口地面：参数设置如图 9-66 所示。

5. 绿化布置

首先，将"植物"图层设置为当前图层，单击"默认"选项卡"块"面板"插入"按钮下拉菜单中的"最近使用的块"选项，插入各种绿色植物到花坛内；然后，单击"默认"选项卡"绘图"面板中的"直线"按钮或"多段线"按钮，绘制山石图样；最后，单击"默认"选项卡"绘图"面板中的"多点"按钮，在花坛内的空白处绘制一些点，作为草坪。结果如图 9-67 所示。

图 9-65　小径填充参数

图 9-66　门口地面填充参数

Note

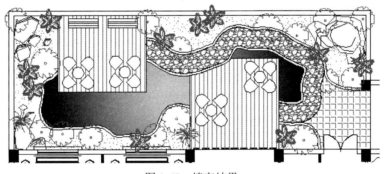

图 9-67　填充结果

至此，屋顶花园部分的图形绘制完毕。该实例中的厨房、厕所部分与前面相似，在此不再赘述。

9.2.8　文字、尺寸及符号的标注

首先对图面比例进行调整，然后设置标注样式，完成相关标注，最后插入图框。由于后面会多次用到"室内平面图.dwg"，所以，这里将之前绘制的"歌舞厅室内设计.dwg"另存为"室内平面图.dwg"，并且暂时将该图另存为"图 1.dwg"，并在"图 1.dwg"中完成以下操作，而室内平面图则保持当前的状态，以便后面参考引用。

1. 图面比例调整

该平面图绘制时以 1∶100 的比例绘制，假如将其放在 A3 图框中，则超出图框，所以先将其比例改为 1∶150 的比例。操作步骤是，将完成的平面图全部选中，单击"默认"选项卡"修改"面板中的"缩放"按钮 □，输入比例因子 0.66667，完成比例调整。

视频讲解

2. 标注

单击"默认"选项卡"注释"面板中的"多行文字"按钮 **A**，在图中标注文字说明。因为酒吧、舞池、包房要设详图来表示，所以本图标注得比较简单，如图 9-68 所示。不足之处以后再补充。

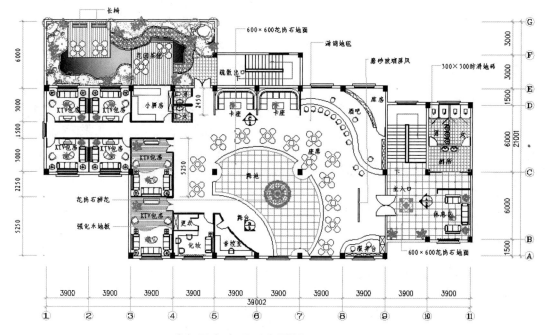

图 9-68　标注后的平面图

3. 插入图框

插入图框的方法有多种，此处，将做好的图框以图块的方式插入模型空间内。具体操作是，单击"默认"选项卡"块"面板"插入"按钮下拉菜单中的"最近使用的块"选项，找到资源包图库中的"A3 横式.dwg"文件，输入插入比例 1，将其插入模型空间内。最后，将图标中的文字做相应的修改，如图 9-69 所示。

XXX设计公司	某卡拉OK歌舞厅室内设计		
描图		比例	
设计	歌舞厅室内平面布置图	图号	
校对			
审核		日期	

图 9-69　图标文字修改

注意： 也可以通过"插入"→"布局"→"创建布局向导"方式来插入图框，请读者自己尝试。

9.3　歌舞厅室内立面图的绘制

本节主要介绍比较有特色的 3 个立面图，即入口立面图、舞台立面图和卡座处墙面图。在每个立面图中，对必要的节点详图展开绘制，首先给出绘制结果，然后说明要点。

9.3.1　入口立面图的绘制

本节介绍入口立面图设计的相关知识及其绘图方法与技巧，如图 9-70 所示。

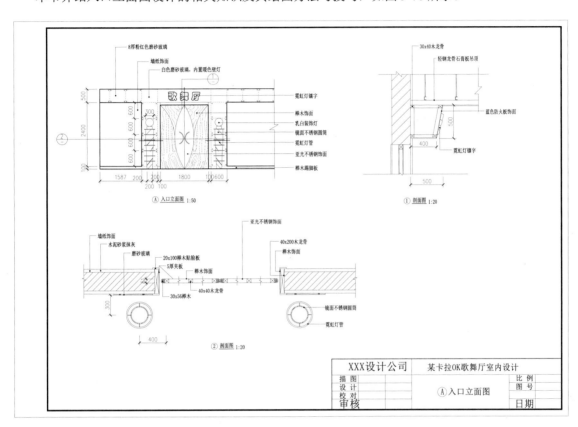

视 频 讲 解

图 9-70　入口立面图

1. 绘图前的准备

绘图之前，可以以资源包中的"A3 图框.dwt"作为样板来新建一个文件，也可以将前面绘制好的"室内平面图.dwg"另存为一张新图，然后建立一个"立面"图层，用来放置主要的立面图线。绘制时比例采用 1∶100，绘好图线后再调整比例。

2. A 立面图

入口处的装修既要体现歌舞厅的特征，又要能吸引宾客，加深宾客的印象，如图 9-71 所示。入口立面图包括大门、墙面装饰、霓虹灯柱、招牌字样及标注内容。绘制操作难度不大，其绘制要点如下。

（1）绘制上下轮廓线，然后确定大门的宽度及高度。

（2）绘制门的细部，木纹用"样条曲线"命令绘制。

（3）绘制 600×600 的磨砂玻璃砖方块，然后在四角绘制小圆圈作为安装钮。

（4）在大门上方输入"歌舞厅"字样。

（5）霓虹灯柱的尺寸如图 9-72 所示，以此尺寸进行绘制。

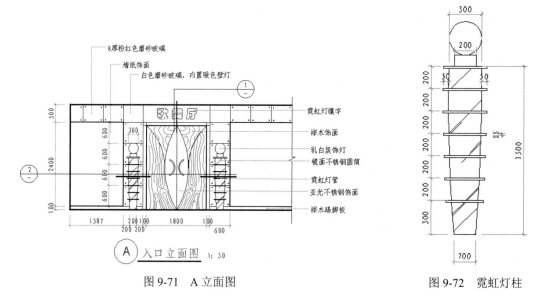

图 9-71　A 立面图　　　　　　　　　　　图 9-72　霓虹灯柱

（6）图线绘制结束后，可以先不标注，下面以立面图尺寸作为参照来绘制详图 1、详图 2。

3. 详图 1、详图 2

为了进一步说明入口构造及其关系，在 A 立面图的基础上绘制两个详图，如图 9-73 和图 9-74 所示。

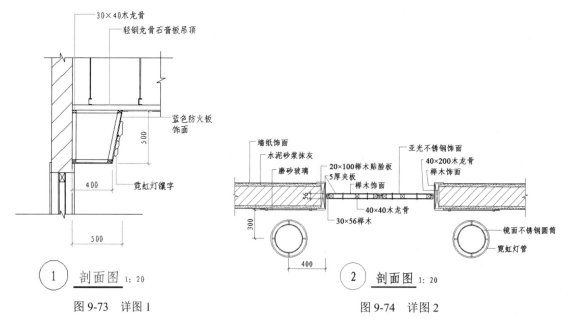

图 9-73　详图 1　　　　　　　　　　　图 9-74　详图 2

要点说明如下。

（1）以立面图作为水平参照（详图 1）和竖直参照（详图 2）绘制详图。

（2）绘制详图时，要细心、仔细，多借助辅助线条来确定尺寸。

（3）图 9-73 和图 9-74 所示的详图比较简单，在实际工程中，需根据具体情况做必要的调整和补充。如果这些详图仍不足以表达设计意图，可以进一步用详图来表达。

4．图面调整、标注及布图

要点说明如下。

（1）由于需要将立面图、详图比例放大，因此首先将这 3 个图之间拉大距离。

（2）立面图的图面比例为 1∶50，所以将图按比例放大两倍；详图的图面比例为 1∶20，所以将它们放大 5 倍。

（3）标注尺寸。在标注样式设置中，对于 1∶50 的图样，将样式中的测量比例因子设置为 0.5；对于 1∶20 的图样，将样式中的测量比例因子设置为 0.2。

（4）标注结束后，插入图框，结果如图 9-75 所示。

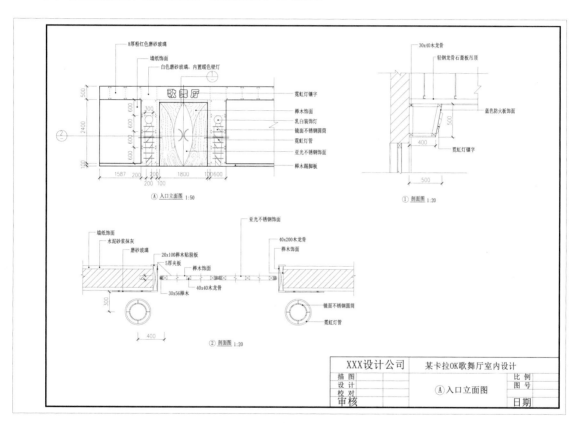

图 9-75　入口立面图效果

9.3.2　舞台立面图和卡座立面图的绘制

本节介绍舞台立面图和卡座立面图（即 B、C 立面图）设计的相关知识及其绘图方法与技巧。绘制的图形如图 9-76 所示。

1．B 立面图

舞台立面图采用了剖立面图的方式绘制，如图 9-77 所示。由于墙面为弧形，加上其构造较为复杂，稍有一点难度。其绘制要点如下。

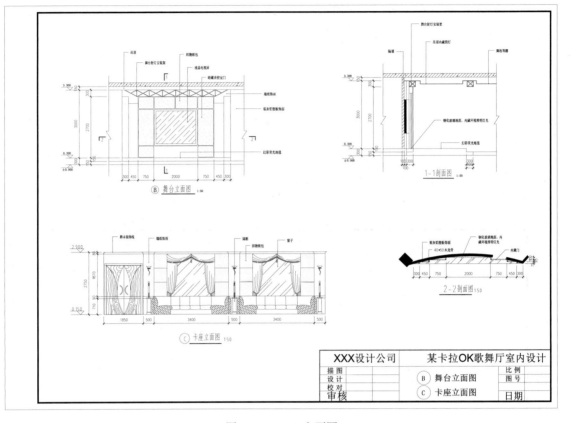

图 9-76　B、C 立面图

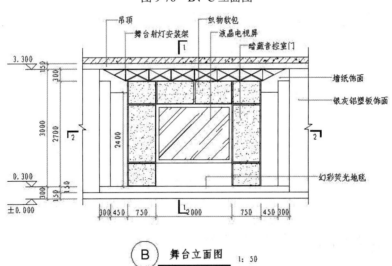

图 9-77　B 立面图

（1）首先，完善舞台墙体装修平面图部分，如图 9-78 所示，然后以此作为立面、剖面绘制参照。

（2）复制 1 个舞台墙体装修平面，并将其旋转成水平状态，作为 B 立面图水平尺寸的参照，如图 9-79 所示。

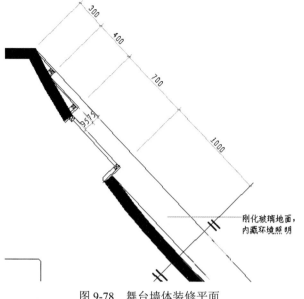

图 9-78　舞台墙体装修平面

图 9-79　立面图水平参照

（3）对于舞台射灯安装架，可以先绘制轴线网格，然后用"多线"命令沿轴线绘制杆件。

2. 1-1 剖面图

为了进一步说明构造关系，在 B 立面图的基础上绘制 1-1 剖面图，如图 9-80 所示。要点说明如下。

（1）绘制 1-1 剖面图时，将舞台墙体装修平面复制 1 个，并将其旋转成竖直状态，如图 9-81 所示。

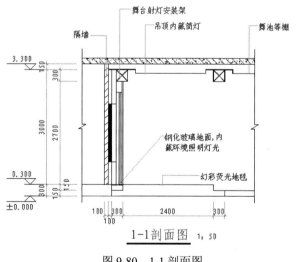

图 9-80　1-1 剖面图

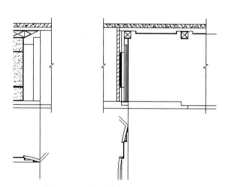

图 9-81　复制墙体平面并旋转

（2）绘制剖面时，注意竖向各层次的标高关系。

3. 2-2 剖面图

把如图 9-78 所示的墙体装修平面整理成为 2-2 剖面图，结果如图 9-82 所示。

视频讲解

Note

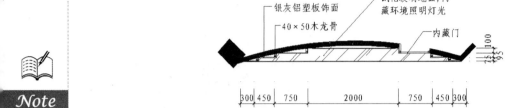

2-2剖面图 1: 50

图 9-82   2-2 剖面图

4. C立面图

C 立面图为卡座处的墙面，绘制难度不大，注意处理好各图形之间的关系。其结果如图 9-83 所示。

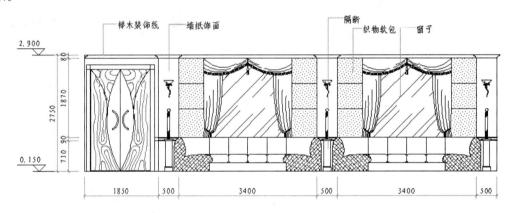

© 卡座立面图 1: 50

图 9-83   卡座立面图

5. 图面调整、标注及布图

要点说明如下。

（1）"B、C 立面图.dwg"中的所有图形比例均为 1：50，按照"入口立面图.dwg"的方法首先将这 3 个图按比例放大两倍。

（2）复制"入口立面图.dwg"的图框，调整图面，修改图标。

（3）完成标注。结果如图 9-76 所示。

9.4   歌舞厅室内顶棚图的绘制

歌舞厅顶棚图的绘制思路及步骤与前面章节的顶棚图绘制部分是基本相同的，因此，对其基本图线绘制操作不进行重点讲解。本节重点介绍歌舞厅的详图绘制。

9.4.1　歌舞厅顶棚总平面图

歌舞厅顶棚总平面图绘制结果如图 9-84 所示，下面简述其绘制步骤。

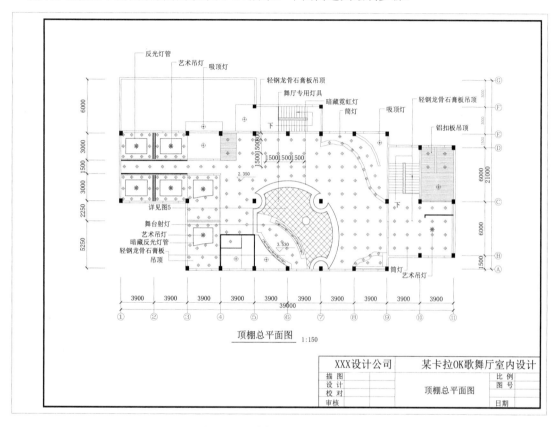

图 9-84　歌舞厅顶棚总平面图

（1）将"歌舞厅室内平面图.dwg"另存为"歌舞厅室内顶棚图.dwg"，将"门窗""地面材料""花园""植物""山石"等不需要的图层关闭，然后分别建立"顶棚""灯具"图层。

（2）单击"默认"选项卡"修改"面板中的"删除"按钮 ，删除不需要的家具平面图，修整剩下的图线，使其符合顶棚图要求。

（3）按设计要求绘制顶棚图线。

（4）标注尺寸、插入图框等操作。

9.4.2　详图的绘制

在本例中，舞池、KTV 包房及酒吧部分均可以采用详图的方式来进一步详细表达，下面以舞池、舞台及周边区域为例来介绍，KTV 包房及酒吧部分由读者参照完成，如图 9-85 所示。

1. 绘图前的准备

（1）将"歌舞厅顶棚总平面图.dwg"另存为"详图.dwg"。

（2）删除舞池、舞台周边不需要的图形，整理结果如图 9-86 所示。然后将其整体比例放大 1.5 倍，即还原为 1∶100 的比例。比例缩放时，注意将"轴线"图层同时缩放。

Note

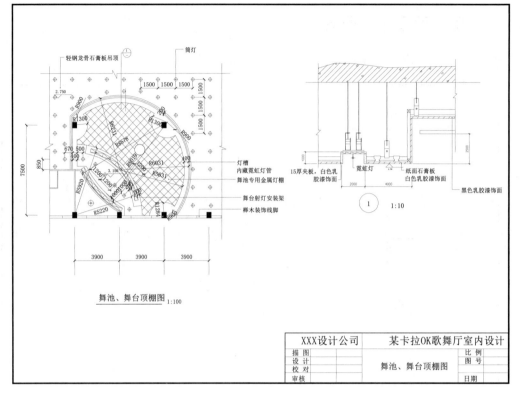

图 9-85　详图

2. 尺寸、标高、符号、文字的标注

对舞池、舞台顶棚图线进行标注尺寸、标高、符号、文字，结果如图 9-87 所示。

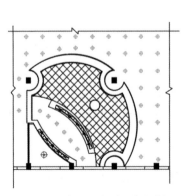

图 9-86　舞池、舞台顶棚图线

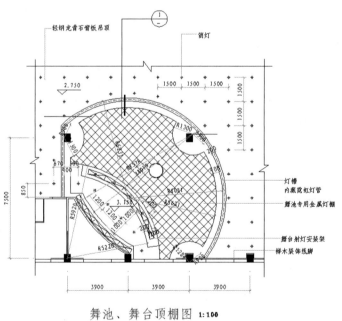

图 9-87　舞池、舞台顶棚图线的标注

要点说明：图中倾斜的尺寸用"默认"选项卡"注释"面板中的"对齐"按钮 标注；弧线的标注用"半径标注"按钮 完成；筒灯间距可以用"连续"按钮 标注。

3. 详图 1 的绘制

如图 9-88 所示，将剖面详图 1 剖切到座席区吊顶和舞池区吊顶的交接位置，因此，图中需要表示出不同的吊顶做法及交接处理，绘制结果如图 9-88 所示。该详图的图面比例为 1：10，所以，将图线绘制完成后放大 10 倍，将标注样式中的"测量比例因子"设置为 0.1。

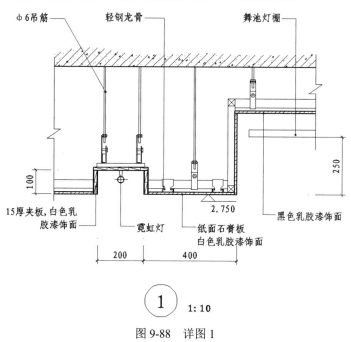

① 1：10

图 9-88 详图 1

> 注意：读者在学习工作中，多收集各种节点做法的详图，在面对具体设计任务时就可以根据具体情况选择利用、局部修改，不必对每个详图都从头绘制。

4. 布图

将舞台、舞池顶棚图和详图 1 放在一张 A3 图框中，图标填写如图 9-89 所示。

XXX设计公司	某卡拉OK歌舞厅室内设计		
描 图		比 例	
设 计	舞台、舞池顶棚图	图 号	
校 对			
审 核		日 期	

图 9-89 布图的图标

9.5 操作与实践

通过前面的学习，读者对本章讲解的知识应该有了大体的了解，本节通过 3 个操作实践使读者进一步掌握本章知识要点。

9.5.1 绘制某剧院接待室建筑平面图

1. 目的要求

本实践主要要求读者通过练习以进一步熟悉和掌握平面图的绘制方法。通过本实践，可以帮助读者学会完成平面图的整个绘制过程。

2. 操作提示

（1）绘图前准备。

（2）绘制定位辅助线。

（3）绘制柱子。

（4）绘制墙体、隔断、门窗、洞口。

（5）绘制装饰凹槽。

（6）绘制门。

（7）标注尺寸。

（8）标注文字。

绘制结果如图 9-90 所示。

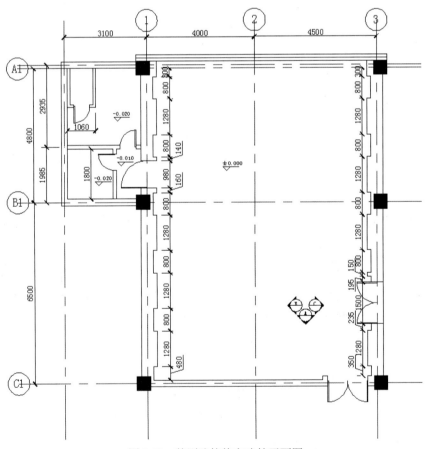

图 9-90　某剧院接待室建筑平面图

9.5.2 绘制某剧院接待室平面布置图

1．目的要求

本实践主要要求读者通过练习以进一步熟悉和掌握平面布置图的绘制方法。通过本实践，可以帮助读者学会完成平面布置图的整个绘制过程。

2．操作提示

（1）整理图形。

（2）绘制所需图块。

（3）布置图形。

绘制结果如图 9-91 所示。

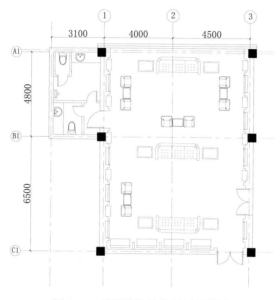

图 9-91　某剧院接待室平面布置图

9.5.3 绘制某剧院接待室顶棚布置图

1．目的要求

本实践主要要求读者通过练习以进一步熟悉和掌握顶棚布置图的绘制方法。通过本实践，可以帮助读者学会完成顶棚布置图的整个绘制过程。

2．操作提示

（1）整理图形。

（2）绘制吊顶。

（3）绘制灯具。

（4）标注尺寸。

（5）标注文字。

绘制结果如图 9-92 所示。

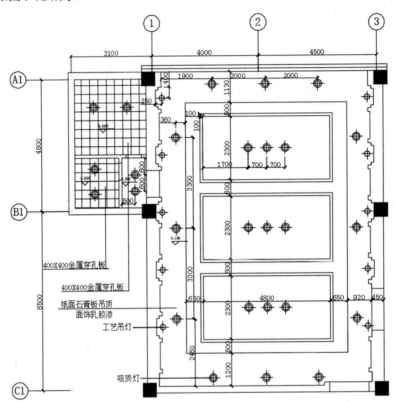

图 9-92　某剧院接待室顶棚布置图

▶▶ 第 3 篇

综合实例

本篇将通过住宅和学院会议中心两个综合实例，完整地介绍室内设计施工图的绘制过程。通过本篇的学习，读者将掌握 AutoCAD 制图技巧和室内设计思路。

☑ 了解施工图的设计思路

☑ 掌握 AutoCAD 绘图技巧

第**10**章

小户型室内设计

本章将讲解小户型的室内装饰设计思路及其相关装饰图的绘制方法与技巧，包括建筑平面轴线的绘制、墙体的绘制、门窗的绘制、文字尺寸的标注；客厅家具的布置方法、卧室家具的布置方法、厨房厨具与卫生间洁具的布置方法；地坪地板和顶棚造型的设计方法、灯具的布置方法等。

    ☑   建筑平面图的绘制   ☑   地坪和顶棚平面图的绘制

    ☑   室内设计平面图的绘制

任务驱动&项目案例

（1）

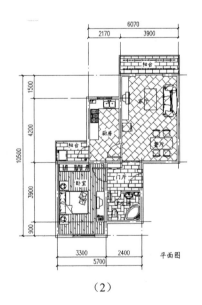

（2）

10.1 建筑平面图的绘制

在小户型的建筑平面图中，大部分房间是方正的矩形形状。一般先建立房间的开间和进深轴线，然后根据轴线绘制房间墙体，再创建门窗洞口造型，最后完成小户型的建筑图形绘制。

装修前居室是建筑开发商交付的无装饰的房子，即通常所说的毛坯房，大部分需要二次装修。住宅居室应按套型设计，每套住宅应设卧室、起居室（厅）、厨房和卫生间等基本空间。在小户型中，其主要功能房间有客厅、卧室、厨房、卫生间、门厅及阳台等，且一般各个功能房间的数量多为一个或没有，如餐厅与客厅合一、卧室与客厅合一等。

下面介绍小户型装修前其建筑平面设计的相关知识及其绘图方法与技巧，如图 10-1 所示。

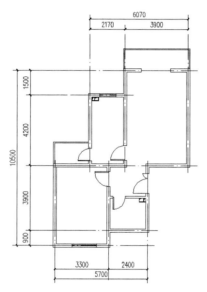

图 10-1　小户型建筑平面图

10.1.1　墙体的绘制

在装饰设计前需要绘制各个房间的墙体轮廓。

（1）单击"默认"选项卡"绘图"面板中的"直线"按钮 ✓，建立居室的轴线，如图 10-2 所示。

（2）将该直线改变为点画线线型，如图 10-3 所示。

📖 **说明**：墙体的宽度可以通过调整比例得到。

（3）单击"默认"选项卡"绘图"面板中的"直线"按钮 ✓，按照上述方法绘制一条水平方向的轴线，如图 10-4 所示。

（4）单击"默认"选项卡"修改"面板中的"偏移"按钮 ⊂，根据居室每个房间的长度、宽度（即进深与开间），通过偏移生成相应位置的轴线，如图 10-5 所示。

📖 **说明**：轴线的长短可以使用 STRETCH 命令或热点键进行调整。

（5）选择菜单栏中的"绘图"→"多线"命令绘制墙体（墙体宽度为 240，内墙为 120），然后选择菜单栏中的"修改"→"对象"→"多线"命令编辑墙线，结果如图 10-6 所示。

视频讲解

图 10-2　绘制轴线　　　图 10-3　改变轴线线型　　　图 10-4　绘制水平轴线

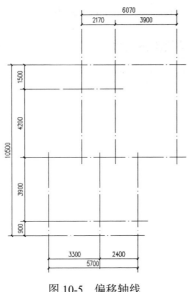

图 10-5　偏移轴线

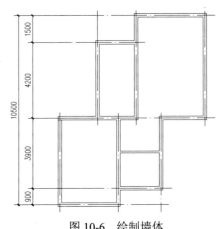

图 10-6　绘制墙体

10.1.2　门窗的绘制

在绘制好的墙体上绘制门窗造型。

（1）单击"默认"选项卡"绘图"面板中的"直线"按钮 ，以右侧最上端的水平直线的中点作为起点，向下侧绘制一条与墙体垂直的竖直直线，如图 10-7 所示。

（2）单击"默认"选项卡"修改"面板中的"偏移"按钮 ，选择已绘制好的垂直直线为偏移对象，向左右两侧分别偏移 950，生成门洞线，如图 10-8 所示。

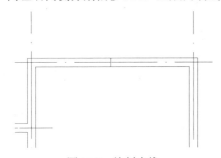

图 10-7　绘制直线

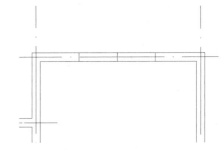

图 10-8　偏移直线

（3）单击"默认"选项卡"修改"面板中的"删除"按钮 ，删除最初绘制的竖直辅助直线，然后继续单击"默认"选项卡"修改"面板中的"修剪"按钮 ，对平行线内的线条进行剪切，得到门洞造型，如图 10-9 所示。

（4）单击"默认"选项卡"绘图"面板中的"直线"按钮 ╱，以水平直线的中点作为起点，向下侧绘制一条与墙体垂直的竖直直线，如图 10-10 所示。

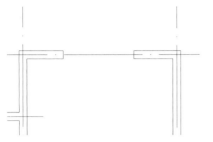

图 10-9　绘制门洞

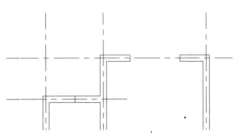

图 10-10　绘制直线

（5）单击"默认"选项卡"修改"面板中的"偏移"按钮 ╔，选择已绘制好的垂直直线为偏移对象，向左右两侧分别偏移 600，生成偏移直线，继续单击"默认"选项卡"修改"面板中的"删除"按钮 ╱，删除最初绘制的竖直辅助直线，如图 10-11 所示。

（6）单击"默认"选项卡"绘图"面板中的"直线"按钮 ╱，在所绘制的竖直直线的内部，绘制两条水平直线，绘制出如图 10-12 所示的窗户图形。

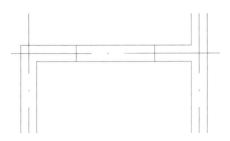

图 10-11　偏移直线

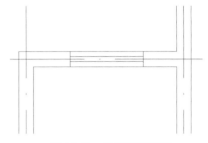

图 10-12　绘制窗户造型

（7）按步骤（1）和步骤（2）绘制得到安装门扇的门洞造型，如图 10-13 所示。

📖 **说明**：双扇门的绘制，通过镜像单扇门即可得到。

（8）单击"默认"选项卡"绘图"面板中的"矩形"按钮 ⬜，绘制矩形门扇造型，如图 10-14 所示。

图 10-13　绘制门扇洞口　　　　　　　　　　图 10-14　绘制矩形门扇造型

（9）单击"默认"选项卡"绘图"面板中的"圆弧"按钮 ⌒，绘制弧线，构成完整的门扇造型，如图 10-15 所示。

（10）其他门扇及其窗户造型可按上述方法进行绘制，如图 10-16 所示。

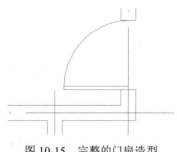

图 10-15　完整的门扇造型

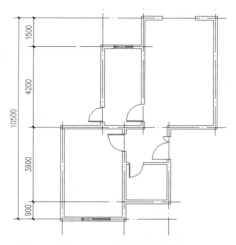

图 10-16　绘制其他门窗

10.1.3　阳台、管道井等辅助空间的绘制

居室中还有一些辅助功能空间需要绘制，如阳台、排烟管道等。

（1）单击"默认"选项卡"绘图"面板中的"多段线"按钮，绘制客厅阳台轮廓造型，如图 10-17 所示。

（2）单击"默认"选项卡"修改"面板中的"偏移"按钮 ，对阳台轮廓线进行偏移，得到具有一定厚度的阳台栏杆造型，如图 10-18 所示。

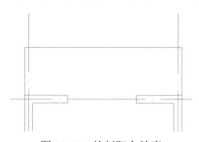

图 10-17　绘制阳台轮廓

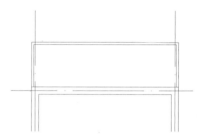

图 10-18　偏移阳台轮廓线

（3）其他位置的阳台（如厨房阳台）造型，按上述的方法进行绘制，如图 10-19 所示。

（4）单击"默认"选项卡"绘图"面板中的"矩形"按钮 ，绘制厨房的排烟管道造型，如图 10-20 所示。

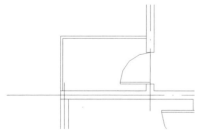

图 10-19　绘制厨房阳台

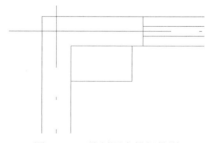

图 10-20　绘制厨房排烟管道

（5）单击"默认"选项卡"修改"面板中的"偏移"按钮 ，偏移步骤（4）中绘制的矩形，

形成管道外轮廓造型，如图 10-21 所示。

（6）单击"默认"选项卡"绘图"面板中的"直线"按钮／，绘制一条与矩形垂直的线段。

（7）单击"默认"选项卡"修改"面板中的"偏移"按钮⊆，偏移步骤（6）中绘制的直线，将排烟管道分为两个空间，如图 10-22 所示。

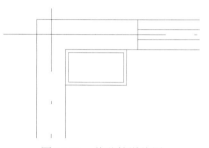

图 10-21　偏移管道线图

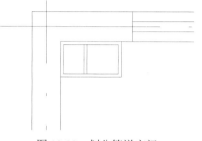

图 10-22　划分管道空间

📖 **说明**：*一般在厨房及卫生间有通风及排烟管道，需要绘制。*

（8）单击"默认"选项卡"绘图"面板中的"直线"按钮／，绘制管道折线，形成管道空洞效果，如图 10-23 所示。

（9）卫生间的通风管道造型可按上述方法进行绘制，如图 10-24 所示。

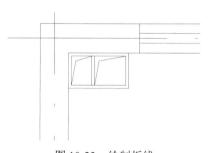

图 10-23　绘制折线

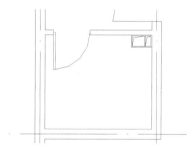

图 10-24　绘制卫生间通风道

（10）单击"注释"选项卡"标注"面板中的"线性"按钮和"连续"按钮，为图形标注尺寸。至此，小户型的未装修建筑平面图绘制完成。缩放视图观察图形，并保存图形，如图 10-1 所示。

10.2　室内设计平面图的绘制

小户型的装修平面图中，如何合理布置家具是关键。先从门厅开始考虑布置，门厅是一个过渡性空间，一般布置鞋柜等简单家具，若空间稍大，则可以设置玄关进行美化。客厅与餐厅是一个平面空间，客厅一般安排沙发和电视，而餐厅则布置一个小型的餐桌。卧室先布置一张床和衣柜，再根据房间的大小布置梳妆台或写字台。卫生间中的坐便器和洗脸盆是按住宅已有的排水管道的位置进行布置的。

小居室装修施工图的设计，要把形式、色彩、功能统一起来，使之互相协调，既实用，又具有艺术性。在设计时，对室内空间的调用和开发是居室设计的主要方向，为了把现有的空间更好地利用起来，可采用一些方法，如下所示。

（1）用高大的植物装饰居室，可使杂乱的房间趋向平稳和增大空间感。

（2）在室内采用靠墙的低柜和吊柜形式，既充分利用了空间，也避免了局促感。

（3）对于小空间和低空间的居室，可以在墙面、顶部、柜门、墙角等处安装镜面装饰玻璃，通过玻璃的反射，利用人们的错觉，得到扩大空间感的效果。

下面介绍小户型装饰平面设计的相关知识及其绘图方法与技巧，如图 10-25 所示。

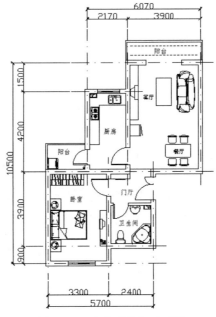

图 10-25　小户型装饰平面图

10.2.1　门厅和客厅及餐厅平面的布置

现代家庭客厅装修变得越来越重要，因为无论是主人茶余饭后的休憩，还是客人造访，客厅都是人们逗留最多的地方。客厅的风格基调，往往体现出主人的生活情趣与审美观。

1．门厅的布置

（1）还没有进行家具布置前的门厅，如图 10-26 所示。

（2）单击"默认"选项卡"绘图"面板中的"多段线"按钮 ，绘制矩形鞋柜轮廓，如图 10-27 所示。

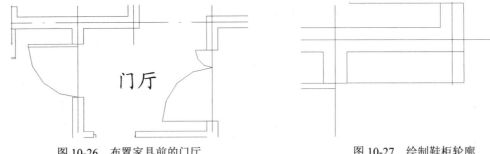

图 10-26　布置家具前的门厅　　　　　　　　图 10-27　绘制鞋柜轮廓

（3）单击"默认"选项卡"绘图"面板中的"直线"按钮 ，绘制鞋柜门扇的左侧轮廓线。单击"默认"选项卡"修改"面板中的"镜像"按钮 ，镜像图形得到鞋柜门扇，如图 10-28 所示。

　　说明：该门厅较小，仅考虑布置鞋柜。综合门厅的空间平面情况，鞋柜布置在左上角位置。

2. 客厅及餐厅的布置

（1）调用还没有进行家具布置前的客厅与餐厅，如图 10-29 所示。

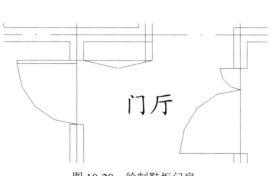

图 10-28　绘制鞋柜门扇

图 10-29　布置家具前的客厅与餐厅

（2）图块的插入方法。单击"默认"选项卡"块"面板"插入"按钮 下拉菜单中的"最近使用的块"选项或单击"插入"选项卡"块"面板"插入"按钮 下拉菜单中的"最近使用的块"选项，如图 10-30 所示。

（3）打开"块"选项板，单击"显示文件导航"按钮 ，弹出"选择要插入的文件"对话框。

（4）在"选择图形文件"对话框中选择家具所在的目录路径，单击要选择的家具——沙发，系统同时在对话框的右侧显示该家具的图形。

（5）单击"打开"按钮，返回"块"选项板，此时的名称已是所选择的沙发家具的名称，如图 10-31 所示。

图 10-30　"插入"下拉菜单

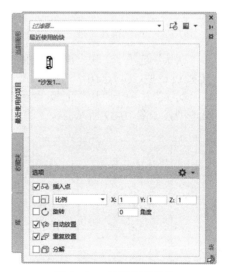

图 10-31　沙发家具名称

（6）在屏幕上指定家具插入点位置并输入比例因子、旋转角度等，效果如图 10-32 所示。

📖 **说明：** 此时可以设置相关的参数，包括插入点、缩放比例和旋转等。也可以不设置，在进行每一项前选中并在屏幕上指定。若插入的位置不合适，可以使用 MOVE 等功能命令对其位置进行调整。

（7）其他家具的插入方法与上述沙发的插入方法相同，调整沙发位置，如图 10-33 所示。

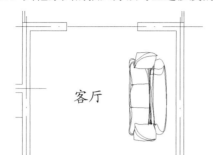

图 10-32 插入沙发　　　　　　　　　　　　　图 10-33　调整位置

（8）单击"默认"选项卡"绘图"面板中的"矩形"按钮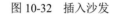，绘制矩形茶几造型，如图 10-34 所示。

（9）单击"默认"选项卡"绘图"面板中的"多段线"按钮，绘制电视柜轮廓造型，如图 10-35 所示。

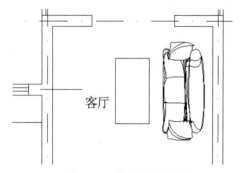

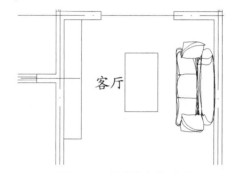

图 10-34 绘制茶几造型　　　　　　　　　　　图 10-35　绘制电视柜造型

（10）单击"默认"选项卡"块"面板"插入"按钮下拉菜单中的"最近使用的块"选项，在电视柜上插入电视机造型，如图 10-36 所示。

（11）单击"默认"选项卡"块"面板"插入"按钮下拉菜单中的"最近使用的块"选项，在餐厅中插入餐桌造型，如图 10-37 所示。

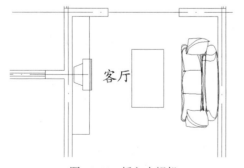

图 10-36 插入电视机　　　　　　　　　　　　图 10-37　插入餐桌

（12）单击"默认"选项卡"块"面板"插入"按钮下拉菜单中的"最近使用的块"选项，在餐厅中插入冰箱造型，如图 10-38 所示。

图 10-38　插入冰箱

（13）完成客厅及餐厅家具的布置。对图形进行局部放大并观察图形，最后保存图形，如图 10-39
所示。

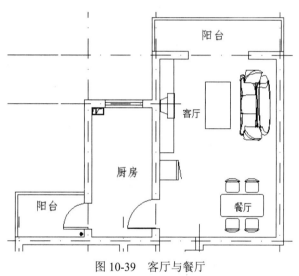

图 10-39　客厅与餐厅

10.2.2　卧室平面的布置

（1）打开需要布置家具设施的卧室平面图，如图 10-40 所示。

（2）单击"默认"选项卡"块"面板"插入"按钮下拉菜单中的"最近使用的块"选项，在
卧室中插入双人床造型，如图 10-41 所示。

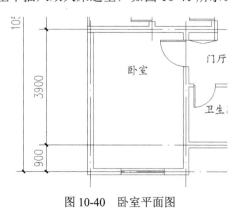

图 10-40　卧室平面图

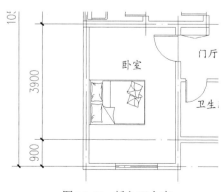

图 10-41　插入双人床

（3）单击"默认"选项卡"块"面板"插入"按钮下拉菜单中的"最近使用的块"选项，在双人床一侧插入床头柜造型，如图10-42所示。

（4）单击"默认"选项卡"修改"面板中的"镜像"按钮，将床头柜造型镜像复制到双人床的另一侧，得到对称的床头柜造型，如图10-43所示。

图10-42　插入床头柜

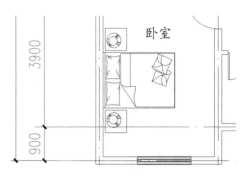

图10-43　镜像床头柜

（5）单击"默认"选项卡"块"面板"插入"按钮下拉菜单中的"最近使用的块"选项，在卧室中插入衣柜造型，如图10-44所示。

（6）单击"默认"选项卡"绘图"面板中的"直线"按钮，绘制卧室中的电视柜造型，如图10-45所示。

图10-44　插入衣柜

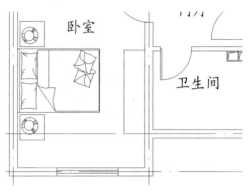

图10-45　绘制电视柜

（7）单击"默认"选项卡"块"面板"插入"按钮下拉菜单中的"最近使用的块"选项，在电视柜上插入电视机造型，如图10-46所示。

（8）单击"默认"选项卡"块"面板"插入"按钮下拉菜单中的"最近使用的块"选项，在电视柜上插入电话机造型，如图10-47所示。

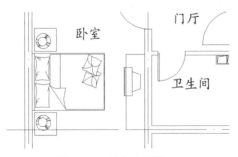

图10-46　插入电视机

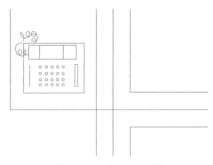

图10-47　插入电话机

（9）完成卧室的家具布置，如图 10-48 所示。

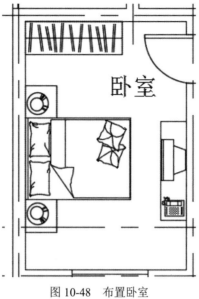

图 10-48 布置卧室

10.2.3 厨房和卫生间平面的布置

下面先介绍厨房的平面家具布置方法，再介绍卫生间的布局安排。

1. 厨房的布置

（1）未布置厨房设施的厨房功能空间平面图，如图 10-49 所示。

（2）单击"默认"选项卡"绘图"面板中的"多段线"按钮 ，绘制橱柜轮廓线，如图 10-50 所示。

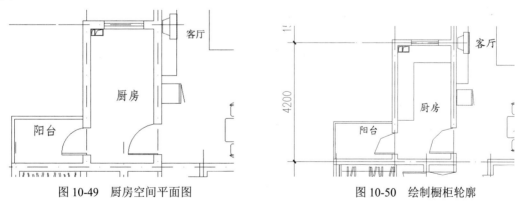

图 10-49 厨房空间平面图　　　　　　图 10-50 绘制橱柜轮廓

（3）单击"默认"选项卡"块"面板"插入"按钮 下拉菜单中的"最近使用的块"选项，在橱柜上插入洗菜盆造型，如图 10-51 所示。

（4）单击"默认"选项卡"块"面板"插入"按钮 下拉菜单中的"最近使用的块"选项，在橱柜上插入厨具造型。把燃气灶造型插入橱柜上，如图 10-52 所示。

2. 卫生间的布置

（1）未布置洁具的卫生间空间平面图，如图 10-53 所示。

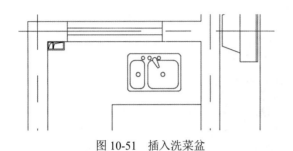

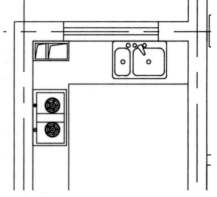

图 10-51　插入洗菜盆　　　　　　　　　图 10-52　插入燃气灶

（2）单击"默认"选项卡"块"面板"插入"按钮 下拉菜单中的"最近使用的块"选项，在卫生间内插入坐便器造型，如图 10-54 所示。

图 10-53　卫生间平面图　　　　　　　　　图 10-54　插入坐便器

（3）单击"默认"选项卡"块"面板"插入"按钮 下拉菜单中的"最近使用的块"选项，在坐便器右侧布置整体淋浴设施，如图 10-55 所示。

（4）根据卫生间的空间情况，在门口处布置洗脸盆，如图 10-56 所示。

（5）完成卫生间洁具的布置。缩放视图观察图形，并保存图形，如图 10-57 所示。

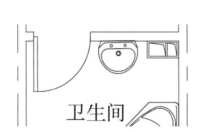

图 10-55　插入淋浴设施　　　　图 10-56　布置洗脸盆　　　　图 10-57　完成卫生间的布置

10.2.4　阳台等其他空间平面的布置

（1）两个阳台的位置如图 10-58 所示。

（2）单击"默认"选项卡"块"面板"插入"按钮 下拉菜单中的"最近使用的块"选项，在厨房的阳台上插入洗衣机造型，如图 10-59 所示。

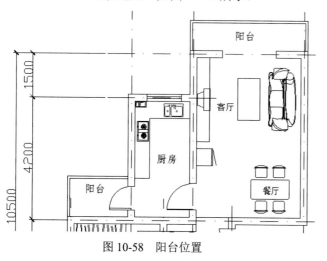

图 10-58 阳台位置

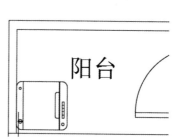

图 10-59 插入洗衣机

说明：该小户型有两个阳台，一个是厨房的阳台，另一个是客厅的阳台。根据户型的特点，因为小户型空间小，所以考虑在厨房的阳台上布置洗衣机。

（3）单击"默认"选项卡"绘图"面板中的"圆"按钮⊙，绘制排水地漏造型，如图 10-60 所示。

（4）单击"默认"选项卡"绘图"面板中的"图案填充"按钮▩，对地漏进行图案填充，如图 10-61 所示。

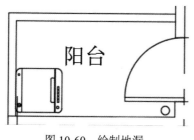

图 10-60 绘制地漏

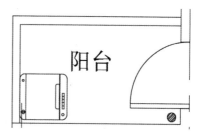

图 10-61 填充地漏图案

（5）单击"默认"选项卡"绘图"面板中的"多段线"按钮 ⁀⊃，客厅的阳台一般需晾晒衣服，绘制晾衣架，如图 10-62 所示。

（6）单击"默认"选项卡"修改"面板中的"复制"按钮 ⁰⁰，复制一个晾衣架，如图 10-63 所示。

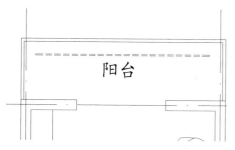

图 10-62 绘制晾衣架

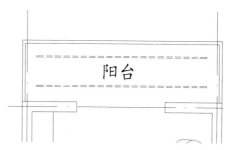

图 10-63 复制晾衣架

视频讲解

10.3　地坪和顶棚平面图的绘制

小户型的地坪和顶棚装修平面图中，地坪和顶棚的绘制主要是装饰材料的选用和局部造型设计。一般地坪装修材料为地砖、实木地板和复合木地板等，通过填充不同图案即可表示其不同的材质；而顶棚受层高限制，吊顶一般在门厅和餐厅处设计一些造型，其他房间的顶棚一般用乳胶漆。

10.3.1　地坪平面图的绘制

本小节介绍地坪平面图设计的相关知识及其绘图方法与技巧，如图 10-64 所示。

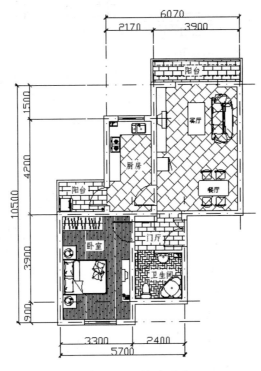

图 10-64　地坪装修效果图

（1）单击"默认"选项卡"注释"面板中的"多行文字"按钮 **A**，为图形添加文字标注，继续单击"默认"选项卡"修改"面板中的"复制"按钮 ⅋，对绘制的文字进行复制操作，并对其进行编辑，逐步完成图形文字的标注，结果如图 10-65 所示。

（2）单击"默认"选项卡"绘图"面板中的"直线"按钮 ∕，绘制门厅的范围，以便于确定填充图案的边界位置，如图 10-66 所示。

（3）单击"默认"选项卡"绘图"面板中的"图案填充"按钮 ▨，将门厅填充为地砖图案，如图 10-67 所示。

（4）单击"默认"选项卡"绘图"面板中的"直线"按钮 ∕，在门洞等开口处绘制界定客厅范围线，如图 10-68 所示。

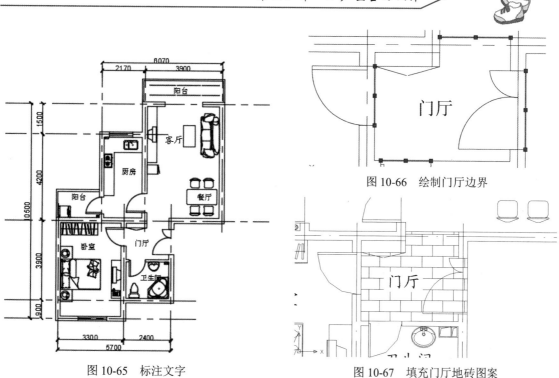

图 10-65　标注文字

图 10-66　绘制门厅边界

图 10-67　填充门厅地砖图案

（5）单击"默认"选项卡"绘图"面板中的"图案填充"按钮▨，将客厅填充为地砖图案，如图 10-69 所示。

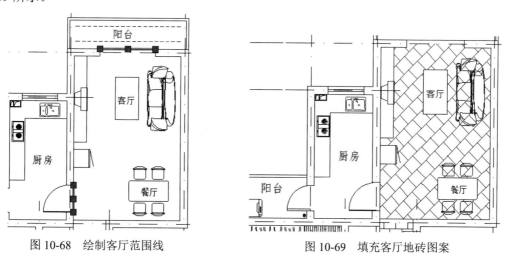

图 10-68　绘制客厅范围线

图 10-69　填充客厅地砖图案

（6）单击"默认"选项卡"绘图"面板中的"图案填充"按钮▨，对厨房、卫生间及阳台进行图案填充，如图 10-70 所示。

（7）单击"默认"选项卡"绘图"面板中的"图案填充"按钮▨，将卧室填充为木地板图案，如图 10-71 所示。

（8）完成地坪装修材料的绘制。可以引出标注各种文字，对装修采用的材料进行说明，在此从略，如图 10-64 所示。

| 图 10-70 填充厨房、卫生间和阳台图案 | 图 10-71 填充木地板图案 |

填充图案根据样式效果进行选择，地砖地面一般为矩形或方形。文字标注采用 TXTE 或 MTEXT 功能命令。

10.3.2 顶棚平面图的绘制

由于住宅的层高为 2700mm 左右，相对比较矮，因此不建议做复杂的造型，但在门厅处可以设计局部的造型，卫生间、厨房等安装铝扣板顶棚吊顶。顶棚一般通过刷不同颜色的乳胶漆来得到很好的效果。一般取没有布置家具和洁具等设施的居室平面进行顶棚设计，如图 10-72 所示。

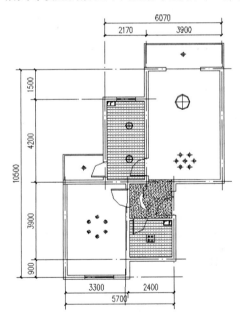

图 10-72　顶棚装修效果图

（1）待设计顶棚的平面如图 10-73 所示。

（2）单击"默认"选项卡"绘图"面板中的"直线"按钮，在门厅处设计一个石膏板顶棚造型，先绘制其边界轮廓线，如图 10-74 所示。

（3）单击"默认"选项卡"绘图"面板中的"圆弧"按钮，绘制门厅造型，如月亮造型。先绘制一段弧线，如图 10-75 所示。

（4）单击"默认"选项卡"绘图"面板中的"圆弧"按钮，绘制另一段弧线，构成月亮造型，如图 10-76 所示。

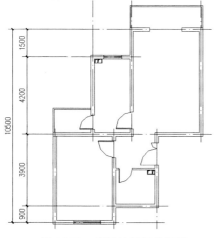

图 10-73　待设计顶棚的平面

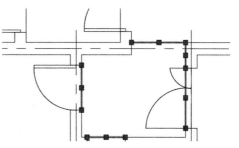

图 10-74　绘制门厅顶棚边界

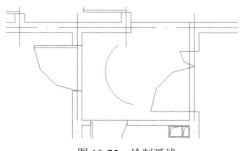

图 10-75　绘制弧线

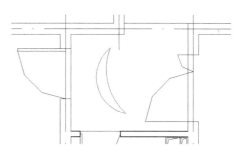

图 10-76　构成月亮造型

（5）单击"默认"选项卡"绘图"面板中的"多段线"按钮 ，绘制星星造型，如图 10-77 所示。

（6）单击"默认"选项卡"修改"面板中的"镜像"按钮 ，通过镜像图形构成星星造型，如图 10-78 所示。

图 10-77　绘制星星造型

图 10-78　构成星星造型

（7）单击"默认"选项卡"修改"面板中的"复制"按钮 ，复制星星造型，如图 10-79 所示。

（8）单击"默认"选项卡"绘图"面板中的"图案填充"按钮 ，对门厅石膏板顶棚造型进行图案填充，如图 10-80 所示。

（9）单击"默认"选项卡"绘图"面板中的"图案填充"按钮 ，对卫生间的顶棚造型进行图案填充，如图 10-81 所示。

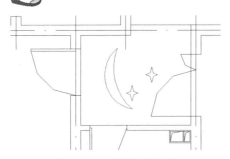
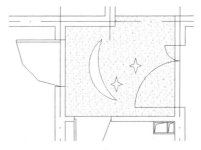

图 10-79　复制星星造型　　　　　　　图 10-80　填充门厅石膏板顶棚

（10）单击"默认"选项卡"绘图"面板中的"直线"按钮╱，绘制厨房顶棚的边界范围，如图 10-82 所示。

（11）单击"默认"选项卡"绘图"面板中的"图案填充"按钮▦，填充厨房顶棚造型，如图 10-83 所示。

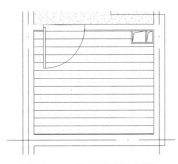
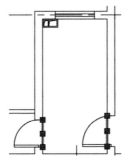
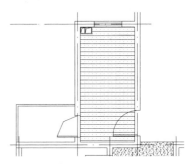

图 10-81　填充卫生间顶棚　　　图 10-82　绘制厨房边界　　　　图 10-83　填充厨房顶棚

（12）单击"默认"选项卡"块"面板"插入"按钮下拉菜单中的"最近使用的块"选项，在卫生间内插入浴霸，如图 10-84 所示。

（13）单击"默认"选项卡"块"面板"插入"按钮下拉菜单中的"最近使用的块"选项，在餐厅位置处插入造型灯一个，其他造型通过复制得到，如图 10-85 所示。

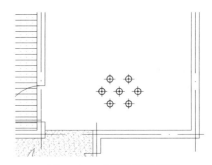

图 10-84　插入浴霸　　　　　　　　图 10-85　布置餐厅造型灯

（14）单击"默认"选项卡"绘图"面板中的"直线"按钮╱，绘制两条相互垂直的短线，如图 10-86 所示。

（15）单击"默认"选项卡"绘图"面板中的"圆"按钮⊙，绘制两个同心圆形成吸顶灯造型，如图 10-87 所示。

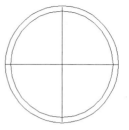

图 10-86　绘制相互垂直短线　　　　　　　　图 10-87　形成吸顶灯造型

（16）其他房间，如卧室、厨房等按上述方法布置相应的照明灯造型，如图 10-88 所示。

（17）完成吊顶施工图的绘制。根据做法使用折线引出，标注相应的说明文字，在此从略，如图 10-89 所示。

图 10-88　布置其他房间照明灯

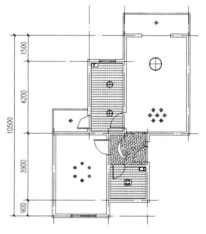

图 10-89　完成顶棚造型的布置

10.4　操作与实践

通过前面的学习，读者对本章讲解的知识应该有了大体的了解，本节通过两个操作实践使读者进一步掌握本章知识要点。

10.4.1　绘制宾馆小会议室平面图

1. 目的要求

本实践主要要求读者通过练习以进一步熟悉和掌握平面图的绘制方法。通过本实践，可以帮助读者学会完成宾馆小会议室平面图的整个绘制过程。

2. 操作提示

（1）整理图形。

（2）插入室内布置。

绘制结果如图 10-90 所示。

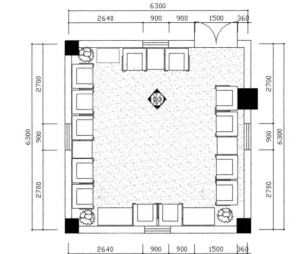

图 10-90　宾馆小会议室平面图

10.4.2　绘制宾馆双人床间客房平面图

1．目的要求

本实践主要要求读者通过练习以进一步熟悉和掌握平面图的绘制方法。通过本实践，可以帮助读者学会完成宾馆双人床间客房平面图的整个绘制过程。

2．操作提示

（1）整理图形。

（2）插入室内布置。

绘制结果如图 10-91 所示。

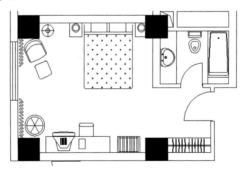

图 10-91　宾馆双人床间客房平面图

第11章

中等户型室内设计

　　本章将详细讲解中等户型的室内装饰设计思路及其相关装饰图的绘制方法与技巧，包括中等户型装修前的建筑平面图的绘制，房间名称及文字尺寸的标注，门厅、餐厅和客厅的餐桌与沙发等相关家具的布置方法，主卧室、次卧室的床和梳妆台等家具的布置方法，厨房操作台与主、次卫生间坐便器等厨具和洁具的布置方法，地面地板和吊顶照明灯具及顶棚造型等绘制方法。

- ☑ 装修前建筑平面图的绘制
- ☑ 室内设计平面图的绘制
- ☑ 地坪和顶棚平面图的绘制

任务驱动&项目案例

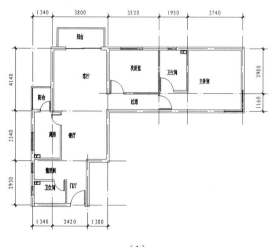

（1）

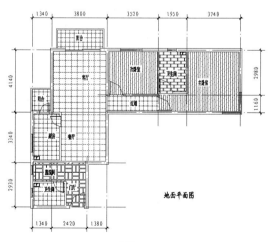

（2）

Note

11.1　装修前建筑平面图的绘制

与小户型相比，中等户型的建筑平面图中的主要功能房间要多一两个，除客厅、厨房外，卧室房间的数量一般有两个，卫生间有一个或两个，即通常所说的两室两厅一卫或两室两厅两卫等。其建筑平面图的绘制方法，可以根据平面布局先建立房间的开间和进深轴线，然后按轴线位置绘制各个房间墙体及相应的门窗洞口造型，最后绘制阳台等辅助空间平面的平面图。

下面介绍中等户型（两室两厅两卫）的装修前建筑平面图的相关知识及其绘图方法与技巧，如图 11-1 所示。

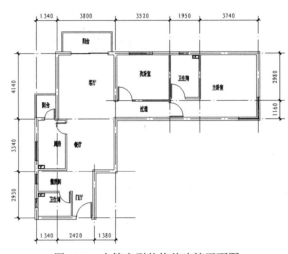

图 11-1　中等户型装修前建筑平面图

11.1.1　墙体的绘制

视频讲解

下面先绘制装饰设计前居室的各个房间的墙体轮廓线。

（1）单击"默认"选项卡"绘图"面板中的"直线"按钮╱，绘制墙体水平方向的轴线，如图 11-2 所示。

（2）将步骤（1）中绘制的直线线型由实线改为点画线线型，如图 11-3 所示。

📖 **说明**：作为居室墙体的轴线，其长度要略大于房间水平方向的总长度尺寸。按建筑绘图规范要求，轴线线型采用点画线。

（3）单击"默认"选项卡"绘图"面板中的"直线"按钮╱，绘制垂直方向的轴线，如图 11-4 所示。

图 11-2　绘制墙体水平方向的轴线

图 11-3　改变线型

图 11-4　绘制墙体垂直方向的轴线

（4）单击"默认"选项卡"修改"面板中的"偏移"按钮 ⊆，偏移其他位置的墙体轴线，如图 11-5 所示。

（5）单击"默认"选项卡"注释"面板中的"线性"按钮 ⊢⊢，对轴线进行尺寸标注，如图 11-6 所示。

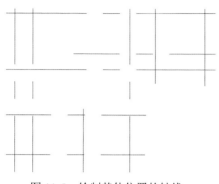

图 11-5　绘制其他位置的轴线

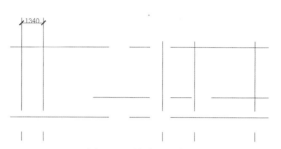

图 11-6　轴线尺寸标注

（6）利用上述方法完成其他尺寸线标注，如图 11-7 所示。

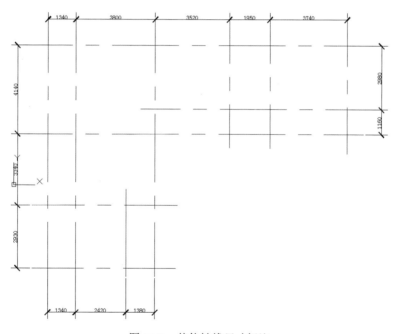

图 11-7　其他轴线尺寸标注

📖 **说明：** 可以根据每个房间的长度、宽度（即进深与开间）尺寸大小，通过"偏移"命令生成相应位置的轴线。其中，轴线的长短可以使用 STRETCH（拉伸）命令或热点键进行调整。

（7）在菜单栏中选择"绘图"→"多线"命令，绘制卫生间等位置的墙体，如图 11-8 所示。

（8）在菜单栏中选择"绘图"→"多线"命令，根据居室布局和轴线情况绘制其他位置的墙体，如图 11-9 所示。

（9）在菜单栏中选择"修改"→"对象"→"多线"命令，对已绘制的多线进行修改，完成整个居室的墙体绘制，如图 11-10 所示。

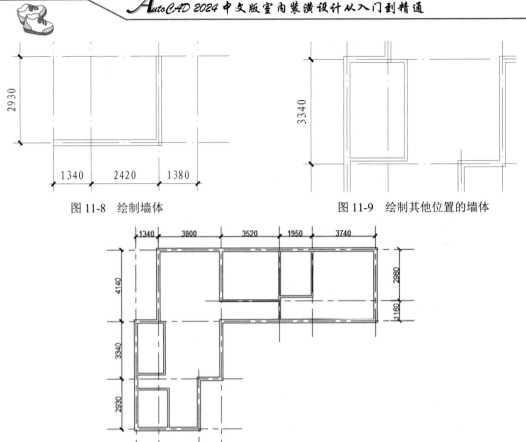

图 11-8　绘制墙体

图 11-9　绘制其他位置的墙体

图 11-10　完成整个居室墙体的绘制

11.1.2　门窗的绘制

视频讲解

下面介绍如何绘制墙体上门和窗的造型。

（1）单击"默认"选项卡"绘图"面板中的"直线"按钮 ╱，绘制一条垂直线段。单击"默认"选项卡"修改"面板中的"偏移"按钮 ⊑，偏移垂直线段，如图 11-11 所示。

（2）单击"默认"选项卡"修改"面板中的"修剪"按钮 ▼，以平行线为边界对线条进行剪切，即可得到门洞造型，如图 11-12 所示。

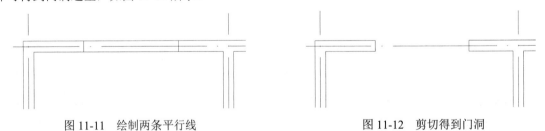

图 11-11　绘制两条平行线

图 11-12　剪切得到门洞

（3）单击"默认"选项卡"绘图"面板中的"多段线"按钮 ⫍，绘制其中一扇推拉门扇造型，如图 11-13 所示。

图 11-13　绘制推拉门门扇

（4）单击"默认"选项卡"修改"面板中的"复制"按钮 ✂，复制步骤（3）中绘制的推拉门扇造型得到另一扇推拉门造型，如图 11-14 所示。

图 11-14　复制推拉门扇

（5）单击"默认"选项卡"绘图"面板中的"直线"按钮 ╱，根据窗户宽度勾画两条与墙体垂直的平行线，再绘制与墙体平行的线条，形成窗户造型，如图 11-15 所示。

（6）单击"默认"选项卡"绘图"面板中的"直线"按钮 ╱，根据转角窗户的宽度绘制转角窗户的造型。在墙体转角的位置两侧，绘制与墙体垂直的窗户边界线，如图 11-16 所示。

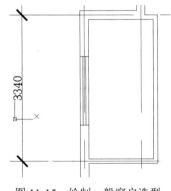
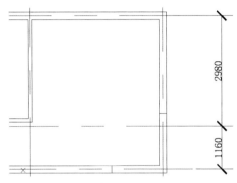

图 11-15　绘制一般窗户造型　　　　图 11-16　绘制转角窗户边界

（7）选择菜单栏中的"绘图"→"多线"命令，按转角走向绘制转角窗户造型，如图 11-17 所示。

（8）单击"默认"选项卡"绘图"面板中的"多段线"按钮 ⌐，按门的大小绘制门洞造型。单击"默认"选项卡"修改"面板中的"修剪"按钮 ✄，对门洞造型进行修剪，完成绘制，如图 11-18 所示。

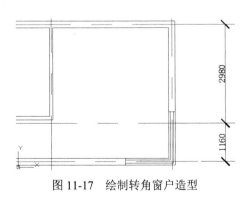
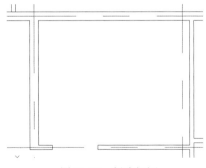

图 11-17　绘制转角窗户造型　　　　图 11-18　创建门洞

（9）单击"默认"选项卡"绘图"面板中的"矩形"按钮 ▭，绘制门扇造型，其垂直或水平方向部分轮廓造型如图 11-19 所示。

（10）单击"默认"选项卡"绘图"面板中的"圆弧"按钮 ⌒，绘制门扇造型弧线部分，如图 11-20 所示。

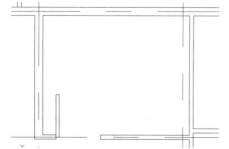

图 11-19　绘制门扇轮廓

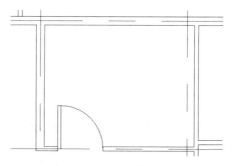

图 11-20　绘制弧线部分

（11）可按上述方法绘制其他位置的门扇及窗户造型，如图11-21 所示。

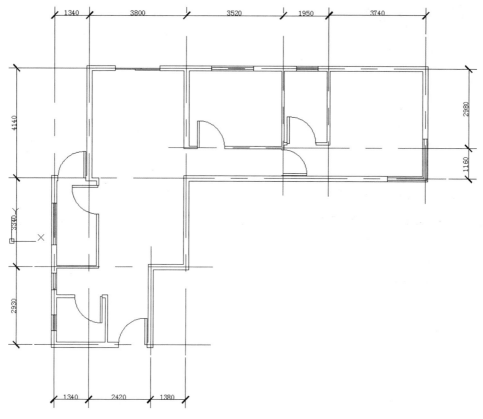

图 11-21　绘制其他门扇和窗户

11.1.3　阳台、管道井等辅助空间的绘制

下面介绍绘制阳台、管道等辅助空间。

（1）单击"默认"选项卡"绘图"面板中的"多段线"按钮 ，绘制客厅阳台轮廓造型，如图 11-22 所示。

（2）单击"默认"选项卡"修改"面板中的"偏移"按钮 ，偏移步骤（1）中绘制的轮廓线得到阳台栏杆的造型，如图 11-23 所示。

（3）利用上述方法绘制厨房等其他位置的阳台造型，如图 11-24 所示。

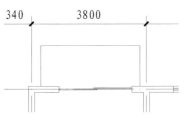

图 11-22 绘制客厅阳台轮廓

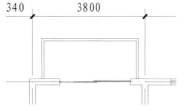

图 11-23 偏移阳台轮廓线

（4）单击"默认"选项卡"绘图"面板中的"矩形"按钮 ▢，绘制厨房及卫生间的通风及排烟等管道轮廓造型，如图 11-25 所示。

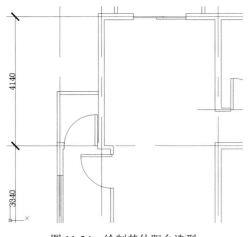

图 11-24 绘制其他阳台造型

图 11-25 绘制管道轮廓

（5）单击"默认"选项卡"修改"面板中的"偏移"按钮 ⊜，得到具有厚度的管道外轮廓造型，如图 11-26 所示。

（6）单击"默认"选项卡"绘图"面板中的"直线"按钮 ∕，对管道内部进行划分，形成两个管道通道空间，如图 11-27 所示。

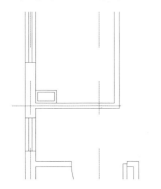

图 11-26 形成具有厚度的管道外轮廓

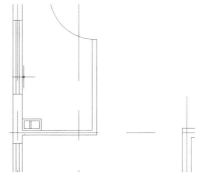

图 11-27 内部管道划分

（7）单击"默认"选项卡"修改"面板中的"修剪"按钮 ⅓，对管道通道空间进行修剪，并单击"默认"选项卡"绘图"面板中的"直线"按钮 ∕，在管道内部绘制折线，形成管道通道效果，如图 11-28 所示。

（8）单击"默认"选项卡"修改"面板中的"复制"按钮 ∞，绘制卫生间或其他位置的管道造型，如图 11-29 所示。

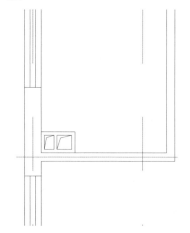

图 11-28　剪切并绘制折线

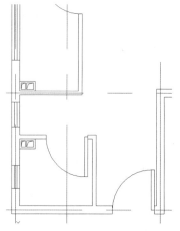

图 11-29　绘制其他管道

卫生间或其他位置的管道造型若大小一样，也可通过复制得到，按上述方法进行绘制。

（9）单击"默认"选项卡"注释"面板中的"多行文字"按钮 **A**，标注文字说明，并保存图形，如图 11-1 所示。

11.2　室内设计平面图的绘制

在中等户型装修平面图的绘制过程中，合理的家具插入同样是装修设计的关键。门厅作为一个过渡性空间，插入鞋柜等简单家具即可，其吊顶则可以设计一个造型进行美化。餐厅是家庭成员就餐的空间，需插入大小合适的餐桌。而客厅则可以安排造型别致的沙发和电视柜。主卧室房间较大，可以插入床、衣柜及梳妆台或写字台等家具，次卧室根据房间大小进行家具插入。主次卫生间除坐便器和洗脸盆外，还应插入淋浴设施。

合适的色彩，有助于人们回到家后放松紧张的神经，觉得放松、舒适。不同的房间功用不同，颜色可以不一样。

（1）客厅：浅玫瑰红或浅紫红色调，再加上少许蓝色的点缀是最愉悦的客厅颜色，会让人进入客厅就感到温和舒服。

（2）餐厅：以接近土地的颜色，如棕色、棕黄色或杏色，以及浅珊瑚红接近肉色为最适合。灰、芥末黄、紫或青绿色常会让人倒胃口，应该避免。

（3）厨房：鲜黄、鲜红、鲜蓝及鲜绿色都是欢快的厨房颜色，乳白色的厨房看上去清洁卫生，而厨房的颜色越多，家庭主妇便会觉得时间越容易打发。但是应避免带绿的黄色出现。

（4）卧室：浅绿色或浅桃红色会使人产生春天的温暖感觉，适用于较寒冷的环境。浅蓝色则令人联想到海洋，使人镇静，身心舒畅。

（5）浴室：浅粉红色或近似肉色令人放松，觉得愉快。

（6）书房：棕色、金色、紫绛色或天然本色，都会给人温和舒服的感觉，加上少许绿色点缀，会觉得更放松。

（7）儿童居室：橙色及黄色能给孩子带来快乐与和谐的感觉。儿童喜爱的颜色是单纯而鲜明的，这些颜色成年人可能会觉得太鲜艳，但对天真的儿童培养乐观进取、奋发的心理素质，培养坦诚纯洁、活泼的性格都是有益的。多种鲜艳颜色的组合往往具有令儿童安静下来及表现得乖巧的奇特效能。

下面介绍中等户型（两室两厅两卫）的装饰设计相关知识及其绘图方法与技巧，如图 11-30 所示。

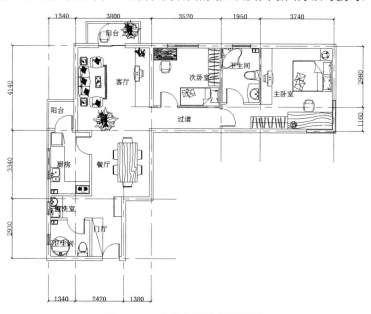

图 11-30　中等户型装修平面图

11.2.1　门厅和客厅及餐厅平面的插入

白天的客厅以自然采光为主，晚间以人工照明为主。沙发和茶几是客厅待客交流及家庭团聚畅叙的物质主体。因此，沙发的好坏、舒适与否，对待客情绪和气氛都会产生很重要的影响。

客厅的设计风格很多，主要分为传统和现代两种。传统风格的装饰装修设计主要是在室内插入线型、色调、家具及陈设的造型等方面，以吸取传统装饰的"形""神"为设计特征；现代风格的装饰装修设计以自然流畅的空间感为主题，简洁、实用为原则，使人与空间尽享浑然天成的契合惊喜。

1. 门厅插入

（1）打开还没有插入家具的门厅平面图，呈长方形，如图 11-31 所示。

（2）单击"默认"选项卡"绘图"面板中的"多段线"按钮⟶，根据门厅的特点绘制鞋柜，如图 11-32 所示。

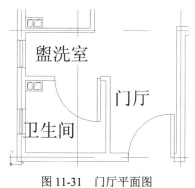

图 11-31　门厅平面图　　　　　图 11-32　绘制鞋柜

（3）鞋柜也可以插入门扇的左侧位置处，但宽度稍小，如图 11-33 所示。

2. 客厅及餐厅插入

客厅与餐厅多数是连通的。

（1）打开未插入家具的客厅和餐厅平面图，如图 11-34 所示。

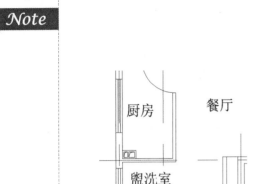

图 11-33　鞋柜在门扇左侧　　　　图 11-34　客厅与餐厅位置

（2）进行家具插入，先在客厅平面上插入沙发造型等，包括沙发、茶几和地毯等，如图 11-35 所示。

（3）单击"默认"选项卡"绘图"面板中的"多段线"按钮，绘制客厅电视柜造型，如图 11-36 所示。

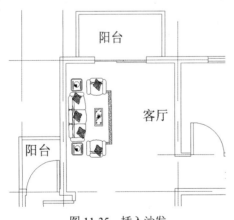
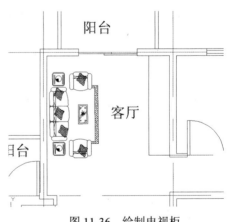

图 11-35　插入沙发　　　　　　　图 11-36　绘制电视柜

📖 **说明：** 沙发等家具若插入的位置不合适，则可以通过"移动""旋转"等命令对其位置进行调整。

（4）单击"默认"选项卡"块"面板"插入"按钮下拉菜单中的"最近使用的块"选项，在电视柜上插入电视机造型，如图 11-37 所示。

（5）单击"默认"选项卡"块"面板"插入"按钮下拉菜单中的"最近使用的块"选项，插入花草进行美化，如图 11-38 所示。

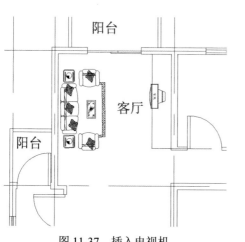

图 11-37　插入电视机

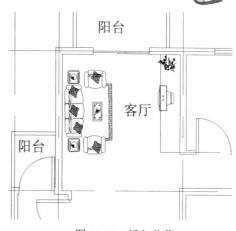

图 11-38　插入花草

（6）在其他合适的位置处插入大花草，对客厅进行布置，如图 11-39 所示。

（7）单击"默认"选项卡"块"面板"插入"按钮下拉菜单中的"最近使用的块"选项，在餐厅平面上插入餐桌，如图 11-40 所示。

（8）客厅及餐厅的家具插入完成。在命令行中输入 Z 命令，局部缩放视图观察效果，并保存图形，如图 11-41 所示。

图 11-39　插入大花草

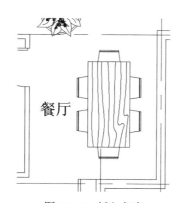

图 11-40　插入餐桌

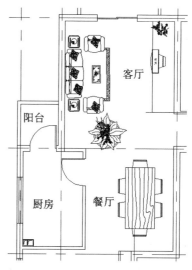

图 11-41　客厅与餐厅平面图

11.2.2　卧室平面的插入

中等户型一般至少有两个卧室，一个作为主卧室，另一个作为次卧室或儿童房等，其家具有床、衣柜等。有的主卧室还设置一个专用的卫生间。

（1）打开尚未插入家具设施的主卧室及其专用卫生间平面图，如图 11-42 所示。

（2）单击"默认"选项卡"块"面板"插入"按钮下拉菜单中的"最近使用的块"选项，插入双人床造型，如图 11-43 所示。

（3）单击"默认"选项卡"块"面板"插入"按钮下拉菜单中的"最近使用的块"选项，为双人床配置一个床头柜，如图 11-44 所示。

视频讲解

Note

图 11-42　主卧室及其卫生间平面图

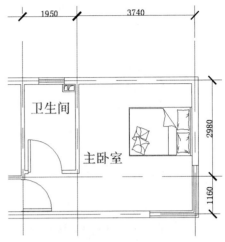

图 11-43　插入双人床

（4）单击"默认"选项卡"块"面板"插入"按钮下拉菜单中的"最近使用的块"选项，在双人床的对应位置处插入卧室的电视柜。根据卧室的大小插入电视矮柜辅助家具设施，如图 11-45 所示。

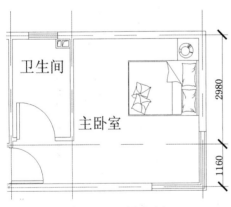

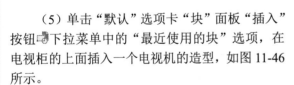

图 11-44　配置床头柜

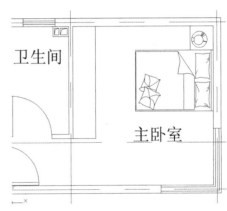

图 11-45　插入矮柜

（5）单击"默认"选项卡"块"面板"插入"按钮下拉菜单中的"最近使用的块"选项，在电视柜的上面插入一个电视机的造型，如图 11-46 所示。

（6）单击"默认"选项卡"块"面板"插入"按钮下拉菜单中的"最近使用的块"选项，在转角窗户处插入梳妆台及其椅子造型，如图 11-47 所示。

（7）单击"默认"选项卡"块"面板"插入"按钮下拉菜单中的"最近使用的块"选项，插入主卧室衣柜造型，如图 11-48 所示。

（8）单击"默认"选项卡"块"面板"插入"按钮下拉菜单中的"最近使用的块"选项，为

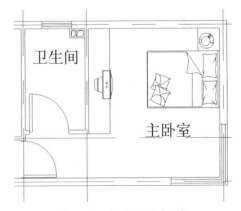

图 11-46　配置卧室电视机

主卧室卫生间插入洁具设施，先插入一个整体淋浴设施，如图 11-49 所示。

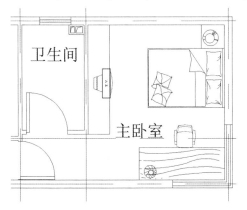

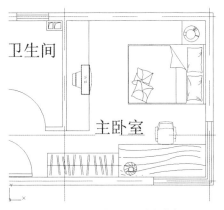

图 11-47　插入梳妆台及椅子　　　　　　　　图 11-48　插入主卧室衣柜

（9）单击"默认"选项卡"块"面板"插入"按钮下拉菜单中的"最近使用的块"选项，为主卧室卫生间插入一个坐便器，如图 11-50 所示。

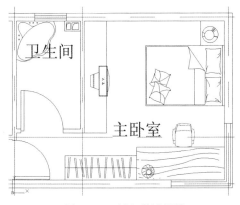

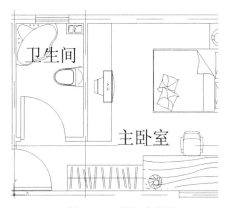

图 11-49　插入淋浴设施　　　　　　　　　　图 11-50　插入坐便器

（10）单击"默认"选项卡"绘图"面板中的"圆弧"按钮，绘制洗脸盆台面造型，如图 11-51 所示。

（11）单击"默认"选项卡"块"面板"插入"按钮下拉菜单中的"最近使用的块"选项，在台面位置处插入一个洗脸盆造型，如图 11-52 所示。

（12）主卧室及其卫生间的家具和洁具布置完成。观察图形并保存，如图 11-53 所示。

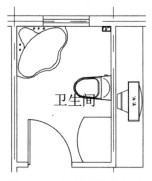

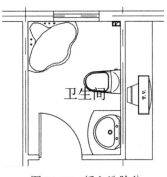

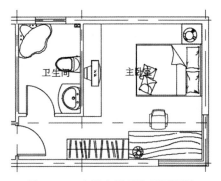

图 11-51　绘制洗脸盆台面　　　　图 11-52　插入洗脸盆　　　　图 11-53　主卧室及卫生间平面图

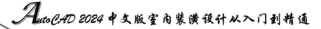

Note

（13）打开尚未插入家具设施的次卧室平面图，如图11-54所示。

（14）单击"默认"选项卡"块"面板"插入"按钮 下拉菜单中的"最近使用的块"选项，在次卧室中插入一张单人床，如图11-55所示。

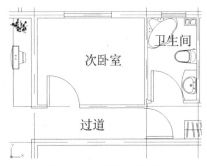

图11-54　次卧室位置

图11-55　插入单人床

（15）单击"默认"选项卡"块"面板"插入"按钮 下拉菜单中的"最近使用的块"选项，根据次卧室房间平面再插入一个衣柜和一张写字桌，如图11-56所示。

（16）完成主卧室和次卧室平面家具及洁具的插入，观察图形并保存，如图11-57所示。

图11-56　插入衣柜与写字桌

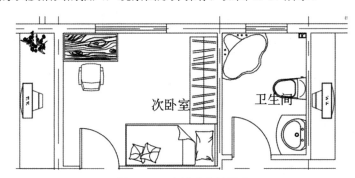

图11-57　主卧室和次卧室

11.2.3　厨房和卫生间平面的插入

下面先介绍厨房的平面家具插入方法，再介绍公共卫生间（俗称客卫）的布局安排。

在厨房和卫生间中插入家具时，要注意"小处着眼"。在厨房中，有各式各样的小装饰物以及各种刀具、餐具等用品。如果布置好这些东西，房间的装饰效果就可"事半功倍"。卫生间作为家庭的洗理中心，是每个人生活中不可缺少的部分，它是一个极具实用功能的地方，也是家庭装饰设计中的重点之一。

视频讲解

1.　厨房的插入

（1）打开尚未进行厨具等设施插入的厨房空间平面图，如图11-58所示。

（2）单击"默认"选项卡"绘图"面板中的"多段线"按钮 ，绘制橱柜轮廓线，如图11-59所示。

（3）单击"默认"选项卡"块"面板"插入"按钮 下拉菜单中的"最近使用的块"选项，插入燃气灶造型，如图11-60所示。

（4）单击"默认"选项卡"块"面板"插入"按钮 下拉菜单中的"最近使用的块"选项，在靠窗户的位置处插入洗菜盆，如图11-61所示。

图 11-58　厨房位置

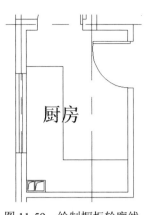
图 11-59　绘制橱柜轮廓线

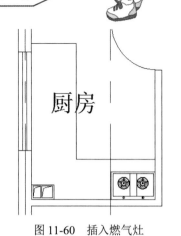

图 11-60　插入燃气灶

（5）单击"默认"选项卡"块"面板"插入"按钮下拉菜单中的"最近使用的块"选项，在靠厨房阳台处安置冰箱，如图 11-62 所示。

（6）厨房的基本设施插入完成。最后观察并保存图形，如图 11-63 所示。

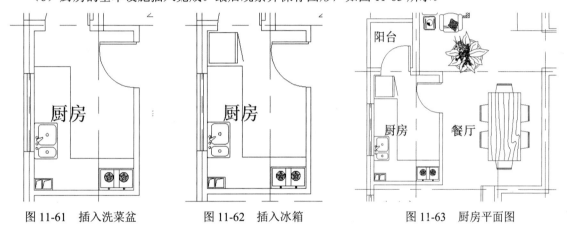
图 11-61　插入洗菜盆　　　　图 11-62　插入冰箱　　　　图 11-63　厨房平面图

2．卫生间（客卫）的插入

（1）卫生间应干湿分区，即淋浴与洗脸分别设置在不同位置，打开尚未进行洁具插入的卫生间平面图，如图 11-64 所示。

（2）单击"默认"选项卡"绘图"面板中的"直线"按钮，绘制洗脸盆台面，如图 11-65 所示。

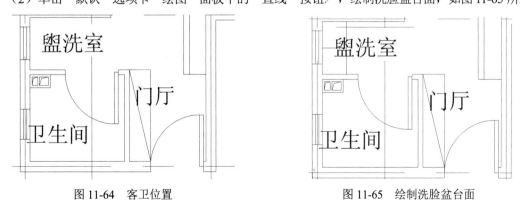
图 11-64　客卫位置　　　　　　　　图 11-65　绘制洗脸盆台面

（3）单击"默认"选项卡"块"面板"插入"按钮下拉菜单中的"最近使用的块"选项，插入一个洗脸盆，如图 11-66 所示。

（4）单击"默认"选项卡"块"面板"插入"按钮下拉菜单中的"最近使用的块"选项，在洗脸盆一侧插入洗衣机，如图 11-67 所示。

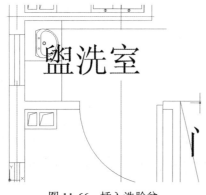

图 11-66　插入洗脸盆

图 11-67　插入洗衣机

（5）单击"默认"选项卡"块"面板"插入"按钮下拉菜单中的"最近使用的块"选项，根据卫生间（客卫）的形状及大小，插入坐便器，如图 11-68 所示。

（6）单击"默认"选项卡"块"面板"插入"按钮下拉菜单中的"最近使用的块"选项，在剩余的空间中插入整体淋浴设施，如图 11-69 所示。

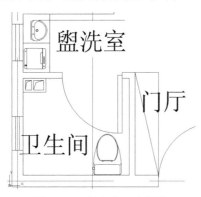

图 11-68　插入客卫坐便器

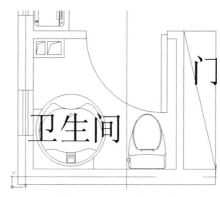

图 11-69　插入淋浴设施

（7）完成客卫及盥洗间的洁具插入。最后观察并保存图形，如图 11-70 所示。

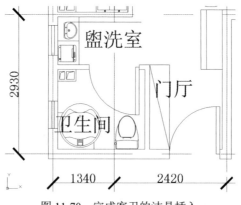

图 11-70　完成客卫的洁具插入

11.2.4 阳台等其他空间平面的插入

（1）在命令行中输入 Z，观察客厅阳台的位置，如图 11-71 所示。

（2）单击"默认"选项卡"绘图"面板中的"圆弧"按钮，根据阳台与客厅门的位置关系，在该阳台上设计弧线形状的电脑桌，如图 11-72 所示。

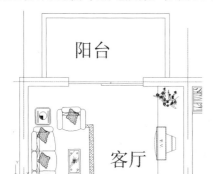

图 11-71　客厅阳台

图 11-72　绘制弧型桌面

（3）单击"默认"选项卡"块"面板"插入"按钮下拉菜单中的"最近使用的块"选项，插入办公椅子造型，如图 11-73 所示。

（4）单击"默认"选项卡"块"面板"插入"按钮下拉菜单中的"最近使用的块"选项，插入室内花草造型，如图 11-74 所示。

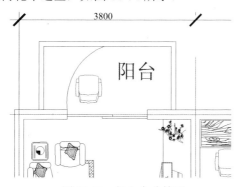

图 11-73　插入办公椅子

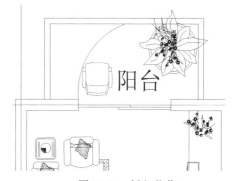

图 11-74　插入花草

11.3　地坪和顶棚平面图的绘制

中等户型的装修平面图中，地坪与顶棚设计是体现整个家居设计的灵性所在，是委婉，是亮丽，是古朴，是时尚，地坪和顶棚往往当之无愧地成为家居设计中的点睛之笔。对于地坪和顶棚的装饰设计来说，就要充分考虑到材料的质地、色彩和图案等多方面的因素，从而创造出曼妙的家居风景线。地坪装修材料为地砖、实木地板和复合木地板等，其中门厅、餐厅、客厅、厨房和卫生间等采用地砖地面，而主、次卧室则采用地板地面，通过填充不同图案即可表示其不同的材质。在进行吊顶绘制时，在门厅和餐厅处设计局部造型，卫生间和厨房采用铝扣板吊顶，卧室、客厅等房间的顶棚采用乳胶漆，无须绘制特别的图形。

11.3.1　地坪平面图的绘制

　　地坪在图形设计上有刚、柔两种选择。以正方形、矩形、多角形等直线条组合为特征的图案，带有阳刚之气；圆形、椭圆形、扇形和几何曲线形等曲线组合为特征的图案，带有柔和之气。地坪的装饰材料一般有瓷砖、塑料地砖、石材、木地板以及水泥等，可根据需要选用，如图 11-75 所示。

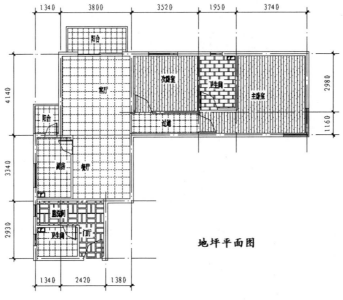

图 11-75　地坪装修效果图

　　（1）单击"默认"选项卡"绘图"面板中的"直线"按钮╱，确定门厅地面的范围，即确定填充图案的边界位置，该范围包括盥洗室，如图 11-76 所示。

　　（2）单击"默认"选项卡"绘图"面板中的"图案填充"按钮▨，填充门厅地面装修材料图案，如图 11-77 所示。

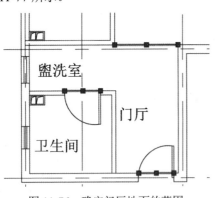

图 11-76　确定门厅地面的范围

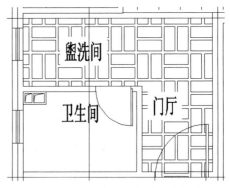

图 11-77　填充门厅装修材料图案

　　（3）单击"默认"选项卡"绘图"面板中的"直线"按钮╱，对门洞等开口处进行封闭，以界定客厅范围，如图 11-78 所示。

　　（4）单击"默认"选项卡"绘图"面板中的"图案填充"按钮▨，选定适合客厅范围的地坪装修效果，进行图案填充，如图 11-79 所示。

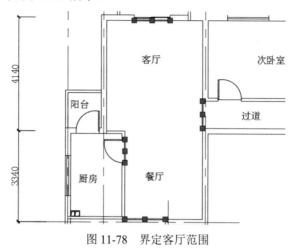

图 11-78　界定客厅范围

（5）单击"默认"选项卡"绘图"面板中的"图案填充"按钮▨，对厨房、卫生间及阳台地面，选择合适各个空间地坪装修效果的图案进行填充，如图 11-80 所示。

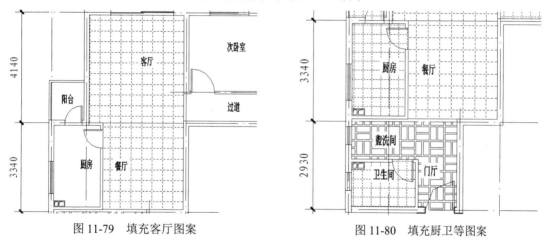

图 11-79　填充客厅图案　　　　　　　图 11-80　填充厨卫等图案

（6）单击"默认"选项卡"绘图"面板中的"图案填充"按钮▨，对卧室填充木地板图案造型，如图 11-81 所示。

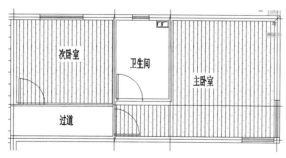

图 11-81　填充木地板图案

（7）完成地坪装修材料的绘制，如图 11-75 所示。

11.3.2　顶棚平面图的绘制

本小节介绍顶棚平面图设计的相关知识及其绘图方法与技巧，如图 11-82 所示。

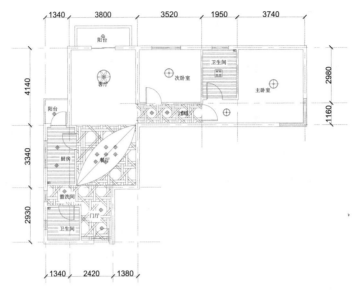

图 11-82　顶棚装修效果图

（1）顶棚设计平面一般采用未插入家具和洁具等设施的居室平面图，如图 11-83 所示。

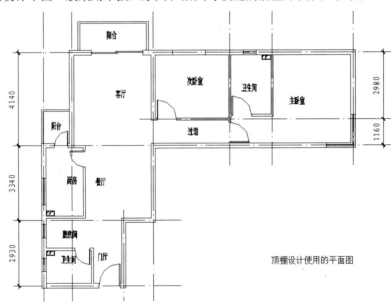

图 11-83　待设计顶棚的平面图

（2）单击"默认"选项卡"绘图"面板中的"直线"按钮／，界定门厅吊顶范围轮廓线，如图 11-84 所示。

（3）单击"默认"选项卡"绘图"面板中的"直线"按钮／和"修改"面板中的"偏移"按钮⊂、

"修剪"按钮▶，绘制门厅造型，如图 11-85 所示。

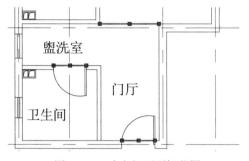

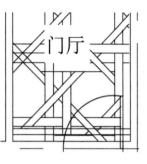

<table>
<tr><td>图 11-84 确定门厅顶棚范围</td><td>图 11-85 绘制门厅造型</td></tr>
</table>

（4）按上述方法，得到整个门厅范围的花架造型效果，如图 11-86 所示。

（5）单击"默认"选项卡"绘图"面板中的"图案填充"按钮▨，为客卫填充条形铝扣板，如图 11-87 所示。

（6）单击"默认"选项卡"绘图"面板中的"直线"按钮✐，确定餐厅吊顶设计范围，如图 11-88 所示。

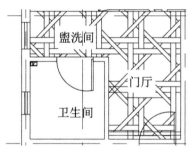

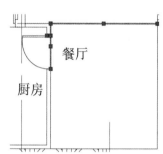

图 11-86 构成花架造型　　图 11-87 填充客卫吊顶　　图 11-88 确定餐厅吊顶设计范围

（7）单击"默认"选项卡"绘图"面板中的"直线"按钮✐，在对角绘制一条倾斜直线造型，如图 11-89 所示。

（8）单击"默认"选项卡"绘图"面板中的"圆弧"按钮✐，在倾斜直线两侧绘制弧线造型。单击"默认"选项卡"修改"面板中的"镜像"按钮⚠，镜像弧线造型，如图 11-90 所示。

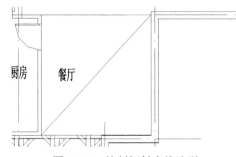

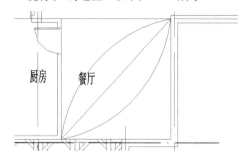

图 11-89 绘制倾斜直线造型　　　　　　　　图 11-90 绘制弧线造型

（9）单击"默认"选项卡"绘图"面板中的"直线"按钮✐和"修改"面板中的"偏移"按钮⟲、"修剪"按钮▶，完成餐厅顶棚造型绘制，如图 11-91 所示。

（10）按上述方法，完成餐厅顶棚造型的绘制，如图 11-92 所示。

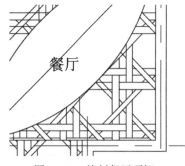

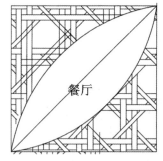

图 11-91　绘制餐厅顶棚　　　　　　　图 11-92　完成餐厅顶棚的绘制

（11）除了自己进行绘制外，有的顶棚造型可以通过选择填充图案进行填充得到，例如常见的厨房或卫生间铝扣板顶棚造型，根据具体情况确定，如图 11-93 所示。

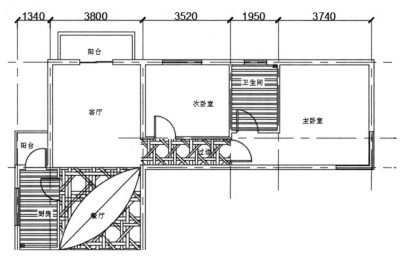

图 11-93　选择图案填充顶棚

（12）单击"默认"选项卡"块"面板"插入"按钮下拉菜单中的"最近使用的块"选项，在卫生间内插入浴霸。具体位置如图 11-94 所示。

（13）单击"默认"选项卡"块"面板"插入"按钮下拉菜单中的"最近使用的块"选项，在餐厅位置处插入造型灯。然后单击"默认"选项卡"修改"面板中的"复制"按钮，得到多个照明灯造型，如图 11-95 所示。

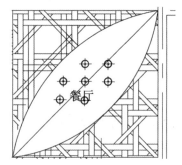

图 11-94　插入卫生间浴霸　　　　　　图 11-95　餐厅照明灯造型

（14）单击"默认"选项卡"绘图"面板中的"圆"按钮，绘制 3 个同心圆，作为客厅造型灯的外轮廓线，如图 11-96 所示。

（15）单击"默认"选项卡"绘图"面板中的"圆弧"按钮，在同心圆中绘制弧线，如图 11-97 所示。

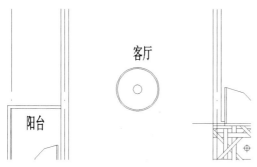

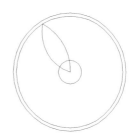

图 11-96　绘制 3 个同心圆　　　　　　　　　图 11-97　绘制弧线

（16）单击"默认"选项卡"修改"面板中的"环形阵列"按钮，对步骤（15）中绘制的圆弧进行阵列，得到吸顶灯造型效果，如图 11-98 所示。

（17）按上述方法在其他房间插入相应的照明灯造型，如卧室、厨房等，如图 11-99 所示。

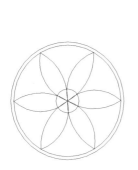

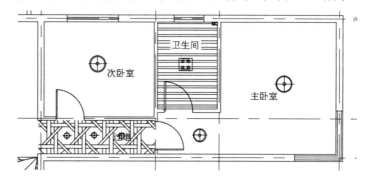

图 11-98　吸顶灯造型　　　　　　　　　图 11-99　插入其他房间的照明灯

（18）完成顶棚造型及其照明灯绘制。最后观察图形并保存，如图 11-82 所示。

11.4　操作与实践

通过前面的学习，读者对本章讲解的知识应该有了大体的了解，本节通过两个操作实践使读者进一步掌握本章知识要点。

11.4.1　绘制宾馆套房客房平面图

1．目的要求

本实践主要要求读者通过练习以进一步熟悉和掌握平面图的绘制方法。通过本实践，可以帮助读者完成宾馆套房客房平面图的整个绘制过程。

2．操作提示

（1）整理图形。

（2）插入室内布置。

绘制结果如图 11-100 所示。

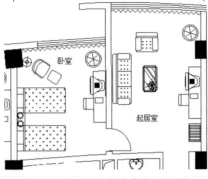

图 11-100　宾馆套房客房平面图

11.4.2　绘制宾馆标准客房平面图

1．目的要求

本实践主要要求读者通过练习以进一步熟悉和掌握平面图的绘制方法。通过本实践，可以帮助读者完成宾馆标准客房平面图的整个绘制过程。

2．操作提示

（1）绘图前准备。

（2）初步绘制地面图案。

（3）绘制地面材料平面图。

（4）在室内平面图中完善地面材料图案。

绘制结果如图 11-101 所示。

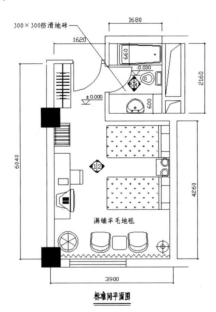

图 11-101　宾馆标准客房平面图

大户型室内设计

　　本章将详细讲解大户型的室内装饰设计思路及其相关装饰图的绘制方法与技巧，包括大户型装修前的建筑墙体、轴线和门窗的绘制；房间的开间和进深及其尺寸的标注；各个房间的名称及文字的标注方法；门厅、餐厅和客厅的餐桌与沙发等家具的布置方法；主卧室、次卧室中的床、衣柜和书柜等家具的布置方法；厨房操作台、灶具和洗菜盆等厨具的布置方法；主次卫生间中的坐便器、洗脸盆和淋浴设施等洁具的布置方法；各个房间地面不同材质的选择和装修的绘制；门厅、客厅和卧室等不同房间的吊顶照明灯具及顶棚造型等绘制方法。

　　☑　建筑平面图的绘制　　　　　　　　☑　地坪和顶棚平面图的绘制

　　☑　室内设计平面图的绘制

任务驱动&项目案例

（1）

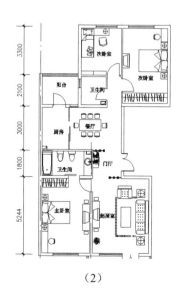

（2）

12.1　建筑平面图的绘制

　　大户型的功能房间有客厅、餐厅、主卧室及其卫生间、次卧室、书房、厨房、公用卫生间（客卫）、阳台等。通常所说的大户型类型有三室两厅一卫、三室两厅两卫等。其建筑平面图的绘制方法与一居室和二居室类似，同样是先建立各个功能房间的开间和进深轴线，然后按轴线位置绘制各个功能房间墙体及相应的门窗洞口的平面造型，最后绘制阳台及管道等辅助空间的平面图形，同时标注相应的尺寸和文字说明。

　　住宅的基本功能包括睡眠、休息、饮食、盥洗、家庭团聚、会客、视听、娱乐、学习、工作等。这些功能是相对的，其中有静或闹、私密或外向等不同特点，如睡眠、学习要求静，睡眠又有私密性的要求。下面介绍大户型的建筑平面图设计相关知识及其绘图方法与技巧，如图 12-1 所示。

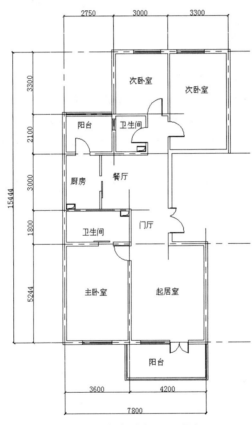

图 12-1　大户型建筑平面图

12.1.1　墙体的绘制

　　本小节介绍居室的各个房间的墙体轮廓线的绘制方法与技巧。

　　（1）单击"默认"选项卡"绘图"面板中的"直线"按钮 ╱，绘制直线完成居室墙体轴线的绘制，所绘制的轴线长度要略大于居室的总长度或总宽度，如图 12-2 所示。

　　（2）将轴线的线型由实线线型改为点画线线型，如图 12-3 所示。

（3）单击"默认"选项卡"修改"面板中的"偏移"按钮⊑，偏移轴线。

（4）使用夹点编辑功能调整绘制的轴线，结果如图 12-4 所示。

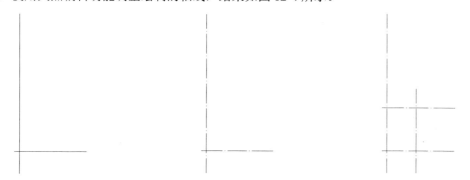

图 12-2　绘制墙体轴线　　　　图 12-3　改变轴线的线型　　　　图 12-4　按开间或进深创建轴线

（5）按上述方法完成整个大户型的墙体轴线的绘制，如图 12-5 所示。

（6）单击"默认"选项卡"注释"面板中的"线性"按钮├┤，对墙体轴线的尺寸进行标注，如图 12-6 所示。

（7）单击"默认"选项卡"注释"面板中的"线性"按钮├┤，按上述方法完成大户型所有相关轴线尺寸的标注，如图 12-7 所示。

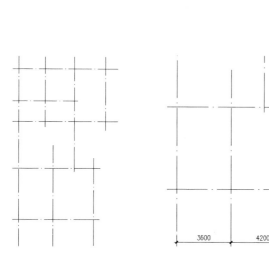

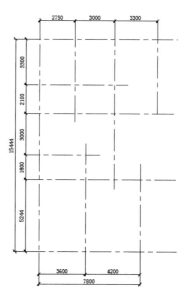

图 12-5　完成轴线的绘制　　　　图 12-6　标注轴线尺寸　　　　图 12-7　标注所有轴线尺寸

（8）在菜单栏中选择"绘图"→"多线"命令，设置多线比例为 200，居中对正位置，指定起点绘制墙体。使用"编辑多线"命令，对绘制的多线进行修改，完成墙体的绘制，如图 12-8 所示。

（9）在菜单栏中选择"绘图"→"多线"命令，设置多线比例为 100，居中对正位置，指定起点绘制墙体。对一些厚度比较薄的隔墙，如卫生间、过道等位置的墙体，通过调整多线的比例可以得到不同厚度的墙体造型，如图 12-9 所示。

（10）在菜单栏中选择"绘图"→"多线"命令，设置多线比例为 200，居中对正位置，指定起点绘制墙体。按照大户型的各个房间开间与进深继续进行其他位置墙体的创建，最后完成整个墙体造型的绘制，如图 12-10 所示。

Note

图 12-8　创建墙体造型

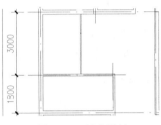

图 12-9　创建隔墙

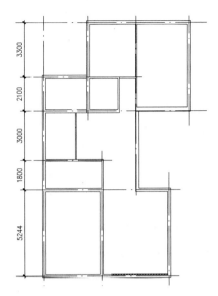

图 12-10　完成墙体绘制

视频讲解

12.1.2　门窗的绘制

下面介绍如何绘制墙体上门和窗的造型。

（1）单击"默认"选项卡"绘图"面板中的"直线"按钮，绘制一条竖直短线。单击"默认"选项卡"修改"面板中的"偏移"按钮，偏移竖直短线。创建大户型的户门造型，如图 12-11 所示。

（2）单击"默认"选项卡"修改"面板中的"修剪"按钮，对线条进行剪切，得到户门的门洞，如图 12-12 所示。

图 12-11　确定户门宽度　　　　　　　　　　　　　图 12-12　创建户门门洞

（3）单击"默认"选项卡"绘图"面板中的"多段线"按钮，绘制户门的门扇造型，如图 12-13 所示。

（4）单击"默认"选项卡"绘图"面板中的"圆弧"按钮，绘制两段长度不一样的弧线，得到户门的造型，如图 12-14 所示。

（5）单击"默认"选项卡"绘图"面板中的"直线"按钮，绘制一条短线。单击"默认"选项卡"修改"面板中的"偏移"按钮，完成阳台门联窗户造型的绘制，如图 12-15 所示。

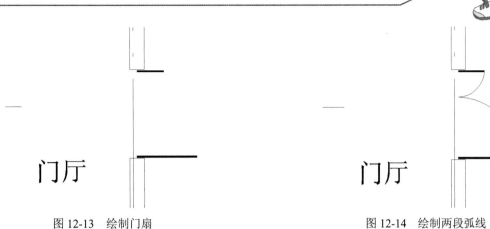

图 12-13 绘制门扇   图 12-14 绘制两段弧线

（6）单击"默认"选项卡"修改"面板中的"修剪"按钮，在门的位置剪切边界线，得到门洞，如图 12-16 所示。

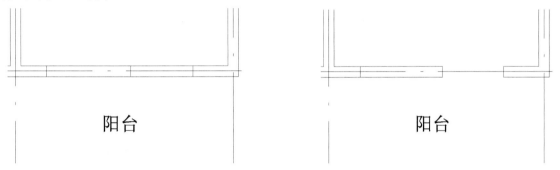

图 12-15 绘制 3 段短线   图 12-16 剪切得到门洞

（7）单击"默认"选项卡"绘图"面板中的"直线"按钮，绘制窗线。单击"默认"选项卡"修改"面板中的"偏移"按钮，偏移窗线完成窗户造型的绘制，如图 12-17 所示。

（8）单击"默认"选项卡"绘图"面板中的"多段线"按钮，按门大小的一半绘制其中一扇门扇，如图 12-18 所示。

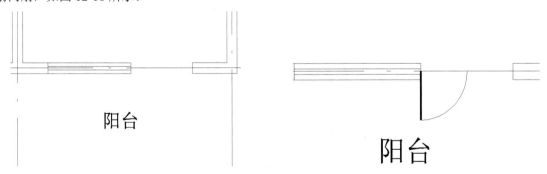

图 12-17 创建窗户造型   图 12-18 绘制门扇

（9）单击"默认"选项卡"修改"面板中的"镜像"按钮，将步骤（8）中绘制的门扇镜像复制，得到阳台门扇造型，完成门联窗户造型的绘制，如图 12-19 所示。

（10）单击"默认"选项卡"绘图"面板中的"直线"按钮，绘制出门的宽度范围。单击"默认"选项卡"修改"面板中的"偏移"按钮，绘制餐厅与厨房之间的推拉门造型，如图 12-20 所示。

阳台

图 12-19　镜像门扇

图 12-20　绘制门宽范围

（11）单击"默认"选项卡"修改"面板中的"修剪"按钮，进行剪切得到门洞形状，如图 12-21 所示。

（12）单击"默认"选项卡"绘图"面板中的"矩形"按钮，在靠餐厅一侧绘制矩形推拉门，如图 12-22 所示。

（13）其他位置的门扇和窗户造型可参照上述方法进行创建，如图 12-23 所示。

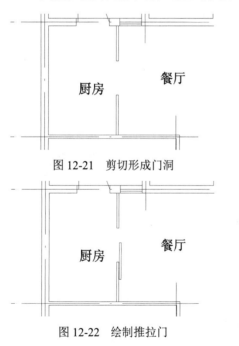

图 12-21　剪切形成门洞

图 12-22　绘制推拉门

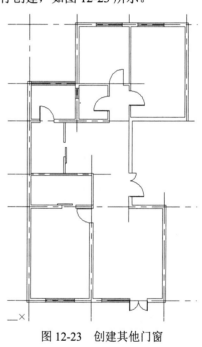

图 12-23　创建其他门窗

12.1.3　阳台、管道井等辅助空间的绘制

无论是小户型还是大户型，在卫生间和厨房中，需要设置通风管道或排烟管道等。

（1）单击"默认"选项卡"绘图"面板中的"多段线"按钮，绘制卫生间的矩形通风管道造型，如图 12-24 所示。

（2）单击"默认"选项卡"修改"面板中的"偏移"按钮，通过偏移得到通风管道墙体造型，如图 12-25 所示。

（3）单击"默认"选项卡"绘图"面板中的"多段线"按钮，在通风道内绘制折线造型，如图 12-26 所示。

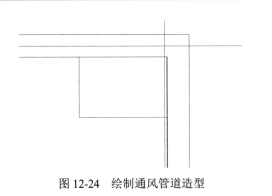

图 12-24　绘制通风管道造型　　　　　　　　图 12-25　创建通风管道墙体造型

（4）其他卫生间和厨房的通风管道及排烟管道等造型轮廓按上述方法创建，结果如图 12-27 所示。

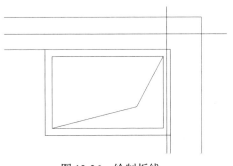

图 12-26　绘制折线

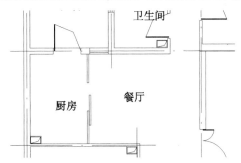

图 12-27　绘制其他管道造型

（5）单击"默认"选项卡"绘图"面板中的"多段线"按钮 ，按阳台的尺寸大小绘制其外轮廓，如图 12-28 所示。

（6）单击"默认"选项卡"修改"面板中的"偏移"按钮 ，得到阳台及其栏杆造型效果，如图 12-29 所示。

图 12-28　绘制阳台外轮廓

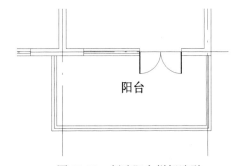

图 12-29　创建阳台栏杆造型

（7）单击"默认"选项卡"注释"面板中的"多行文字"按钮 **A**，为图形标注文字。未装修的大户型建筑平面图的绘制完成，最后缩放视图观察并保存图形，如图 12-1 所示。

12.2　室内设计平面图的绘制

对于大户型的装修平面图绘制，合理的家具插入同样是装修设计的关键。住宅的室内环境，由于空间的结构划分已经确定，在界面处理、家具布置、装饰插入之前，除了厨房和浴厕已有固定安装的

Note

管道和设施之外，其余房间的使用功能或一个房间内的功能区域划分，均应以住宅内部使用方便合理为依据。装潢前的研究、构思十分重要。一个杂乱的、不协调的室内环境，往往与在装潢前缺乏构思有关。门厅作为一个过渡性空间插入鞋柜等简单家具即可，其吊顶则可以设计一个造型进行美化。餐厅是家庭就餐的空间，需要插入大小合适的餐桌，而客厅则可以安排造型别致的沙发和电视柜。主卧室房间较大，可以插入一张床和衣柜及梳妆台或写字台等家具，次卧室可根据大小插入适当家具。主、次卫生间除坐便器和洗脸盆外，还应插入淋浴设施。

构思、立意，可以说是室内设计的灵魂。在当前大多数居民住宅面积不大、工作紧张、生活节奏较快、经济不宽裕等因素影响下，家庭的室内装饰以简洁、淡雅为好。因为简洁、淡雅有利于扩大空间，形成恬静宜人、轻松休闲的室内居住环境。在一些室内空间较大、宽敞的居室，其装潢风格造型的处理手法，变化可能更多一些。下面介绍大户型的建筑装饰图设计相关知识及其绘图方法与技巧，大户型装修平面图如图 12-30 所示。

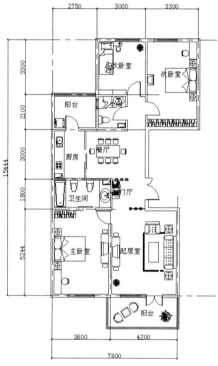

图 12-30　大户型装修平面图

12.2.1　门厅和客厅及餐厅平面的插入

在装潢前要对门厅的设计及形式有所认识，从门厅与房子的位置关系上，门厅装潢可分为以下几种。

☑ 独立式：一般门厅狭长，是进门通向厅堂的必经之路。可以选择多种装潢形式进行处理。

☑ 邻接式：与厅堂相连，没有较明显的独立区域。可使其形式独特，或与其他房间风格相融。

☑ 包含式：门厅包含于进厅之中，稍加修饰，就会成为整个厅堂的亮点，既能起分隔作用，又能增加空间的装饰效果。

1. 门厅的插入

本案例的大户型中，门厅呈方形，如图 12-31 所示。

（1）单击"默认"选项卡"绘图"面板中的"多边形"按钮⬠，根据该方形门厅的空间平面特点，在其两侧设置玄关。绘制正方形小柱子造型。单击"默认"选项卡"修改"面板中的"偏移"按钮⊆，偏移绘制好的正方形小柱子，如图 12-32 所示。

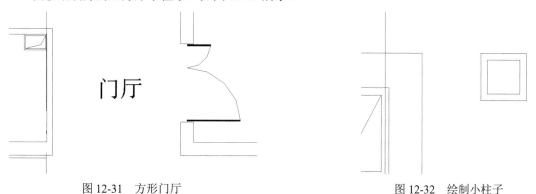

图 12-31　方形门厅　　　　　　　　　　　　　　图 12-32　绘制小柱子

（2）单击"默认"选项卡"修改"面板中的"复制"按钮⅛，得到玄关造型平面，如图 12-33 所示。

（3）单击"默认"选项卡"绘图"面板中的"多段线"按钮⤵，绘制中间连线造型，如图 12-34 所示。

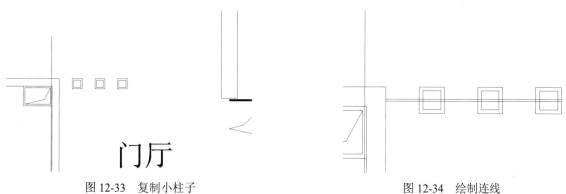

图 12-33　复制小柱子　　　　　　　　　　　　　图 12-34　绘制连线

（4）单击"默认"选项卡"修改"面板中的"复制"按钮⅛，复制得到另一侧的造型，如图 12-35 所示。

（5）单击"默认"选项卡"块"面板"插入"按钮下拉菜单中的"最近使用的块"选项，在门厅处插入一个鞋柜，如图 12-36 所示。

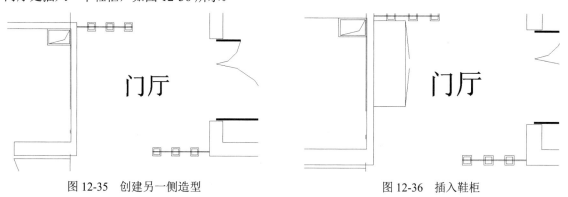

图 12-35　创建另一侧造型　　　　　　　　　　　图 12-36　插入鞋柜

（6）同样，在鞋柜上插入花草进行装饰，如图 12-37 所示。

📖 **说明：** 花草造型采用已有图库的图形。

2．客厅及餐厅的插入

起居室（即客厅）的空间平面图，如图 12-38 所示。

（1）单击"默认"选项卡"块"面板"插入"按钮⬇下拉菜单中的"最近使用的块"选项，在起居室平面上插入沙发造型等，如图 12-39 所示。

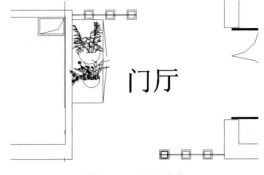

图 12-37　插入花草

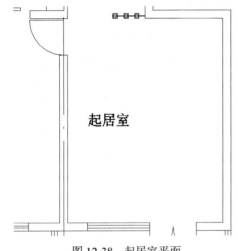

图 12-38　起居室平面

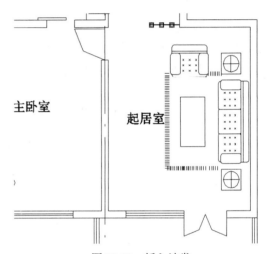

图 12-39　插入沙发

（2）单击"默认"选项卡"块"面板"插入"按钮⬇下拉菜单中的"最近使用的块"选项，为客厅配置电视柜造型，如图 12-40 所示。

（3）单击"默认"选项卡"块"面板"插入"按钮⬇下拉菜单中的"最近使用的块"选项，在起居室内插入适当的花草进行美化，如图 12-41 所示。

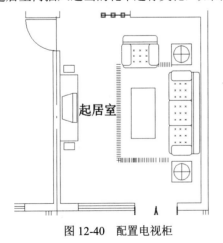

图 12-40　配置电视柜

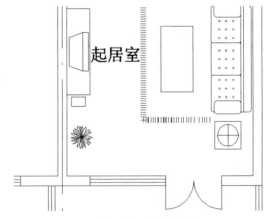

图 12-41　插入花草

（4）打开没有插入餐桌等家具的餐厅空间平面，如图 12-42 所示。

（5）单击"默认"选项卡"块"面板"插入"按钮下拉菜单中的"最近使用的块"选项，在餐厅平面上插入餐桌，如图 12-43 所示。

图 12-42 餐厅空间平面图

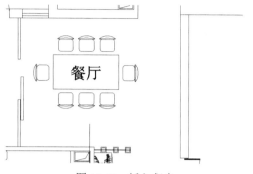

图 12-43 插入餐桌

（6）完成起居室及餐厅家具的插入。最后缩放视图，观察并保存图形，如图 12-44 所示。

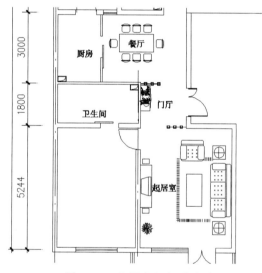

图 12-44 起居室与餐厅平面

12.2.2 卧室平面的插入

卧室在功能上比较简单，基本上都是以满足睡眠、更衣等生活需要为主。然而在室内设计中，简单意味着更深刻的内涵、更丰富的层次、更精到的内功、更深厚的底蕴。要做到满足使用不难，但要做到精致、别致、独具风采就需要下一番功夫了。

在卧室的设计上，要追求的是功能与形式的完美统一，优雅独特、简洁明快的设计风格。在卧室设计的审美上，要追求时尚而不浮躁，庄重典雅而不乏轻松、浪漫的感觉。因此，在卧室的设计上，会更多地运用丰富的表现手法，使卧室看似简单，实则韵味无穷。

（1）打开主卧室及其专用卫生间平面图，如图 12-45 所示。

（2）单击"默认"选项卡"块"面板"插入"按钮下拉菜单中的"最近使用的块"选项，在主卧室中插入双人床及床头柜造型，如图 12-46 所示。

（3）单击"默认"选项卡"块"面板"插入"按钮下拉菜单中的"最近使用的块"选项，插入主卧室的衣柜，如图 12-47 所示。

视频讲解

图 12-45　主卧室与主卫

图 12-46　插入双人床及床头柜

（4）单击"默认"选项卡"块"面板"插入"按钮下拉菜单中的"最近使用的块"选项，插入梳妆台造型及其椅子造型，如图 12-48 所示。

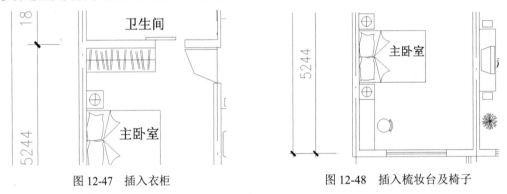

图 12-47　插入衣柜

图 12-48　插入梳妆台及椅子

（5）单击"默认"选项卡"块"面板"插入"按钮下拉菜单中的"最近使用的块"选项，在双人床右侧处插入卧室电视柜造型，如图 12-49 所示。

（6）单击"默认"选项卡"块"面板"插入"按钮下拉菜单中的"最近使用的块"选项，在主卧室卫生间内插入一个浴缸，如图 12-50 所示。

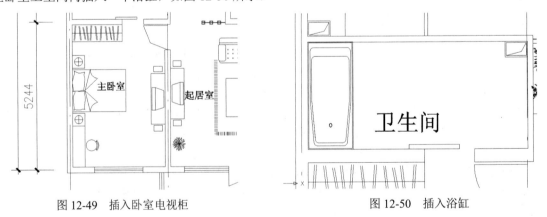

图 12-49　插入卧室电视柜

图 12-50　插入浴缸

（7）单击"默认"选项卡"块"面板"插入"按钮下拉菜单中的"最近使用的块"选项，在主卧室卫生间内插入坐便器和洁身器各一个，如图 12-51 所示。

（8）单击"默认"选项卡"绘图"面板中的"直线"按钮／，创建主卧室卫生间洗脸盆台面，如图 12-52 所示。

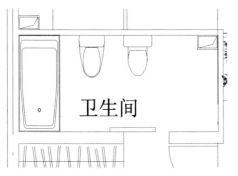

图 12-51　插入坐便器和洁身器

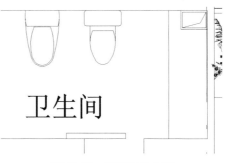

图 12-52　创建脸盆台面

（9）单击"默认"选项卡"块"面板"插入"按钮下拉菜单中的"最近使用的块"选项，在台面上插入一个洗脸盆造型，如图 12-53 所示。

（10）完成主卧室及其卫生间的家具和洁具的插入，洁具插入数量根据卫生间大小确定，如图 12-54 所示。

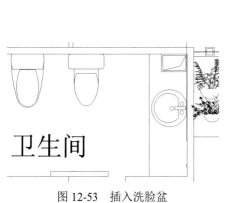

图 12-53　插入洗脸盆

图 12-54　主卧室及主卫装修效果

（11）打开两个次卧室空间平面图，缩放观察图形，如图 12-55 所示。

图 12-55　两个次卧室空间平面图

（12）单击"默认"选项卡"块"面板"插入"按钮下拉菜单中的"最近使用的块"选项，在两个次卧室内分别插入一张双人床和一张单人床，如图 12-56 所示。

（13）单击"默认"选项卡"块"面板"插入"按钮下拉菜单中的"最近使用的块"选项，根据两个次卧室的尺寸大小，分别插入不同的桌子，如图 12-57 所示。

图 12-56　插入床　　　　　　　　　　图 12-57　插入桌子

（14）单击"默认"选项卡"块"面板"插入"按钮下拉菜单中的"最近使用的块"选项，根据两个次卧室房间的不同情况，分别插入衣柜和书柜，如图 12-58 所示。

（15）至此，主、次卧室平面装饰图绘制完成，缩放视图，观察并保存图形，如图 12-59 所示。

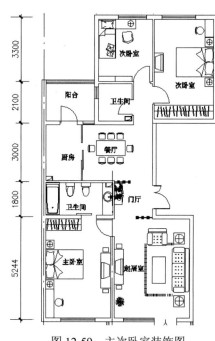

图 12-58　插入衣柜和书柜　　　　　　图 12-59　主次卧室装饰图

12.2.3　厨房和卫生间平面的插入

下面先介绍厨房的平面家具的插入方法，再介绍公共卫生间（俗称客卫）的布局安排。

1．厨房的插入

（1）打开厨房空间平面图，如图 12-60 所示。

（2）单击"默认"选项卡"绘图"面板中的"多段线"按钮，本案例的厨房平面空间呈"I"形，按其形状绘制橱柜，如图 12-61 所示。

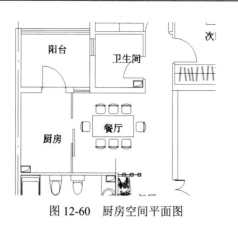

图 12-60　厨房空间平面图

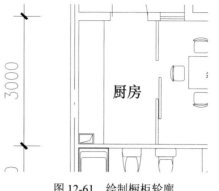

图 12-61　绘制橱柜轮廓

（3）单击"默认"选项卡"块"面板"插入"按钮 下拉菜单中的"最近使用的块"选项，在厨房内插入一个燃气灶造型，如图 12-62 所示。

（4）单击"默认"选项卡"块"面板"插入"按钮 下拉菜单中的"最近使用的块"选项，在厨房内插入一个洗菜盆，如图 12-63 所示。

图 12-62　插入燃气灶

图 12-63　插入洗菜盆

（5）单击"默认"选项卡"块"面板"插入"按钮 下拉菜单中的"最近使用的块"选项，在厨房阳台处插入一台洗衣机，如图 12-64 所示。

（6）完成厨房的基本设施的插入。缩放视图观察并保存图形，如图 12-65 所示。

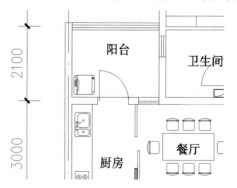

图 12-64　插入洗衣机

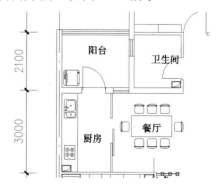

图 12-65　厨房装饰平面图

2. 卫生间（客卫）的插入

（1）打开客卫的空间平面图，如图 12-66 所示。

（2）单击"默认"选项卡"绘图"面板中的"多段线"按钮 ，绘制整体淋浴设施外轮廓，如图 12-67 所示。

图 12-66 客卫空间平面　　　　　　　图 12-67 绘制整体淋浴

卫生间作为家庭的洗理中心，是生活中不可缺少的部分。它是一个极具实用功能的地方，也是家庭装饰设计中的重点之一。一个完整的卫生间，应具备如厕、洗漱、沐浴、更衣、洗衣、干衣、化妆，以及洗漱用品的储藏等功能。具体情况需要根据实际的使用面积与主人的生活习惯而定。

（3）单击"默认"选项卡"绘图"面板中的"直线"按钮 ，绘制淋浴水龙头外轮廓线。单击"默认"选项卡"绘图"面板中的"圆"按钮 ，绘制淋浴水龙头造型，如图 12-68 所示。

（4）单击"默认"选项卡"块"面板"插入"按钮 下拉菜单中的"最近使用的块"选项，在客卫内插入一个坐便器，如图 12-69 所示。

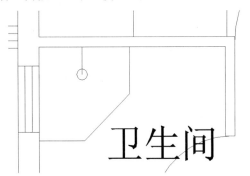

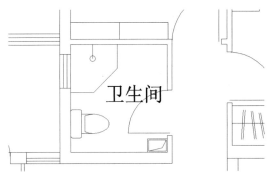

图 12-68 绘制淋浴水龙头　　　　　　图 12-69 插入坐便器

（5）单击"默认"选项卡"块"面板"插入"按钮 下拉菜单中的"最近使用的块"选项，在客卫整体淋浴设施的另一侧插入洗脸盆，如图 12-70 所示。

（6）完成客卫相关洁具设施的插入。缩放视图，观察并保存图形，如图 12-71 所示。

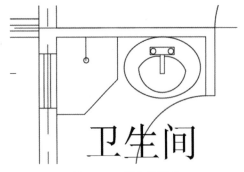

图 12-70 插入洗脸盆　　　　　　　　图 12-71 客卫装饰图

12.2.4 阳台等其他空间平面的插入

本案例的客厅阳台为休闲型，供休息休闲。下面介绍阳台的插入。

（1）缩放观察客厅阳台空间平面，如图 12-72 所示。

（2）单击"默认"选项卡"块"面板"插入"按钮下拉菜单中的"最近使用的块"选项，根据阳台与客厅门位置的关系，在阳台上插入小桌子和椅子，如图 12-73 所示。

（3）单击"默认"选项卡"块"面板"插入"按钮下拉菜单中的"最近使用的块"选项，再配置一些花草或盆景进行室内美化，如图 12-74 所示。

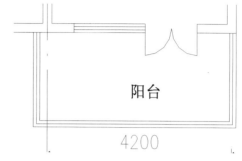

图 12-72 客厅阳台空间平面

图 12-73 插入小桌子和椅子

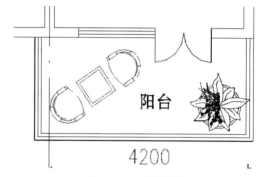

图 12-74 配置花草

12.3 地坪和顶棚平面图的绘制

在大户型的地坪和顶棚室内设计平面图中，地坪装修材料为地砖、实木地板或复合木地板等，其中门厅、餐厅、客厅、厨房、卫生间等采用地砖地面，而主次卧室则采用地板地面，通过选择不同图案填充来表示其不同的材质。在进行顶棚绘制时，在门厅和餐厅处设计局部造型，卫生间和厨房采用铝扣板吊顶，卧室、客厅等房间吊顶，采用乳胶漆，无须绘制特别的图形，仅插入照明灯或造型灯即可。

12.3.1 地坪平面图的绘制

本小节介绍地坪平面图设计的相关知识及其绘图方法与技巧，如图 12-75 所示。

（1）单击快速访问工具栏中的"打开"按钮，选择"大户型装修平面图绘制"，打开图形后，在图形中选择所需的图形并将其复制，结果如图 12-76 所示。

（2）单击"默认"选项卡"绘图"面板中的"直线"按钮，绘制门厅地面的范围，如图 12-77 所示。

视频讲解

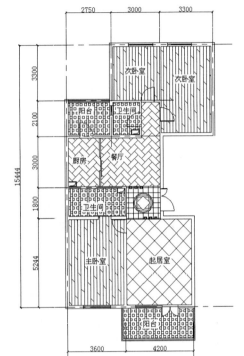

图 12-75　地坪室内设计平面图

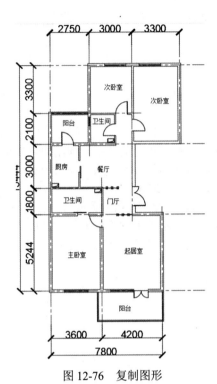

图 12-76　复制图形

（3）单击"默认"选项卡"绘图"面板中的"直线"按钮 ，在门厅地面中部位置处绘制一条直线，如图 12-78 所示。

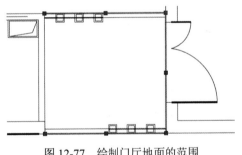

图 12-77　绘制门厅地面的范围

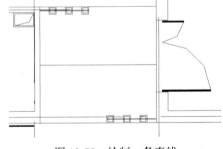

图 12-78　绘制一条直线

（4）单击"默认"选项卡"绘图"面板中的"圆"按钮 ，以直线中心为圆心绘制两个同心圆，如图 12-79 所示。

（5）单击"默认"选项卡"绘图"面板中的"多边形"按钮 ，以直线中心为中点绘制一个正方形，如图 12-80 所示。

（6）单击"默认"选项卡"绘图"面板中的"直线"按钮 ，连接正方形与圆形的不同交点，如图 12-81 所示。

（7）单击"默认"选项卡"绘图"面板中的"多边形"按钮 ，在内侧绘制一个菱形，如图 12-82 所示。

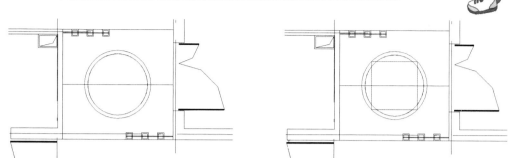

图 12-79　绘制同心圆　　　　　　　　　　　图 12-80　绘制正方形

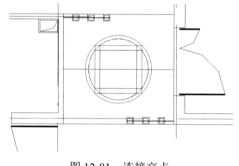

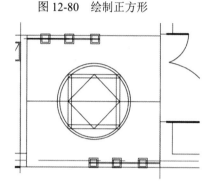

图 12-81　连接交点　　　　　　　　　　　　图 12-82　绘制菱形

（8）单击"默认"选项卡"修改"面板中的"修剪"按钮，对图线进行剪切，如图 12-83 所示。

（9）单击"默认"选项卡"绘图"面板中的"直线"按钮，绘制方格网地面，如图 12-84 所示。

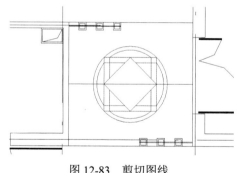

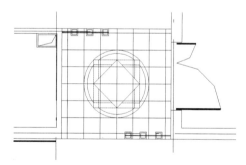

图 12-83　剪切图线　　　　　　　　　　　　图 12-84　绘制方格网地面

（10）单击"默认"选项卡"修改"面板中的"修剪"按钮，对图线进行修剪，最后得到门厅地面的地面拼花图案造型效果，如图 12-85 所示。

（11）单击"默认"选项卡"绘图"面板中的"图案填充"按钮，选定客厅范围并对其进行图案填充，得到其地坪装修效果，如图 12-86 所示。

（12）单击"默认"选项卡"绘图"面板中的"图案填充"按钮，选择合适厨房和餐厅地面的图案并对其地面进行填充，得到其地面铺装效果，如图 12-87 所示。

（13）单击"默认"选项卡"绘图"面板中的"图案填充"按钮，选择合适卫生间和阳台地面的图案并对其地面进行填充，得到其造型效果，如图 12-88 所示。

（14）单击"默认"选项卡"绘图"面板中的"图案填充"按钮，对主卧室和两个次卧室的地面木地板图案进行填充，如图 12-89 所示。

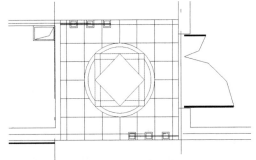

图 12-85　门厅地面拼花图案

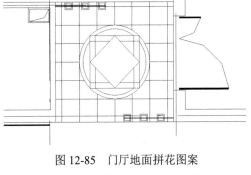

图 12-86　客厅地面效果

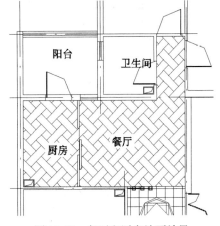

图 12-87　餐厅和厨房地面效果

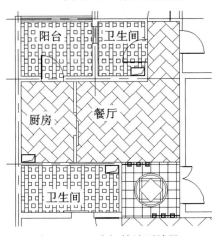

图 12-88　卫生间等地面效果

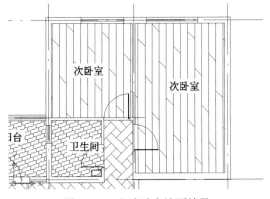

图 12-89　主次卧室地面效果

（15）完成本案例的大户型地坪装修材料的绘制，如图 12-75 所示。

12.3.2　顶棚平面图的绘制

本小节介绍顶棚平面图设计的相关知识及其绘图方法与技巧，如图 12-90 所示。

（1）打开顶棚设计所采用的空间平面图，如图 12-91 所示。

视频讲解

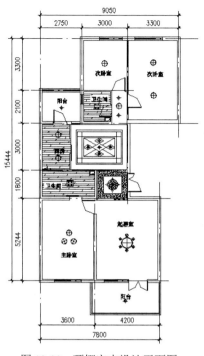

图 12-90　顶棚室内设计平面图

图 12-91　顶棚设计平面

（2）单击"默认"选项卡"绘图"面板中的"直线"按钮✏️，在门厅吊顶范围内绘制一个矩形造型，如图 12-92 所示。

（3）单击"默认"选项卡"绘图"面板中的"多段线"按钮➥，在矩形内绘制一个门厅吊顶特别的造型，如图 12-93 所示。

图 12-92　绘制一个矩形

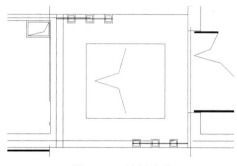

图 12-93　绘制造型

（4）单击"默认"选项卡"修改"面板中的"镜像"按钮⚠️，通过镜像得到对称造型效果，如图 12-94 所示。

（5）单击"默认"选项卡"绘图"面板中的"圆"按钮⊙，在造型处绘制一个圆形，如图 12-95 所示。

（6）单击"默认"选项卡"修改"面板中的"修剪"按钮✂️，对图线进行剪切，得到需要的造型效果，如图 12-96 所示。

（7）单击"默认"选项卡"绘图"面板中的"图案填充"按钮▦，为该图形选择填充图案，得到更为形象的效果，如图 12-97 所示。

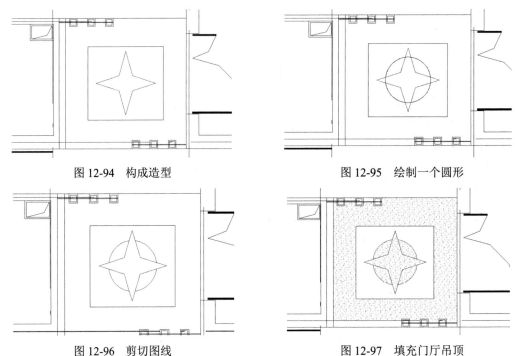

图 12-94 构成造型 图 12-95 绘制一个圆形

图 12-96 剪切图线 图 12-97 填充门厅吊顶

（8）单击"默认"选项卡"绘图"面板中的"矩形"按钮 □，绘制两个矩形作为餐厅吊顶造型轮廓线，如图 12-98 所示。

（9）单击"默认"选项卡"绘图"面板中的"直线"按钮 ／，在矩形内绘制水平和垂直方向的直线造型，如图 12-99 所示。

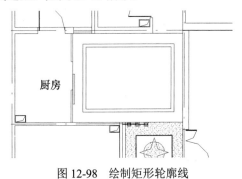
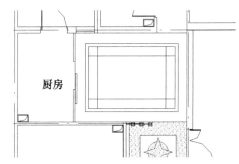

图 12-98 绘制矩形轮廓线 图 12-99 绘制直线造型

（10）单击"默认"选项卡"绘图"面板中的"矩形"按钮 □，在内侧绘制一个小矩形，并连接对角线，如图 12-100 所示。

（11）单击"默认"选项卡"修改"面板中的"偏移"按钮 ⊂，偏移图形线条，如图 12-101 所示。

（12）单击"默认"选项卡"修改"面板中的"修剪"按钮 ✂，通过剪切得到餐厅顶棚造型，如图 12-102 所示。

（13）单击"默认"选项卡"绘图"面板中的"图案填充"按钮 ▨，创建厨房和卫生间的顶棚，如图 12-103 所示。

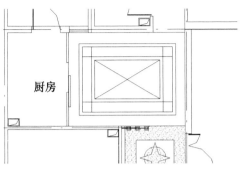

图 12-100 连接对角线

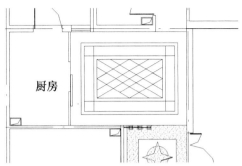

图 12-101 偏移线条

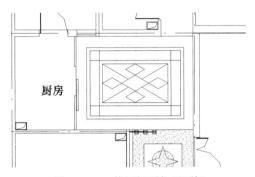

图 12-102 剪切得到餐厅顶棚

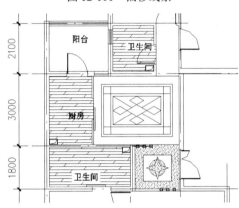

图 12-103 创建厨房和卫生间的顶棚

（14）单击"默认"选项卡"块"面板"插入"按钮下拉菜单中的"最近使用的块"选项，在卫生间内插入浴霸造型，如图 12-104 所示。

（15）单击"默认"选项卡"块"面板"插入"按钮下拉菜单中的"最近使用的块"选项，在厨房和过道插入造型灯，如图 12-105 所示。

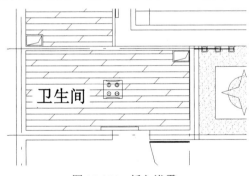

图 12-104 插入浴霸

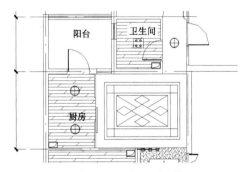

图 12-105 插入造型灯

（16）单击"默认"选项卡"块"面板"插入"按钮下拉菜单中的"最近使用的块"选项，配置餐厅灯，如图 12-106 所示。

（17）按上述方法为其他房间插入相应的照明灯造型，如卧室、阳台等，如图 12-107 所示。

（18）完成本案例的顶棚造型的创建。可以根据做法使用折线引出标注相应的说明文字，在此从略，完成效果如图 12-90 所示。

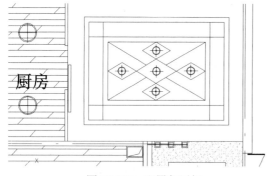

图 12-106 配置餐厅灯

图 12-107 插入其他位置的灯

12.4 操作与实践

通过前面的学习，读者对本章讲解的知识应该有了大体的了解，本节通过 3 个操作实践使读者进一步掌握本章知识要点。

12.4.1 绘制两室两厅户型平面布置图

1. 目的要求

本实践主要要求读者通过练习以进一步熟悉和掌握平面布置图的绘制方法。通过本实践，可以帮助读者完成平面布置图的整个绘制过程。

2. 操作提示

（1）绘图前准备。

（2）布置客厅。

（3）布置主卧。

（4）布置书房。

（5）布置厨房及阳台。

（6）布置卫生间。

（7）布置过道。

（8）装饰元素及细部处理。

绘制结果如图 12-108 所示。

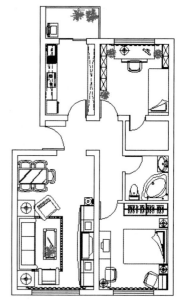

图 12-108 两室两厅户型平面布置图

12.4.2 绘制两室两厅户型建筑平面图

1. 目的要求

本实践主要要求读者通过练习以进一步熟悉和掌握平面图的绘制方法。通过本实践，可以帮助读者完成平面图的整个绘制过程。

2. 操作提示

（1）绘图前准备。

（2）绘制定位辅助线。

（3）绘制墙线。

（4）绘制柱子。

（5）绘制门窗、阳台。

（6）绘制装饰凹槽。

（7）标注尺寸及轴号。

（8）标注文字。

绘制结果如图 12-109 所示。

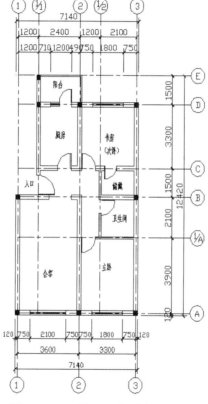

图 12-109　两室两厅户型建筑平面图

12.4.3　绘制两室两厅户型地面图

1. 目的要求

本实践主要要求读者通过练习以进一步熟悉和掌握地面图的绘制方法。通过本实践，可以帮助读者完成地面图的整个绘制过程。

2. 操作提示

（1）绘图前准备。

（2）初步绘制地面图。

（3）形成地面材料平面图。

（4）在室内平面图中完善地面材料图案。

绘制结果如图 12-110 所示。

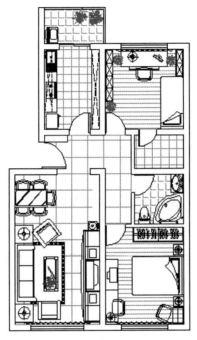

图 12-110　两室两厅户型地面图

第13章

某学院会议中心平面布置图

本章将以会议中心室内设计为例，详细讲述大型公共建筑室内设计平面图的绘制过程。在讲述过程中，将逐步带领读者完成平面图的绘制，并讲述关于大型公共空间平面设计计的相关知识和技巧。本章包括会议中心平面图绘制所涉及的知识要点、平面图的绘制、装饰图块的绘制、尺寸和文字的标注等内容。

- ☑ 设计思想
- ☑ 系统设置
- ☑ 绘制轴线
- ☑ 绘制墙线
- ☑ 绘制其他墙体

- ☑ 绘制楼梯
- ☑ 绘制室外台阶
- ☑ 绘制室内装饰
- ☑ 尺寸和文字的标注

任务驱动&项目案例

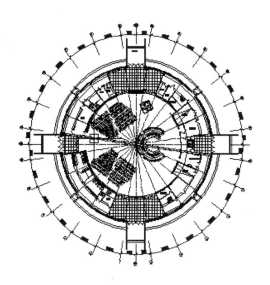

13.1 设 计 思 想

本节主要介绍公共建筑室内设计的特点以及设计原则。

13.1.1 大空间公共建筑室内设计特点

公共建筑空间室内设计，是根据建筑所处环境、功能性质、空间形式和投资标准，运用美学原理、审美法则、物质技术手段，创造一个满足人类社会生活和社会特征需求，表现人类文明和进步，并制约和影响人们的观念和行为的特定公共建筑空间。它反映了人们的地域、民族、物质生活内容和行为特征，体现了当代人在各种社会生活中所寻求的物质、精神需求和审美理想的室内环境设计，既具有公共活动的科学、适用、高效、人本的功能价值，又能反映地域风貌、建筑功能、历史文脉等各种因素的文化价值。

大型公共建筑的室内设计具有以下特点。

1. 以功能需求为宗旨

以人为本，物为人用，看重物更看重人的原则，是公共建筑空间室内设计的社会功能基石。公共建筑空间室内设计的目的是通过创造物化了的室内环境为人所用，设计者所探索和创造的应是一个服务于人的社会生活的理想室内环境，以专业技能创造物化的空间形式。设计者要研究人体工程学、环境心理学、审美心理学，以及地域文化等学科内容，深入了解人们在不同的公共场所生活行为的特征，达到心理需求和感观体验方面对室内环境设计的要求。

进行公共建筑空间室内设计需要了解现代人的生活、心理等要求，需要综合处理建筑与室内、室内与人、人与人交往等多种因素关系，更需要创建体味人心，符合大众审美文化，陶冶人们高尚情趣的理想空间。

创建理想的物化社会生活，实际上是设计者的专业修养、气质、情感的凝练。在创造生活时，体现参与生活和作用于生活的深度，了解各种功能空间中人的生活规律、行为规范和审美的追求，依据不同的使用对象，相应地满足不同的需求。例如，儿童活动室窗台高度由标准950mm左右，降到500mm左右，并设置保护安全的栏杆扶手等；设计残疾人通道与活动空间时，在室内的高差、垂直交通及卫生间等部位应做无障碍设计；设计老年人的活动空间时应充分考虑老年人的反应迟缓和行为特征，如上海地铁车站，对其安全疏散时间多留一分钟的余地。上述3种情况着重考虑了特殊人群的行为生理特点，以体现对弱势群体的社会责任感。

室内空间组织、色彩、照明以及家具陈设等因素的处理，以及它们组织构成的空间视觉形式，直接关系到人们的心理感受。例如，高耸的教堂室内空间构成与组织形式，烘托出神秘感；会客厅应创造亲切、和谐的氛围；而娱乐场所绚丽的色彩、闪烁的照明又会令人亢奋、愉悦。因此，设计应以满足空间的功能需求为准则，依据现代物质条件创造功能突出、主题明确、个性鲜明的公共建筑空间室内设计环境。

2. 加强环境整体观

对现代公共建筑空间室内设计的整体性把握是设计的关键因素。在此指导下，室内设计的立意、构思、主题文化的创建组织，需要着眼于对全新的具有现代化生活方式的综合感受。因此，现代公共建筑空间室内设计中的"环境"有两层含义：一层含义是指包括公共建筑空间室内设计环境、视觉环境、空气质量、声光热的物质环境、心理环境等诸多方面内容，这些因素也是人们极为重视的设计因素；另一层含义是，把公共建筑空间室内设计看成自然环境、城乡环境、室外环境，这些作为环境系列链的一个环节，它们相互之间有许多前因后果，或相互制约和提示的因素存在，并有机地统一在整体环境中。从整体环境看，室内外空间的布局、色彩、材质、照明、陈设等各个因素，都是室内环境设计系列中的链接环，它们之间是相辅相成的矛盾统一体关系。

由此可见，无论设计者在艺术风格的创造或在艺术手法的运用方面如何高明，如何娴熟，室内构成的整体协调统一是室内设计中重要的环节，是必须在实践中认真对待的关键内容。为了更深入地进行室内设计，需要对建筑环境、室内环境、室内界面、构件、布局、照明、陈设物、设施等各个环节进行了解和分析，了解室内外的相互影响，室内各局部之间的相互链接，局部与整体的协调统一，这其中包括两个方面的内容协调。

（1）量的规定性方面的协调：指室内构成造型要素中繁简关系的相互协调。

室内设计构成中繁简关系意味着室内空间的节奏感，也就是室内设计的取舍问题，人们往往习惯于做"加法"而不善于做"减法"，运用手法贪多而有损于内部空间的美感表达。为了做到繁简得体，就要"割爱"，宁少勿多。

（2）质的规定性方面的协调：指空间构成中造型要素的彼此协调。

为了使室内协调统一，应该把一切物化实体，如界面、家具、灯具、陈设艺术品等，都看成室内空间构成中的点、线、面、体，按照空间构成原理加以协调组织，这里应特别注意形体协调和尺度协调。为把握组织要领，可将某几何形体作为母体加以运用，如方形、圆形、多边形等母体符号，这将有助于形体协调关系的建立。

在大空间中，局部设计很容易出现尺度失调问题，局部尺度比例过大、过小或不匹配，都会削弱空间整体感。例如法国戴高乐机场通行标志设计，其造型、尺度和悬挂高度都与机场空间协调，因此成为空间构成的积极因素。

3. 科学性与艺术性并重

室内空间是建筑的主体。结构材料构筑了空间，采光照明烘托了空间，装饰陈设渲染了空间，设施设备又使空间整体科学现代化，这些构成因素有机整合，为人所用，以空间特有的力量影响人、感染人。

创造公共建筑空间室内设计环境高度科学性和艺术性的结合，必须积极运用当代科技成果，运用新型材料、新工艺，创造良好的声、光、电环境。认真分析和确定公共建筑空间室内设计物理环境和心理环境的需求定位，在参照主导室内环境构成的科学性的同时，更要依照功能要求。注重艺术氛围的创造，运用建筑美学原理和形式美的法则，使人们在心理上得以平衡，精神上获得愉悦。所谓现代化公共建筑空间室内设计的高科技（high-tech）、高情感（high-touch）的表达，就是科学性与艺术性、生理需求与心理需求、物质因素和精神因素的平衡与综合。

在具体设计时会遇到不同类型和功能特点的室内设计环境，上述两个方面的具体处理可能会有所侧重，但从宏观整体的设计观念出发，仍需要将二者结合。从宏观整体看，公共建筑空间室内设计环境总是从一个侧面反映当代社会物质生活和精神生活的特征，铭刻着时代的印记。所以，公共建筑空间室内设计更需要强调在设计中体现时代精神，主动地考虑满足当代社会生活活动和行为模式的需要，分析具有时代精神的价值观和审美观，积极采用当代物质技术手段。

4. 时代感与历史性并重

公共建筑空间室内设计在宏观上，总是从侧面反映当代物质文化和精神文化特征，反映时代精神风貌，体现当代社会生活内容和行为模式的需求，深入分析时代赋予我们的责任，理解把握时代精神的价值观和审美观，积极运用现代物质文明手段，尊重社会需求，传承历史文明，使设计具有历史延续性。

在公共建筑空间室内设计中，应尽可能地结合时代特点和当代生活理念，因地制宜地采取具有民族特点和地域特征并展示历史文脉延续发展的设计手法。

13.1.2 大空间公共建筑室内设计原则

公共建筑室内装饰设计有以下几点原则。

（1）公共建筑室内装饰设计应遵循实用、安全、经济、美观的基本设计原则。

（2）公共建筑室内装饰设计时，必须确保建筑物安全，不得任意改变建筑物承重结构和建筑构造。

（3）公共建筑室内装饰设计时，不得破坏建筑物外立面，若开安装孔洞，在设备安装后必须修整，以保持原建筑立面效果。

（4）公共建筑装饰室内设计时，在考虑经济预算的同时，宜采用新型的节能型和环保型装饰材料及用具，不得采用有害人体健康的伪劣建材。

（5）公共建筑室内装饰设计应贯彻国家颁布、实施的建筑、电气等设计规范的相关规定。

（6）公共建筑室内装饰设计必须贯彻现行的国家和地方有关防火、环保、建筑、电气、给排水等标准的有关规定。尤其要注意消防设施的配置，确保消防安全。

（7）作为大空间的公共活动场所，除了消防设计的第一要素外，建筑声学的计算数据是功能保证的最重要标准。因此，在设计初稿完成后，必须进行声学设计数据计算，必要时还需对建材和造型做局部模拟实验，并对照声学要求核对或修改装饰设计。剧院、大型会议室的顶面和墙面大多是凸凹的和反射材料与吸声材料相间的，就是基于建筑声学的需要。

（8）观众席的照明设计要考虑进出场、演出、电影放映、书写阅读等各种场景的使用情况。

13.2 绘 制 思 路

本章将逐步介绍以会议中心为代表的大型公共建筑设计装饰平面图的绘制。在讲述过程中，将循序渐进地介绍室内设计的基本知识以及 AutoCAD 的基本操作方法，如图 13-1 所示。

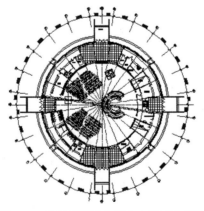

图 13-1 绘制某学院会议中心平面布置图

1. 绘制轴线

首先绘制平面图的轴线，定好位置以便绘制墙线及室内装饰的其他内容。在绘图过程中逐步熟悉"直线""修剪"等基本绘图命令。

2. 绘制墙线

在绘制好的轴线上绘制墙线。逐步熟悉"修剪""偏移"等绘图编辑命令。

3. 装饰部分

绘制室内装饰及门窗等部分。掌握弧线和块的基本操作方法。

4. 文字说明

添加平面图中必要的文字说明。学习文字编辑、文字样式的创建等操作。

5. 尺寸标注

添加平面图中的尺寸标注。学习尺寸线的绘制、尺寸标注样式的修改，连续标注等操作。

13.2.1 系统设置

在绘制图形之前首先进行系统设置，包括样板的选择、单位的设置、图形界限的设置以及坐标的设置等。

1. 新建文件

打开 AutoCAD 2024 应用程序，单击快速访问工具栏中的"新建"按钮 ，弹出"选择样板"对话框，如图 13-2 所示，以 acadiso.dwt 为样板文件创建新文件。

2. 单位的设置

在 AutoCAD 2024 中，图形是以 1∶1 的比例绘制的，到出图时再考虑以 1∶100 的比例输出。例如，建筑实际尺寸为 3m，在绘图时输入的距离值为 3000。因此，将系统单位设为毫米（mm）。以 1∶1 的比例绘制，输入尺寸时无须换算，比较方便。

具体操作是，选择菜单栏中的"格式"→"单位"命令，打开"图形单位"对话框。先在该对话框中设置单位，然后单击"确定"按钮，如图 13-3 所示。

图 13-2　新建样板文件

图 13-3　单位设置

3. 图形界限的设置

将图形界限设置为 A3 图幅。AutoCAD 2024 默认的图形界限为 420mm×297mm，已经是 A3 图幅，但是以 1∶1 的比例绘图，当以 1∶100 的比例出图时，图纸空间将缩小 100 倍，所以现在将图形界限

视频讲解

设为42000×29700，即扩大100倍。命令行提示如下。

```
命令：LIMITS✓
重新设置模型空间界限：
指定左下角点或 [开(ON)/关(OFF)] <0,0>：✓
指定右上角点 <420.0000,297.0000>：42000,29700✓
```

13.2.2　绘制轴线

本小节主要介绍图层的创建以及轴线的绘制。

1. 绘图准备

（1）单击"默认"选项卡"图层"面板中的"图层特性"按钮，打开"图层特性管理器"选项板，如图13-4所示。

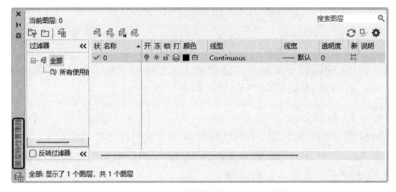

图13-4　"图层特性管理器"选项板

在绘图过程中，往往有不同的绘图内容，如轴线、墙线、装饰布置图块、地板、标注、文字等，如果将这些内容放置在一起，绘图之后要删除或编辑某一类型图形时，将带来选取上的困难。AutoCAD提供了图层功能，为编辑带来了极大的方便。

在绘图初期可以建立不同的图层，将不同类型的图形绘制在不同的图层中，在编辑时可以利用图层的显示和隐藏功能、锁定功能来操作图层中的图形，十分便于编辑运用。

（2）单击"图层特性管理器"选项板中的"新建图层"按钮，新建图层，如图13-5所示。

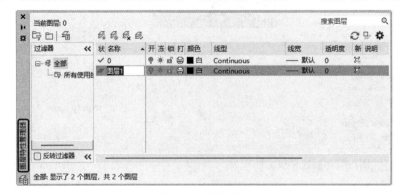

图13-5　新建图层

（3）新建图层的名称默认为"图层 1"，将其修改为"轴线"。图层名称后面的选项由左至右依次为"开/关图层""冻结/解冻图层""锁定/解锁图层""打印/不打印""图层颜色""图层线型""图层线宽"等。其中，编辑图形时最常用的是"开/关图层""锁定/解锁图层""图层线型""图层颜色"等。

（4）单击新建的"轴线"图层"颜色"栏中的色块，弹出"选择颜色"对话框，如图13-6所示，选择红色为"轴线"图层的默认颜色。单击"确定"按钮，返回"图层特性管理器"选项板中。

（5）单击"线型"栏中的选项，弹出"选择线型"对话框，如图13-7所示。轴线一般在绘图中选用中心线来绘制，因此应将"轴线"图层的默认线型设为中心线。单击"加载"按钮，弹出"加载或重载线型"对话框，如图13-8所示。

图13-6 "选择颜色"对话框

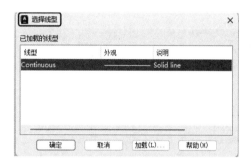

图13-7 "选择线型"对话框

（6）在"可用线型"列表框中选择CENTER线型，单击"确定"按钮，返回"选择线型"对话框中。选择刚加载的线型，如图13-9所示，单击"确定"按钮，"轴线"图层设置完毕。

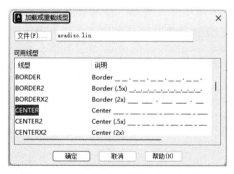

图13-8 "加载或重载线型"对话框

图13-9 选择加载的线型

（7）采用相同的方法，按照以下说明新建其他几个图层。

☑ "墙线"图层：颜色为白色，线型为实线，线宽为0.3mm。

☑ "门窗"图层：颜色为蓝色，线型为实线，线宽为默认。

☑ "装饰"图层：颜色为蓝色，线型为实线，线宽为默认。

☑ "文字"图层：颜色为白色，线型为实线，线宽为默认。

☑ "尺寸标注"图层：颜色为绿色，线型为实线，线宽为默认。

☑ "楼梯"图层：颜色为蓝色，线型为实线，线宽为默认。

☑ "台阶"图层：颜色为洋红，线型为实线，线宽为默认。

☑ "家具"图层：颜色为白色，线型为实线，线宽为默认。

在绘制的平面图中，包括轴线、门窗、装饰、文字和尺寸标注等几项内容，分别按照上面介绍的方式设置图层。其中的颜色可以依照读者的绘图习惯自行设置，并没有具体的要求。设置完成的"图层特性管理器"选项板如图 13-10 所示。

（8）对象捕捉设置。将光标移动到状态栏中的"对象捕捉"按钮上，右击打开快捷菜单，如图 13-11 所示。选择"对象捕捉设置"命令，打开"草图设置"对话框，在"对象捕捉"选项卡中，先按图 13-12 所示进行捕捉模式设置，然后单击"确定"按钮。

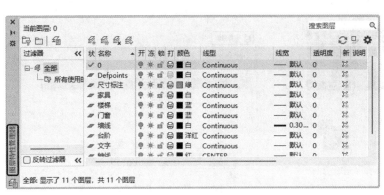

图 13-10　完成图层设置　　　　　　　　　　图 13-11　快捷菜单

2. 绘制轴线

（1）将"轴线"图层设置为当前图层，单击"默认"选项卡"绘图"面板中的"直线"按钮，绘制竖直轴线长度为 33000，捕捉垂直轴线上的中点作为第一条水平轴线的起点，向右侧绘制长度为 33000 的水平直线。

（2）单击"默认"选项卡"修改"面板中的"移动"按钮，将其水平轴线中点与垂直轴线中点重合，如图 13-13 所示。

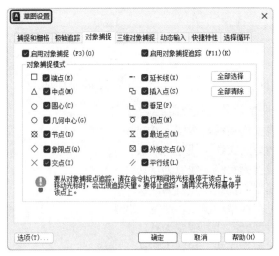

图 13-12　对象捕捉设置　　　　　　　　　　图 13-13　绘制轴线

（3）此时，轴线的线型虽然为中心线，但是由于比例太小，显示出来还是实线的形式。选择刚绘制的轴线并右击，在弹出的如图 13-14 所示的快捷菜单中选择"特性"命令，弹出"特性"选项板，如图 13-15 所示。将"线型比例"设置为 50，轴线显示如图 13-16 所示。

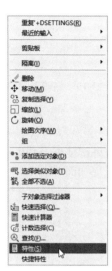

图 13-14　选择"特性"命令　　　图 13-15　"特性"选项板　　　图 13-16　修改比例后的轴线

注意： 本会议中心是一个圆形建筑，所以对于门可以先绘制一条主轴线，其他轴线利用"圆形阵列"命令绘制完成。

（4）单击"默认"选项卡"修改"面板中的"旋转"按钮 C，选择水平轴线，以水平轴线和垂直轴线交点为旋转基点，分别旋转复制角度 8° 和 -8°。命令行提示如下。

```
命令：ROTATE✓
UCS 当前的正角方向：ANGDIR=逆时针  ANGBASE=0
选择对象：(选择水平轴线)
选择对象：✓
指定基点：(选择水平轴线的中点)
指定旋转角度，或 [复制(C)/参照(R)] <0>：c✓
旋转一组选定对象
指定旋转角度，或 [复制(C)/参照(R)] <0>：8✓
命令：ROTATE✓
UCS 当前的正角方向：ANGDIR=逆时针  ANGBASE=0
选择对象：(选择水平轴线)
指定基点：(选择水平轴线的中点)
指定旋转角度，或 [复制(C)/参照(R)] <8>：c✓
旋转一组选定对象
指定旋转角度，或 [复制(C)/参照(R)] <8>：-8✓
```

旋转复制结果如图 13-17 所示。

（5）用相同方法旋转复制竖直轴线，轴线间角度为 8°，如图 13-18 所示。

（6）继续利用旋转复制绘制出轴线，剩余轴线间角度为 15°，如图 13-19 所示。

视频讲解

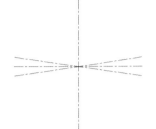

图 13-17　旋转、复制水平轴线

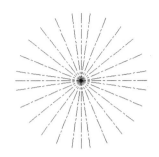

图 13-18　旋转、复制竖直轴线　　　　图 13-19　旋转复制轴线

13.2.3　绘制墙线

一般的建筑结构的墙线均是利用"多线"命令绘制的。本例是圆形建筑外部墙体，利用"多线"命令绘制反而会使绘制复杂化，在这里利用"圆"和"偏移"命令绘制墙线更加简单。

1．绘制柱子

首先在空白处将柱子绘制好，然后再移动到适当的轴线位置处。

（1）将"墙线"图层设置为当前图层。单击"默认"选项卡"绘图"面板中的"圆"按钮⊙，绘制半径为 500 的圆，作为柱子的轮廓，如图 13-20 所示。

（2）单击"默认"选项卡"修改"面板中的"移动"按钮✛，选择步骤（1）中绘制的圆柱子图形的下端点，将其移动到轴线上端，如图 13-21 所示。

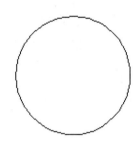

图 13-20　绘制柱子轮廓

（3）单击"默认"选项卡"修改"面板中的"复制"按钮⅋，选取已移动到轴线上的圆柱子图形，指定柱子上任意一点为基点，复制到其他轴线上，如图 13-22 所示。

2．编辑墙线及窗线

（1）单击"默认"选项卡"绘图"面板中的"圆"按钮⊙，以水平轴线和竖直轴线交点为圆心绘制半径为 17600 的圆，作为外墙轮廓线，如图 13-23 所示。

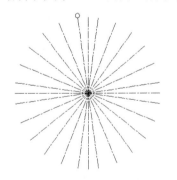

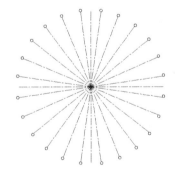

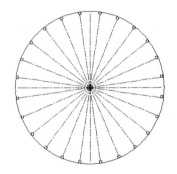

图 13-21　移动柱子轮廓　　　　　图 13-22　复制柱子　　　　　图 13-23　绘制外墙轮廓线

（2）单击"默认"选项卡"修改"面板中的"偏移"按钮⊂，选取步骤（1）中绘制的圆，向外偏移 240，如图 13-24 所示。

（3）单击"默认"选项卡"修改"面板中的"偏移"按钮⊂，选取步骤（2）中偏移的外圆，依次向外偏移 1700、240，如图 13-25 所示。

（4）选取最外围圆向内偏移，偏移距离分别为 4180、4420、7420、7660，如图 13-26 所示。

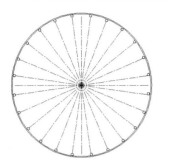

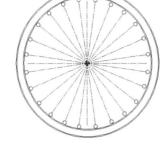

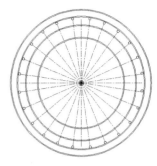

图 13-24　偏移外墙线　　　　图 13-25　偏移墙线（1）　　　　图 13-26　偏移墙线（2）

（5）设置隔墙线型。在建筑结构中，包括承载受力的承重结构和用来分割空间、美化环境的非承重墙。

❶ 选择菜单栏中的"格式"→"多线样式"命令，打开"多线样式"对话框。可以看到在绘制承重墙时创建的几种线型。单击"新建"按钮，弹出"创建新的多线样式"对话框，新建一个多线样式，并将其命名为 WALL_IN，单击"继续"按钮，打开"新建多线样式：WALL_IN"对话框，设置多线间距分别为 50 和−50，并选中直线的"起点"和"端点"复选框，如图 13-27 所示。

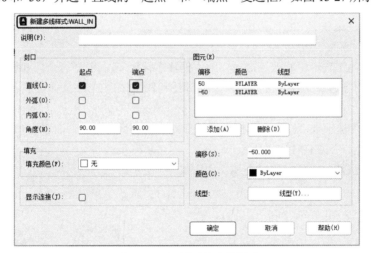

图 13-27　设置隔墙多线样式

❷ 选择菜单栏中的"绘图"→"多线"命令，绘制内部墙线，如图 13-28 所示。

（6）利用上述方法完成所有隔墙的绘制，如图 13-29 所示。

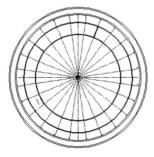

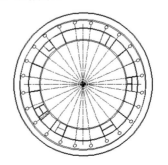

图 13-28　绘制内部隔墙　　　　　　图 13-29　绘制其他隔墙

（7）编辑墙线。墙线绘制完成，但是在多线的交点处没有进行处理，运用"多线""分解""修剪"命令完成多线处理。

❶ 选择菜单栏中的"修改"→"对象"→"多线"命令，打开"多线编辑工具"对话框。

❷ 选择多线样式"T 形合并"，然后选择如图 13-30 所示的多线。首先选择水平多线，然后选择垂直多线。多线交点变成如图 13-31 所示的效果。

❸ 对图形中的所有多线进行修改，如图 13-32 所示。

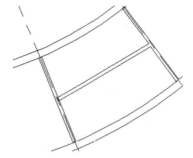
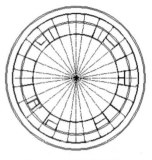

图 13-30　选择多线　　　　　图 13-31　编辑多线　　　　　图 13-32　修剪墙线

（8）开门窗洞。

❶ 单击"默认"选项卡"绘图"面板中的"直线"按钮／，根据门和窗户的具体位置，在对应的墙上绘制出这些门窗的一边边界。

❷ 单击"默认"选项卡"修改"面板中的"偏移"按钮⊏，根据每个门和窗户的具体大小，选择步骤❶中绘制的门窗边界偏移对应的距离，就能得到门窗洞在图上的具体位置。绘制结果如图 13-33 所示。

❸ 单击"默认"选项卡"修改"面板中的"修剪"按钮✂，按 Enter 键选择自动修剪模式，将两根轴线之间的墙线剪断，如图 13-34 所示。

❹ 利用上述方法修剪出所有门窗洞线，如图 13-35 所示。

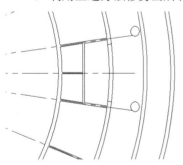
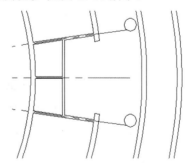
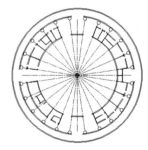

图 13-33　绘制门洞线　　　　　图 13-34　修剪门窗洞　　　　　图 13-35　修剪所有门洞

（9）绘制门。

❶ 将"门窗"图层设置为当前图层，单击"默认"选项卡"绘图"面板中的"直线"按钮／，在门洞上绘制门板线。

❷ 单击"默认"选项卡"绘图"面板中的"圆弧"按钮 ╭，绘制圆弧表示门的开启方向，即可得到门的图例。绘制完成后，在命令行中输入 WBLOCK，打开"写块"对话框，如图 13-36 所示。在图形上选择一点作为基点，然后选取保存块的路径，将名称修改为"单扇门"，选择刚绘制的门图

块，并选中"从图形中删除"单选按钮。

❸ 单击"确定"按钮，保存该图块。

❹ 单击"默认"选项卡"块"面板"插入"按钮下拉菜单中的"最近使用的块"选项，先在源文件中选择"单扇门"图形，将返回"块"选项板，如图 13-37 所示，然后单击"确定"按钮，将"单扇门"图块插入刚绘制的平面图中。

图 13-36　"写块"对话框

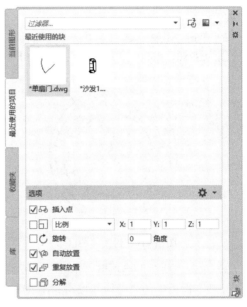

图 13-37　选择"单扇门"图形

❺ 单击"默认"选项卡"修改"面板中的"镜像"按钮，选取单扇门图形并对其进行镜像，即完成了双扇门的绘制。

❻ 利用单扇门的绘制方法绘制一个适当大小的单扇门图形，单击"默认"选项卡"修改"面板中的"复制"按钮，复制 4 扇单扇门图形，完成对开门的绘制。

❼ 单击"默认"选项卡"修改"面板中的"复制"按钮、"旋转"按钮和"镜像"按钮，将门图形移动到适当的位置处，如图 13-38 所示。

❽ 将 WALL_IN 多线样式置为当前，选择菜单栏中的"绘图"→"多线"命令，在入门处绘制两段墙体，如图 13-39 所示。

❾ 利用前面讲述的绘制门图形的方法在新绘制的墙体间绘制 4 扇门，结果如图 13-40 所示。

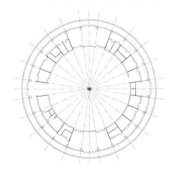

图 13-38　绘制门图形 1

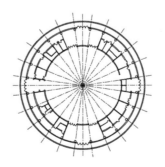

图 13-39　绘制门图形 2

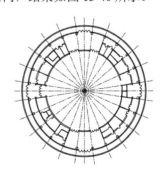

图 13-40　全部门的绘制结果

Note

13.2.4 绘制其他墙体

在建筑结构中，包括用于承载受力的承重结构和用于分割空间、美化环境的非承重墙。本小节将绘制非承重墙。

（1）单击"默认"选项卡"绘图"面板中的"直线"按钮 ╱，绘制直线封闭部分绘图区域，如图 13-41 所示。

（2）单击"默认"选项卡"修改"面板中的"偏移"按钮 ⊏，选取最外围的圆向内偏移，偏移距离分别为 3280、8660、8900，如图 13-42 所示。

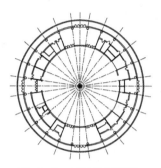

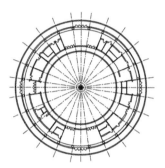

图 13-41　封闭绘图区域　　　　　　　　　　　图 13-42　偏移墙线

（3）单击"默认"选项卡"修改"面板中的"修剪"按钮 ⊁，修剪多余墙体；单击"默认"选项卡"修改"面板中的"延伸"按钮 ⊐，对修剪后的墙线进行延伸，如图 13-43 所示。

（4）利用上述绘制门的方法补充新绘制墙体上的门图形，如图 13-44 所示。

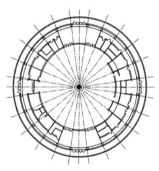

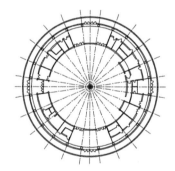

图 13-43　修剪及延伸墙线　　　　　　　　　　图 13-44　绘制新门图形

（5）单击"默认"选项卡"绘图"面板中的"图案填充"按钮 ▨，打开"图案填充创建"选项卡，如图 13-45 所示，选择 SOLID 图案，单击"拾取点"按钮 ▦，对墙体进行填充，结果如图 13-46所示。

图 13-45　"图案填充创建"选项卡

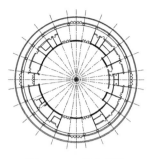

图 13-46 填充墙体

视频讲解

13.2.5 绘制楼梯

绘制楼梯时需要明确以下参数。

☑ 楼梯形式（单跑、双跑、直行、弧形等）。

☑ 楼梯各部位长、宽、高3格方向的尺寸，包括楼梯总宽、总长、楼梯宽度、踏步宽度、踏步高度、平台宽度等。

☑ 楼梯的安装位置。

（1）将"楼梯"图层设置为当前图层，单击"默认"选项卡"绘图"面板中的"直线"按钮 ╱，绘制一条长度为 800 的直线，如图 13-47 所示。

（2）单击"默认"选项卡"修改"面板中的"偏移"按钮 ⊆，选择步骤（1）中绘制的直线连续向下偏移，偏移距离为 180，一共 7 组，如图 13-48 所示。

（3）单击"默认"选项卡"绘图"面板中的"矩形"按钮 ▢，在绘制的直线线段上绘制一个边长为 1350×50 的矩形。单击"默认"选项卡"修改"面板中的"偏移"按钮 ⊆，选取矩形向内偏移 10，如图 13-49 所示。

图 13-47 绘制楼梯线段

图 13-48 偏移楼梯线

图 13-49 绘制矩形

（4）单击"默认"选项卡"绘图"面板中的"直线"按钮 ╱，绘制一条斜向 45° 的直线；单击"默认"选项卡"修改"面板中的"修剪"按钮 ╳，修剪掉斜向直线外的水平楼梯线，如图 13-50 所示。

（5）单击"默认"选项卡"绘图"面板中的"多段线"按钮 ⌐⌐，绘制楼梯指引箭头，如图 13-51 所示。命令行提示如下。

```
命令：PLINE↙
指定起点：
当前线宽为 0.0000
指定下一个点或 [圆弧(A)/半宽(H)/长度(L)/放弃(U)/宽度(W)]：（绘制一段直线）
指定下一点或 [圆弧(A)/闭合(C)/半宽(H)/长度(L)/放弃(U)/宽度(W)]：w↙
```

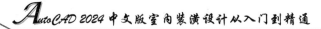

指定起点宽度 <0.0000>: 100↙
指定端点宽度 <100.0000>: 0↙

（6）利用相同方法绘制出会议中心的所有楼梯造型，如图 13-52 所示。

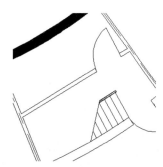　　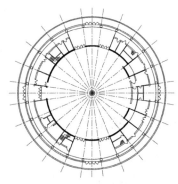

图 13-50　修剪图形　　　　图 13-51　绘制楼梯指引箭头　　　　图 13-52　绘制所有楼梯

13.2.6　绘制室外台阶

（1）将"台阶"图层设置为当前图层，单击"默认"选项卡"绘图"面板中的"直线"按钮 ╱，在北入口处绘制长度为 6000 的垂直直线，如图 13-53 所示。

（2）单击"默认"选项卡"修改"面板中的"镜像"按钮 ⚏，选取刚绘制的直线作为镜像对象，选取竖直轴线作为镜像线，结果如图 13-54 所示。

（3）单击"默认"选项卡"修改"面板中的"偏移"按钮 ⊏，选取步骤（2）图形中的两条垂直直线，并将其分别向外偏移，偏移距离均为 240。单击"默认"选项卡"绘图"面板中的"直线"按钮 ╱，分别绘制两条直线以封闭垂直直线的端口，如图 13-55 所示。

（4）单击"默认"选项卡"修改"面板中的"偏移"按钮 ⊏，选取步骤（3）中绘制的两条直线，并将其分别向下偏移，偏移距离分别为 800、3000、450，如图 13-56 所示。

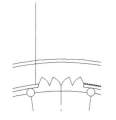　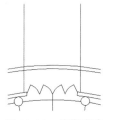　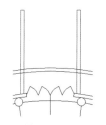　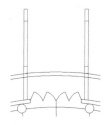

图 13-53　绘制直线　　图 13-54　镜像直线　　图 13-55　偏移直线并封闭其端口　　图 13-56　偏移封口直线

（5）单击"默认"选项卡"修改"面板中的"修剪"按钮 ✂，对图形进行修剪，如图 13-57 所示。

（6）单击"默认"选项卡"绘图"面板中的"图案填充"按钮 ▨，打开"图案填充创建"选项卡，选择 SOLID 图案，设置填充的角度为 0°，设置比例为 1，单击"拾取点"按钮 ▦，对图形进行填充，结果如图 13-58 所示。

（7）单击"默认"选项卡"绘图"面板中的"直线"按钮 ╱，绘制一条水平直线，如图 13-59 所示。

（8）单击"默认"选项卡"修改"面板中的"偏移"按钮 ⊏，选取步骤（7）中绘制的直线分别向下偏移两次，偏移距离均为 250，完成台阶的绘制，如图 13-60 所示。

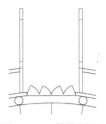

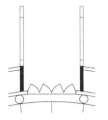
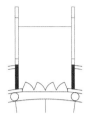
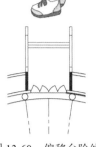

图 13-57　修剪图形　　　图 13-58　填充图形　　　图 13-59　绘制水平直线　　　图 13-60　偏移台阶线

（9）单击"默认"选项卡"修改"面板中的"复制"按钮，将步骤（8）中绘制的台阶复制到水平方向的合适位置处；单击"默认"选项卡"修改"面板中的"旋转"按钮，将其旋转90°；单击"默认"选项卡"修改"面板中的"镜像"按钮，分别选择垂直轴线和水平轴线为镜像线，将旋转的台阶镜像复制到垂直轴的另一侧，将步骤（8）中绘制的台阶镜像复制到水平轴线的另一侧，完成所有室外台阶的绘制，如图 13-61 所示。

（10）利用上述方法绘制剩余图形，如图 13-62 所示。

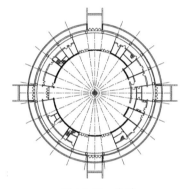
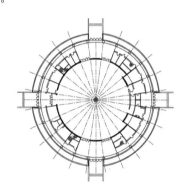

图 13-61　台阶　　　　　　　　　　　　图 13-62　绘制剩余图形

13.2.7　绘制室内装饰

本节主要介绍室内装饰，包括大厅座椅、会议桌椅组合以及沙发和茶几组合。

1. 绘制大厅座椅

（1）将"家具"图层设置为当前图层，单击"默认"选项卡"绘图"面板中的"矩形"按钮，在空白处绘制边长为 360×360 的正方形，如图 13-63 所示。

（2）单击"默认"选项卡"绘图"面板中的"圆弧"按钮，围绕步骤（1）中绘制的正方形绘制 3 段圆弧，如图 13-64 所示。

（3）单击"默认"选项卡"修改"面板中的"分解"按钮，选择矩形并对其进行分解；单击"默认"选项卡"修改"面板中的"删除"按钮，删除矩形一边，如图 13-65 所示。

（4）单击"默认"选项卡"绘图"面板中的"圆弧"按钮，选取底边下端点为起点、上端点为终点，绘制一段圆弧，如图 13-66 所示。

（5）在命令行中输入 WBLOCK，打开"写块"对话框。在图形上选择一点作为基点，然后选取保存块的路径，将名称修改为"椅子"。选择刚绘制的椅子图块，并选中"从图形中删除"单选按钮。单击"确定"按钮，保存该图块。

（6）单击"默认"选项卡"块"面板"插入"按钮下拉菜单中的"最近使用的块"选项，在图形适当位置处插入一个椅子图形；单击"默认"选项卡"修改"面板中的"复制"按钮，将椅子图形布置到平面图的大厅位置处，如图 13-67 所示。

 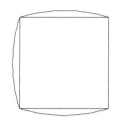  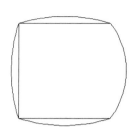

图 13-63 绘制正方形　　图 13-64 绘制 3 段圆弧　　图 13-65 删除矩形一边　　图 13-66 绘制圆弧

2. 绘制大厅会议桌椅组合

（1）单击"默认"选项卡"绘图"面板中的"圆"按钮⊙，绘制一个半径为 3360 的圆；单击"默认"选项卡"修改"面板中的"偏移"按钮⊜，将绘制的圆向内偏移，偏移距离为 300；单击"默认"选项卡"绘图"面板中的"直线"按钮╱，绘制直线分割圆图形，如图 13-68 所示。

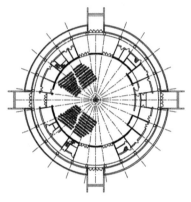 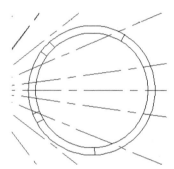

图 13-67 插入椅子　　　　　　　　　　图 13-68 绘制弧形会议桌

（2）单击"默认"选项卡"修改"面板中的"修剪"按钮，修剪掉多余线段。

（3）单击"默认"选项卡"块"面板"插入"按钮下拉菜单中的"最近使用的块"选项，插入已定义的"椅子"图块，如图 13-69 所示。

（4）单击"默认"选项卡"修改"面板中的"环形阵列"按钮，设置项目数为 44，项目间角度为 360°，如图 13-70 所示。

（5）利用相同的方法绘制内圈桌椅，如图 13-71 所示。

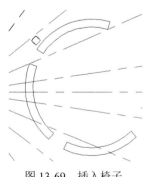 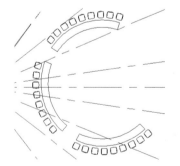 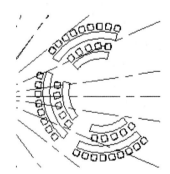

图 13-69 插入椅子　　　　图 13-70 阵列椅子　　　　图 13-71 绘制内圈桌椅

3. 绘制沙发和茶几组合

（1）单击"默认"选项卡"绘图"面板中的"矩形"按钮▭，绘制一个边长为 484×457 的矩形，如图 13-72 所示。

（2）单击"默认"选项卡"块"面板"插入"按钮下拉菜单中的"最近使用的块"选项，在步骤（1）中绘制的矩形左右两侧插入两个椅子图形，如图 13-73 所示。

（3）单击"默认"选项卡"修改"面板中的"镜像"按钮和"移动"按钮，绘制另一侧的沙发和茶几组合，如图 13-74 所示。

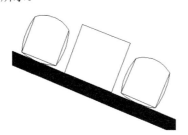
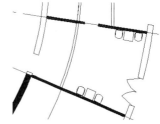

图 13-72　绘制矩形　　　　　图 13-73　插入椅子　　　　　图 13-74　镜像图形

（4）单击"默认"选项卡"绘图"面板中的"直线"按钮，绘制背投室里的图形，如图 13-75 所示。

（5）本实例中的其他图形可以调用图库中已有图形直接插入，如图 13-76 所示。

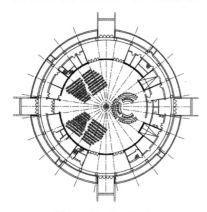
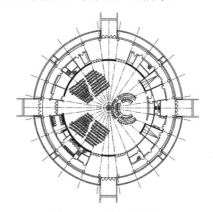

图 13-75　绘制图形　　　　　　　　　图 13-76　插入其他图形

4. 绘制地面图形

（1）单击"默认"选项卡"绘图"面板中的"直线"按钮，封闭绘图区域，如图 13-77 所示。

（2）为了使图形更清晰，关闭"轴线"图层，如图 13-78 所示。

（3）单击"默认"选项卡"修改"面板中的"修剪"按钮和"删除"按钮，对绘图区域进行修整，如图 13-79 所示。

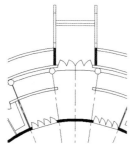
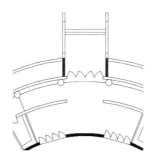
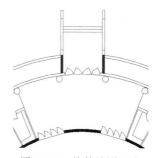

图 13-77　封闭绘图区域　　　　图 13-78　关闭"轴线"图层　　　　图 13-79　修整绘图区域

Note

视频讲解

（4）单击"默认"选项卡"绘图"面板中的"图案填充"按钮📊，弹出"图案填充创建"选项卡，选择 NET 图案，将比例设置为 200，对地面进行填充，结果如图 13-80 所示。

（5）利用上述方法绘制其他地面图形，如图 13-81 所示。

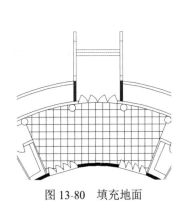

图 13-80　填充地面

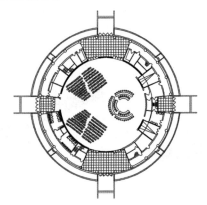

图 13-81　绘制地面图形

13.2.8　尺寸和文字的标注

首先设置标注样式，然后进行尺寸标注，最后进行文字标注和方向索引。

1. 尺寸的标注

为了方便标注，开启"轴线"图层。

（1）单击"默认"选项卡"注释"面板中的"标注样式"按钮，弹出"标注样式管理器"对话框，如图 13-82 所示。

（2）单击"新建"按钮，弹出"创建新标注样式"对话框，如图 13-83 所示，新建"角度标注"样式。

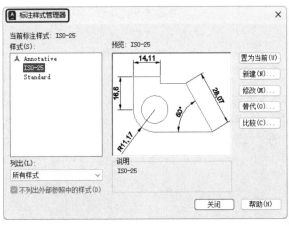

图 13-82　"标注样式管理器"对话框

图 13-83　"创建新标注样式"对话框

（3）单击"继续"按钮。打开"新建标注样式：ISO-25：角度"对话框。选择"线"选项卡，按照图 13-84 所示的参数修改标注样式；选择"符号和箭头"选项卡，按照图 13-85 所示的设置进行修改，选择箭头样式为"建筑标记"，修改"箭头大小"为 800；在"文字"选项卡中设置"文字高度"为 900，设置"从尺寸线偏移"为 0，如图 13-86 所示。

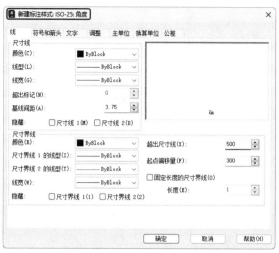

图 13-84　"线"选项卡

图 13-85　"符号和箭头"选项卡

（4）将"尺寸标注"图层设置为当前图层，单击"默认"选项卡"注释"面板中的"角度"按钮△，标注轴线间的距离，如图 13-87 所示。

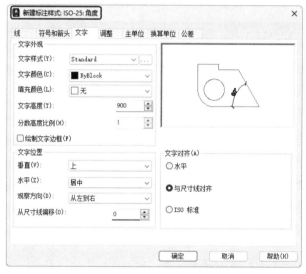

图 13-86　"文字"选项卡

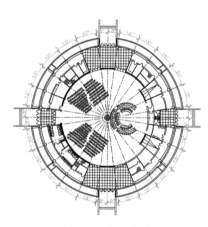

图 13-87　标注尺寸

（5）标注轴号。

❶ 将"尺寸标注"图层设置为当前图层，单击"默认"选项卡"绘图"面板中的"圆"按钮⊙，以轴线的端点为圆心，绘制一个半径为 500 的圆，如图 13-88 所示。

❷ 选择菜单栏中的"绘图"→"块"→"定义属性"命令，弹出"属性定义"对话框，如图 13-89 所示，单击"确定"按钮，在圆心位置输入一个块的属性值。设置完成后的效果如图 13-90 所示。

❸ 单击"默认"选项卡"块"面板中的"创建"按钮，弹出"块定义"对话框，如图 13-91 所示。在"名称"文本框中输入"轴号"，指定圆心为基点；选择整个圆和刚才的"轴号"标记为对象，单击"确定"按钮，弹出如图 13-92 所示的"编辑属性"对话框，输入轴号"17"，单击"确定"按钮，轴号效果如图 13-93 所示。

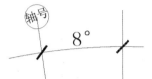

图 13-88　绘制圆　　　　　　图 13-89　"属性定义"对话框　　　　图 13-90　在圆心位置写入属性值

图 13-91　"块定义"对话框

图 13-92　"编辑属性"对话框

❹ 单击"默认"选项卡"块"面板"插入"按钮下拉菜单中的"最近使用的块"选项，弹出"插入"对话框，将"轴号"图块插入轴线上，并修改图块属性，结果如图 13-94 所示。

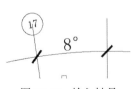

图 13-93　输入轴号

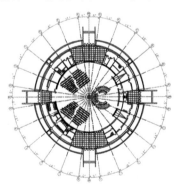

图 13-94　标注轴号

2．文字的标注

（1）单击"默认"选项卡"注释"面板中的"文字样式"按钮 Ａ，弹出"文字样式"对话框，如图 13-95 所示。

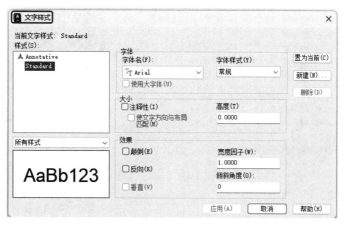

图 13-95　"文字样式"对话框

（2）单击"新建"按钮，弹出"新建文字样式"对话框，将文字样式命名为"说明"，如图 13-96 所示。

（3）单击"确定"按钮，返回"文字样式"对话框中，先取消选中"使用大字体"复选框，然后在"字体名"下拉列表框中选择"宋体"，设置"高度"为 350，如图 13-97 所示。

图 13-96　"新建文字样式"对话框

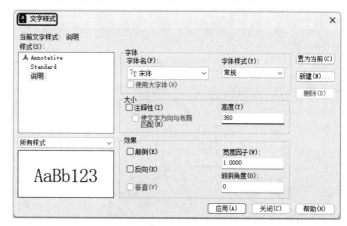

图 13-97　修改文字样式

（4）将"文字"图层设置为当前图层，如图 13-98 所示。

（5）单击"默认"选项卡"注释"面板中的"多行文字"按钮 Ａ，在图中相应的位置处输入需要标注的文字，结果如图 13-99 所示。

3．方向索引

在绘制一组室内设计图纸时，为了统一室内方向标识，通常要在平面图中添加方向索引符号。

（1）将"尺寸标注"图层设置为当前图层。单击"默认"选项卡"绘图"面板中的"矩形"按钮 囗，绘制一个边长为 1100 的正方形；接着单击"默认"选项卡"绘图"面板中的"直线"按钮 ，绘制正方形对角线；然后单击"默认"选项卡"修改"面板中的"旋转"按钮 C，将所绘制的正方形

视频讲解

旋转45°。

图13-98　设置当前图层

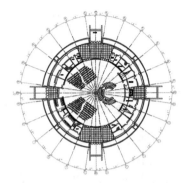

图13-99　标注文字

（2）单击"默认"选项卡"绘图"面板中的"圆"按钮⊙，以正方形对角线交点为圆心，绘制半径为550的圆，该圆与正方形内切。

（3）单击"默认"选项卡"修改"面板中的"分解"按钮卣，对正方形进行分解，并删除正方形下半部的两条边和垂直方向的对角线，剩余图形为等腰直角三角形与圆；然后利用"修剪"命令，结合已知圆修剪正方形水平对角线。

（4）单击"默认"选项卡"绘图"面板中的"图案填充"按钮▨，选择填充图案为SOLID，对等腰三角形中未与圆重叠的部分进行填充，得到如图13-100所示的索引符号。

（5）单击"默认"选项卡"块"面板中的"创建"按钮➡，将所绘索引符号定义为图块，命名为"室内索引符号"。

（6）单击"默认"选项卡"块"面板"插入"按钮➡下拉菜单中的"最近使用的块"选项，在平面图中插入索引符号，并根据需要调整符号角度。

（7）单击"默认"选项卡"注释"面板中的"多行文字"按钮Ａ，在索引符号的圆内添加字母或数字进行标识，如图13-101所示。

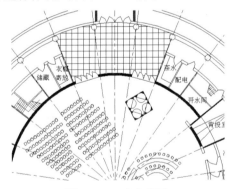

图13-100　方向索引

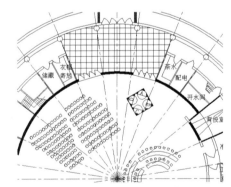

图13-101　添加字母

13.3　操作与实践

通过前面的学习，读者对本章讲解的知识应该有了大体的了解，本节通过3个操作实践使读者进一步掌握本章知识要点。

13.3.1　绘制宾馆大堂室内平面图

1. 目的要求

本实践主要要求读者通过练习以进一步熟悉和掌握平面图的绘制方法。通过本实践，可以帮助读者学会完成平面图的整个绘制过程。

2. 操作提示

（1）绘图前准备。

（2）绘制轴线。

（3）绘制柱子和墙线。

（4）绘制门窗、楼梯和台阶。

（5）插入布置图块。

（6）绘制铺地。

（7）标注尺寸和文字。

绘制结果如图 13-102 所示。

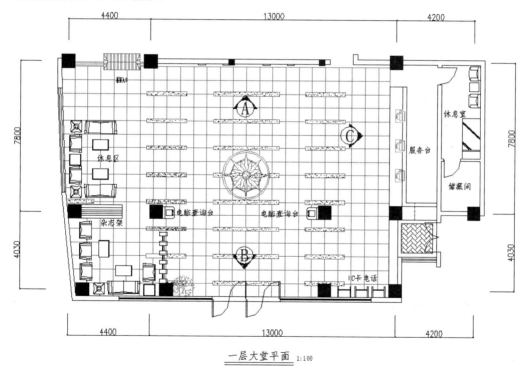

图 13-102　宾馆大堂室内平面图

13.3.2　绘制住宅平面图

1. 目的要求

本实践主要要求读者通过练习以进一步熟悉和掌握平面图的绘制方法。通过本实践，可以帮助读者学会完成平面图的整个绘制过程。

2．操作提示

（1）绘图前准备。

（2）绘制轴线。

（3）绘制柱子。

（4）绘制墙线和门窗。

（5）绘制装饰。

（6）标注尺寸。

（7）标注文字和标高。

绘制结果如图 13-103 所示。

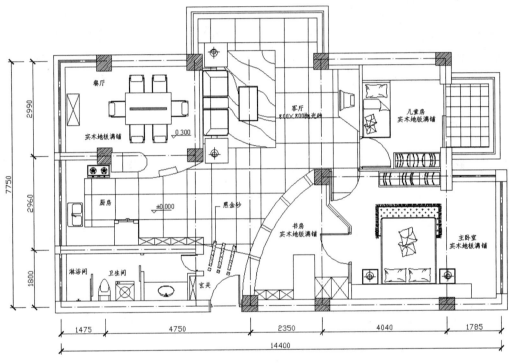

图 13-103　住宅平面图

13.3.3　绘制商业广场展示中心平面图

1．目的要求

本实践主要要求读者通过练习以进一步熟悉和掌握平面图的绘制方法。通过本实践，可以帮助读者学会完成平面图的整个绘制过程。

2．操作提示

（1）绘图前准备。

（2）绘制轴线。

（3）绘制墙线、门窗和洞口。

（4）绘制装饰图块和立面符号。

（5）标注尺寸。

（6）标注文字。

绘制结果如图 13-104 所示。

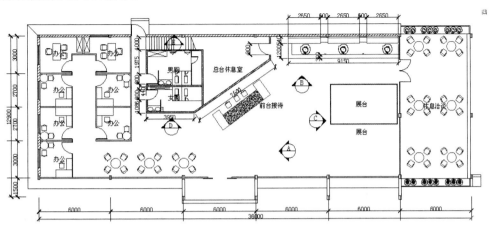

图 13-104　商业广场展示中心平面图

某学院会议中心顶棚布置图

室内设计顶棚图是根据顶棚在其下方假想的水平镜面上的正投影绘制而成的镜像投影图。

本章继续以第 13 章介绍的会议中心室内设计为例，详细讲述以会议中心为代表的大型公共建筑室内设计顶棚图的绘制过程。

- ☑ 室内物理环境概述
- ☑ 会议中心顶棚图的绘制

任务驱动&项目案例

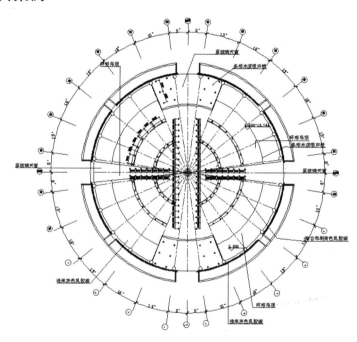

14.1　室内物理环境概述

室内物理环境是室内光环境、声环境和热工环境的总称。这 3 个方面直接影响着人们的学习和工作效率、生活质量、身心健康等方面，是提高室内环境质量不可忽视的因素。

1. 室内光环境

室内的光线来源于两个方面，即天然光和人工光。天然光由直射太阳光和阳光穿过地球大气层时扩散而成的天空光组成；人工光主要是指各种电光源发出的光线。

在照明设计中，尽量利用自然光满足室内的照度要求，在不能满足照度要求的地方辅助人工照明。我国大部分地区处在北半球，一般情况下，一定量的直射阳光照射到室内，有利于室内杀菌和身体健康，特别是在冬天；而在夏天，炙热的阳光射到室内会使室内温度升高，长时间照射会使室内陈设物品褪色、变质等，所以应注意遮阳、隔热问题。

现代用的照明电光源可分为两大类：一类是白炽灯；另一类是气体放电灯。白炽灯是靠灯丝通电加热到高温而放出热辐射光，如普通白炽灯、卤钨灯等；气体放电灯是靠气体激发而发光，属于冷光源，如荧光灯、高压钠灯、低压钠灯、高压汞灯等。

照明设计应注意以下几个因素。

（1）合适的照度。

（2）适当的亮度对比。

（3）宜人的光色。

（4）良好的显色性。

（5）避免眩光。

（6）正确的投光方向。

除此之外，在选择灯具时，应注意其发光效率、寿命及是否便于安装等因素。目前国家出台的相关照明设计标准中规定有各种室内空间的平均照度标准值，许多设计手册中也提供了各种灯具的性能参数，读者可以参阅。

2. 室内声环境

室内声环境的处理主要包括两个方面：一方面是室内音质的设计，如音乐厅、电影院、录音室等，目的是提高室内音质，满足应有的听觉效果；另一方面是隔声与降噪，旨在隔绝和降低各种噪声对室内环境的干扰。

3. 室内热工环境

室内热工环境受室内热辐射、温度、湿度、空气流速等因素的影响。为了满足人们舒适、健康的要求，在进行室内设计时，应结合空间布局、材料构造、家具陈设、色彩、绿化等方面综合考虑。

14.2　会议中心顶棚图的绘制

对会议中心顶棚图绘制过程的讲解，按其室内平面图的修改、顶棚造型的绘制、灯具的布置、文字和尺寸的标注、符号的标注及线宽的设置的顺序进行，如图 14-1 所示。

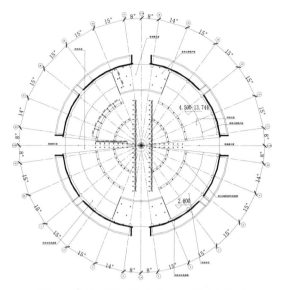

图 14-1   绘制某学院会议中心顶棚布置图

14.2.1   整理图形

视频讲解

（1）单击快速访问工具栏中的"打开"按钮 ，打开前面绘制的"某学院会议中心平面布置图"。

（2）关闭"文字""轴线""门窗""尺寸"图层，删除卫生间隔断和洗手台。

（3）单击"默认"选项卡"绘图"面板中的"直线"按钮 和"修改"面板中的"偏移"按钮 ，整理图形。结果如图 14-2 所示。

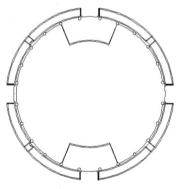

图 14-2   整理图形

（4）单击"默认"选项卡"绘图"面板中的"图案填充"按钮 ，打开"图案填充创建"选项卡，选择 SOLID 图案，具体设置如图 14-3 所示。填充图形如图 14-4 所示。

图 14-3   "图案填充创建"选项卡

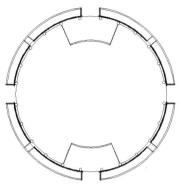

图 14-4　填充图形

14.2.2　绘制吊顶

（1）开启"轴线"图层，单击"默认"选项卡"修改"面板中的"偏移"按钮 ⊆，选取图形最外边线圆向内偏移，偏移距离为 5500；单击"默认"选项卡"修改"面板中的"修剪"按钮 ✄，对偏移后的线段进行修剪。

（2）单击"默认"选项卡"绘图"面板中的"直线"按钮 ∕，绘制几段直线，如图 14-5 所示。

（3）单击"默认"选项卡"修改"面板中的"偏移"按钮 ⊆，选取步骤（1）修剪得到的圆弧连续向内偏移，偏移距离分别为 3500、400、3500、400。结果如图 14-6 所示。

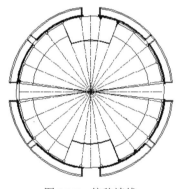

图 14-5　偏移墙线

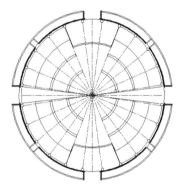

图 14-6　偏移直线

（4）单击"默认"选项卡"绘图"面板中的"直线"按钮 ∕，封闭偏移后的圆弧。

14.2.3　绘制灯具

（1）绘制吸顶灯。

❶ 单击"默认"选项卡"绘图"面板中的"圆"按钮 ⊙，在图纸空白位置处绘制一个半径为 100 的圆，如图 14-7 所示。

❷ 单击"默认"选项卡"修改"面板中的"偏移"按钮 ⊆，将步骤❶中绘制的圆向内偏移，偏移距离为 30，如图 14-8 所示。

❸ 单击"默认"选项卡"绘图"面板中的"直线"按钮 ∕，在圆心处绘制长度为 250 的十字交叉线。结果如图 14-9 所示。

❹ 单击"默认"选项卡"块"面板中的"创建"按钮 ⊑，弹出如图 14-10 所示的"块定义"对话框。选取圆心为插入点，选取吸顶灯为对象，单击"确定"按钮，完成吸顶灯图块的创建。

视频讲解

视频讲解

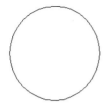

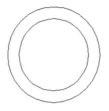

图 14-7　绘制圆　　　　　　图 14-8　偏移圆　　　　　　图 14-9　绘制交叉直线

❺　单击"默认"选项卡"块"面板中的"插入"按钮🔳，弹出如图 14-11 所示的"插入"下拉菜单，双击步骤❹中创建的吸顶灯图块可将其插入图形内适当位置，如图 14-12 所示。

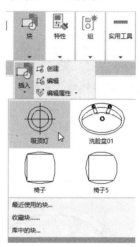

图 14-10　"块定义"对话框　　　　　　　图 14-11　"插入"下拉菜单

（2）单击"默认"选项卡"修改"面板中的"环形阵列"按钮⬡，设置项目数为 40，项目间角度为 360°，选择步骤（1）中插入的灯具图形并对其进行环形阵列。

（3）单击"默认"选项卡"修改"面板中的"删除"按钮，删除阵列出的多余灯具图形，如图 14-13 所示。

（4）利用上述方法完成其他灯具的布置，阵列参数的设置可参考步骤（2）。

（5）阵列完成，如图 14-14 所示。

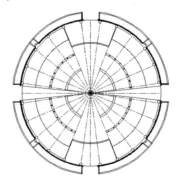

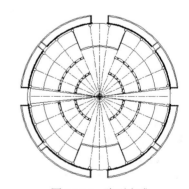

图 14-12　绘制吸顶灯　　　　图 14-13　阵列灯具　　　　图 14-14　阵列完成

（6）单击"默认"选项卡"块"面板"插入"按钮🔳下拉菜单中的"最近使用的块"选项，在图形适当位置处插入一个灯具图形，如图 14-15 所示。

（7）单击"默认"选项卡"修改"面板中的"复制"按钮和"镜像"按钮◺，选取步骤（6）

中插入的灯具图形，分别沿圆弧墙方向进行复制，设置复制间距为 2000，垂直轴线和水平轴线为镜像线，镜像两次完成左侧灯具的布置，如图 14-16 所示。

　　（8）单击"默认"选项卡"块"面板"插入"按钮下拉菜单中的"最近使用的块"选项，在图形适当位置处插入一个灯具图形，如图 14-17 所示。

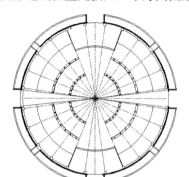

图 14-15　插入灯具图形（1）

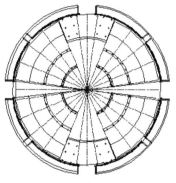

图 14-16　复制灯具图形

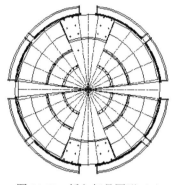

图 14-17　插入灯具图形（2）

　　（9）单击"默认"选项卡"修改"面板中的"矩形阵列"按钮，设置行数为 20，列数为 1，行间距为-1000，选择步骤（8）中插入的灯具图形并对其进行矩形阵列，如图 14-18 所示。

　　（10）单击"默认"选项卡"修改"面板中的"镜像"按钮，选取步骤（9）中的阵列图形，以垂直轴线为镜像线对其进行镜像，如图 14-19 所示。

　　（11）利用上述方法阵列剩余灯具图形，阵列间距为 1000，如图 14-20 所示。

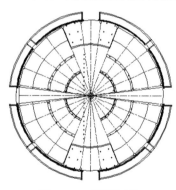

图 14-18　阵列灯具

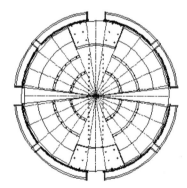

图 14-19　阵列图形（1）

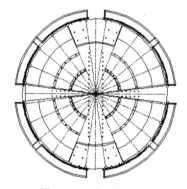

图 14-20　阵列图形（2）

14.2.4　尺寸和文字的标注

1. 尺寸的标注

　　（1）单击"注释"选项卡"标注"面板中的"角度"按钮和"连续"按钮，标注灯具位置尺寸，如图 14-21 所示。

　　（2）单击"默认"选项卡"块"面板"插入"按钮下拉菜单中的"最近使用的块"选项，弹出"块"选项板，插入标高符号；单击"默认"选项卡"修改"面板中的"分解"按钮，将标高图块分解，双击标高上的文字，输入新的文字。

　　（3）利用上述方法完成剩余标高的插入及修改，如图 14-22 所示。

2. 文字的标注

　　（1）单击"默认"选项卡"注释"面板中的"文字样式"按钮，弹出"文字样式"对话框，新建"说明"样式，设置文字高度为 200，并将其置为当前。

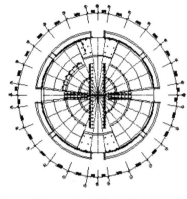

图 14-21　标注灯具尺寸

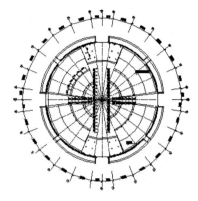

图 14-22　标注标高

（2）在命令行中输入 QLEADER，标注文字说明。命令行提示如下。

命令：QLEADER✓
指定第一个引线点或 [设置(S)] <设置>：s✓（在命令行中输入 s，弹出"引线设置"对话框，具体设置如图 14-23 所示）
指定第一个引线点或 [设置(S)] <设置>：
指定下一点：
输入注释文字的第一行 <多行文字(M)>：输入文字

（a）"注释"选项卡

（b）"引线和箭头"选项卡

（c）"附着"选项卡

图 14-23　"引线设置"对话框

最终结果如图 14-1 所示。

14.3　操作与实践

通过前面的学习，读者对本章讲解的知识应该有了大体的了解，本节通过 5 个操作实践使读者进一步掌握本章知识要点。

14.3.1　绘制宾馆大堂室内顶棚图

1．目的要求

本实践主要要求读者通过练习以进一步熟悉和掌握宾馆大堂室内顶棚图的绘制方法。通过本实践，可以帮助读者完成宾馆大堂室内顶棚图的整个绘制过程。

2．操作提示

（1）整理平面图。

（2）绘制顶棚造型。

（3）布置灯具。

（4）尺寸、文字及符号的标注。

绘制结果如图 14-24 所示。

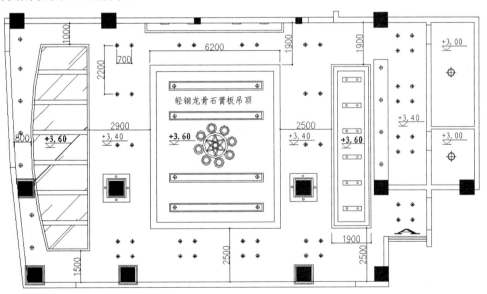

图 14-24　宾馆大堂室内顶棚图

14.3.2　绘制两室两厅户型顶棚图

1．目的要求

本实践主要要求读者通过练习以进一步熟悉和掌握两室两厅户型顶棚图的绘制方法。通过本实践，可以帮助读者完成两室两厅户型顶棚图的整个绘制过程。

2．操作提示

（1）修改室内平面图。

（2）处理被剖切到的家具图案。

（3）顶棚造型。

（4）布置灯具。

（5）标注尺寸。

（6）标注文字、符号。

（7）设置线宽。

绘制结果如图 14-25 所示。

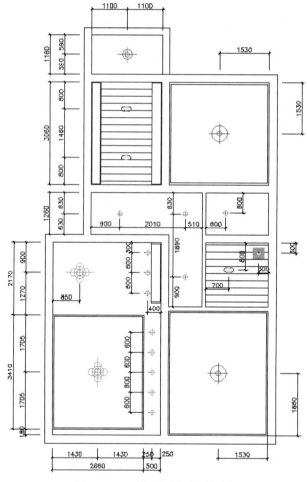

图 14-25　两室两厅户型顶棚图

14.3.3　绘制住宅顶棚布置图

1．目的要求

本实践主要要求读者通过练习以进一步熟悉和掌握住宅顶棚布置图的绘制方法。通过本实践，可以帮助读者完成住宅顶棚布置图的整个绘制过程。

2．操作提示

（1）整理图形。

（2）绘制屋顶。

（3）绘制灯具。

（4）标注尺寸。

（5）标注文字。

绘制结果如图 14-26 所示。

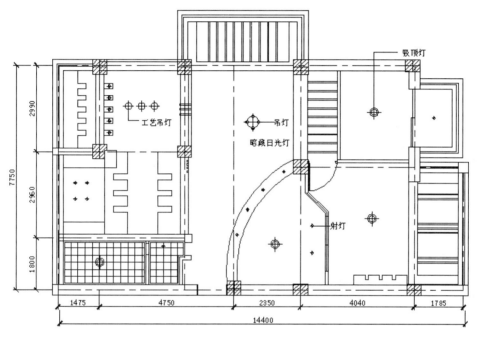

图 14-26　住宅顶棚布置图

14.3.4　绘制广场展示中心顶棚图

1．目的要求

本实践主要要求读者通过练习以进一步熟悉和掌握广场展示中心顶棚图的绘制方法。通过本实践，可以帮助读者完成广场展示中心顶棚图的整个绘制过程。

2．操作提示

（1）整理图形。

（2）绘制顶棚造型。

（3）绘制灯具。

（4）标注尺寸。

（5）标注文字。

绘制结果如图 14-27 所示。

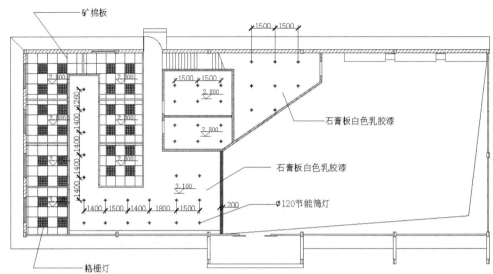

图 14-27 广场展示中心顶棚图

14.3.5 绘制广场展示中心地坪图

1. 目的要求

本实践主要要求读者通过练习以进一步熟悉和掌握广场展示中心地坪图的绘制方法。通过本实践，可以帮助读者完成广场展示中心地坪图的整个绘制过程。

2. 操作提示

（1）整理图形。

（2）绘制地坪图。

（3）标注文字。

绘制结果如图 14-28 所示。

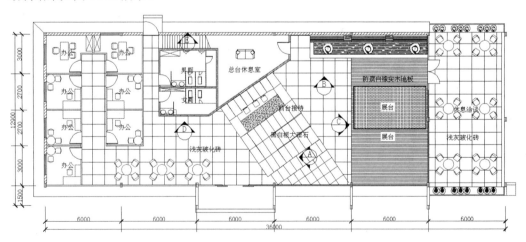

图 14-28 广场展示中心地坪图

第15章

某学院会议中心立面图

以平行于室内墙面的切面将前面部分切去后，剩余部分的正投影图即室内立面图。

本章继续以第13章设计的会议中心室内设计为例，详细讲述以会议中心为代表的大型公共建筑室内设计立面图的绘制过程。

☑ A立面图

☑ B立面图

任务驱动&项目案例

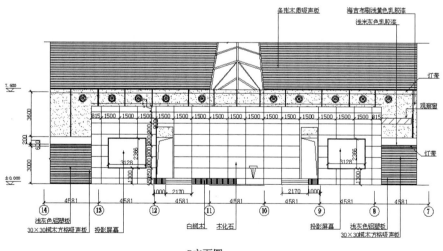

B立面图

15.1　A 立面图

为了符合会议中心的特点，本例室内立面图着重表现庄重典雅、具有文化气息的设计风格，并考虑与室内地面的协调。装饰的重点在于墙面、柱面、玻璃幕墙造型及其交接部位，采用的材料主要为天然石材、木材、不锈钢、玻璃等，如图 15-1 所示。

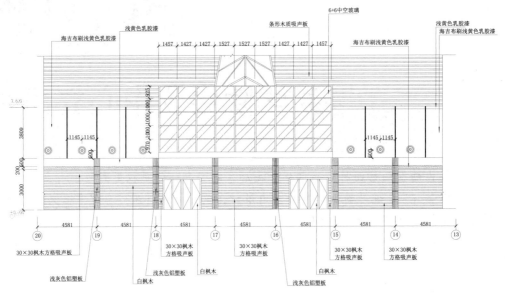

图 15-1　绘制 A 立面图

15.1.1　绘制 A 立面图

视 频 讲 解

对于会议中心 A 立面图的绘制，包括绘制 A 立面图和尺寸标注以及文字说明。

（1）单击"默认"选项卡"绘图"面板中的"直线"按钮，分别绘制一条长为 32067 的水平直线和一条长为 11400 的竖直直线，如图 15-2 所示。

（2）单击"默认"选项卡"修改"面板中的"偏移"按钮，将竖直直线向右偏移，偏移距离分别为 500、4081、4581、4581、4581、4581、4581、3581、1000。选取水平直线向上偏移，偏移距离分别为 3000、200、600、3800、3800。

（3）单击"默认"选项卡"修改"面板中的"修剪"按钮，修剪掉多余线段，结果如图 15-3 所示。

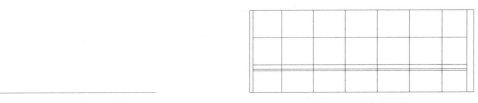

图 15-2　绘制两段直线　　　　　　　　图 15-3　修剪线段

（4）单击"默认"选项卡"修改"面板中的"偏移"按钮，将第 3～8 根竖直直线分别向左右两侧偏移 220，结果如图 15-4 所示。

（5）单击"默认"选项卡"修改"面板中的"修剪"按钮，修剪步骤（4）中的偏移直线，结果如图 15-5 所示。

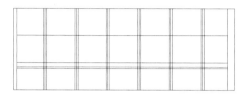
图 15-4　偏移竖直直线

图 15-5　修剪直线

（6）单击"默认"选项卡"修改"面板中的"偏移"按钮，选取最左边竖直直线连续向右偏移，偏移距离分别为 9700、3000、6667、3000，选取底边水平直线向上偏移，偏移距离为 2300，如图 15-6 所示。

（7）单击"默认"选项卡"修改"面板中的"修剪"按钮，修剪偏移后的线段，结果如图 15-7 所示。

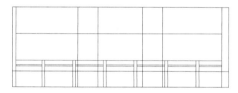
图 15-6　偏移图形

图 15-7　修剪图形

（8）单击"默认"选项卡"修改"面板中的"偏移"按钮，选取步骤（7）中修剪后的竖直直线和水平直线分别向内偏移 100；单击"默认"选项卡"修改"面板中的"修剪"按钮，修剪多余的直线。绘制后的直线如图 15-8 所示。

（9）单击"默认"选项卡"绘图"面板中的"直线"按钮和"多段线"按钮，绘制直线和多段线，如图 15-9 所示。

图 15-8　偏移直线

图 15-9　绘制直线和多段线

（10）单击"默认"选项卡"绘图"面板中的"图案填充"按钮，选择填充图案分别为 ANSI32 和 AR-SAND，并设置图案填充比例分别为 30 和 5。

（11）在绘图区域中依次选择墙面区域作为填充对象，对图形进行图案的填充，如图 15-10 所示。

（12）单击"默认"选项卡"绘图"面板中的"图案填充"按钮，选择填充图案为 JIS_LC_20，并设置图案填充比例为 3，角度为 45°，如图 15-11 所示。

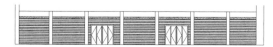
图 15-10　填充图形

图 15-11　填充图形

视频讲解

（13）单击"默认"选项卡"绘图"面板中的"多段线"按钮，指定起点宽度为 10，端点宽度为 10，绘制几段多段线，如图 15-12 所示。

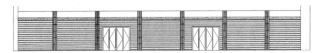

图 15-12　绘制多段线

（14）单击"默认"选项卡"修改"面板中的"删除"按钮，删除最左端和最右端的竖直直线，如图 15-13 所示。

（15）单击"默认"选项卡"修改"面板中的"偏移"按钮，选取最左侧直线连续向右分别偏移 1791、2290、2290、2511、13303、2511、2290、2290，选取底边水平直线向上偏移，偏移距离为 9145，如图 15-14 所示。

图 15-13　删除竖直直线

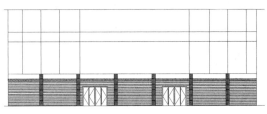

图 15-14　偏移直线

（16）单击"默认"选项卡"修改"面板中的"修剪"按钮，修剪步骤（15）中偏移的直线，如图 15-15 所示。

（17）单击"默认"选项卡"绘图"面板中的"多段线"按钮，指定起点宽度为 60，端点宽度为 60，沿着步骤（16）中偏移的直线绘制多段线，如图 15-16 所示。

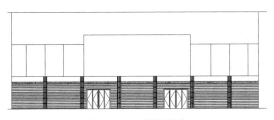

图 15-15　修剪直线

图 15-16　绘制多段线

（18）单击"默认"选项卡"修改"面板中的"偏移"按钮，选取下边水平直线向上偏移，偏移距离分别为 4250、945、50、950、50、950、50、950、50、845。

（19）单击"默认"选项卡"修改"面板中的"偏移"按钮，选取左边竖直直线向右偏移，偏移距离分别为 8982、1357、100、1327、100、1327、100、1427、100、1427、100、1427、100、1327、100、1327、100、1357，如图 15-17 所示。

（20）单击"默认"选项卡"修改"面板中的"修剪"按钮，修剪偏移直线，完成玻璃图形的绘制，如图 15-18 所示。

（21）单击"默认"选项卡"绘图"面板中的"图案填充"按钮，选择填充图案为 ANSI32，并设置图案填充比例为 120，如图 15-19 所示。

（22）单击"默认"选项卡"修改"面板中的"偏移"按钮，选取最上边水平直线，向下偏移，偏移距离为 4000，如图 15-20 所示。

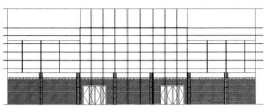

图 15-17　偏移线段

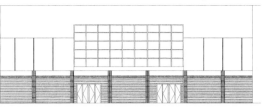

图 15-18　绘制玻璃图形

Note

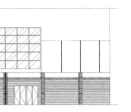

图 15-19　填充玻璃图形

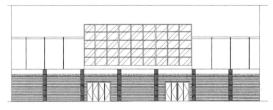

图 15-20　偏移直线

（23）单击"默认"选项卡"绘图"面板中的"图案填充"按钮▨，选择填充图案为 AR-SAND，并设置图案填充比例为 10，如图 15-21 所示。

（24）单击"默认"选项卡"绘图"面板中的"直线"按钮╱和"修改"面板中的"偏移"按钮⊑、"修剪"按钮⅄，完成顶部图形的绘制，如图 15-22 所示。

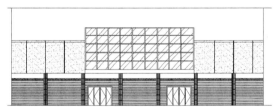

图 15-21　填充图形

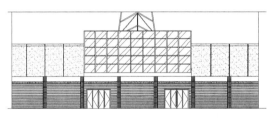

图 15-22　绘制顶部图形

（25）单击"默认"选项卡"绘图"面板中的"图案填充"按钮▨，选择填充图案为 ANSI32，并设置图案填充比例为 30，设置填充角度为 135°，填充图形，如图 15-23 所示。

（26）单击"默认"选项卡"绘图"面板中的"圆"按钮⊙，分别绘制同一圆心，半径分别为 300、240、200、100、60 的圆，如图 15-24 所示。

视频讲解

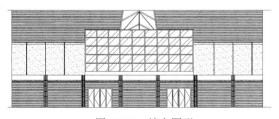

图 15-23　填充图形

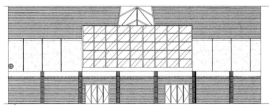

图 15-24　绘制圆形

（27）单击"默认"选项卡"修改"面板中的"复制"按钮⅋，选取步骤（26）中绘制的圆，并以最小圆的圆心为复制基点，复制圆形，如图 15-25 所示。

（28）单击"默认"选项卡"绘图"面板中的"直线"按钮╱和"修改"面板中的"修剪"按钮⅄，绘制折弯线，如图 15-26 所示。

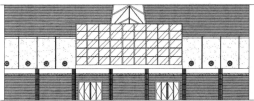

图 15-25　复制圆形

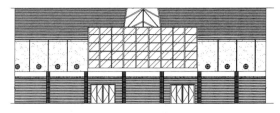

图 15-26　绘制折弯线

15.1.2　尺寸和文字的标注

（1）单击"默认"选项卡"注释"面板中的"标注样式"按钮，打开"标注样式管理器"对话框，单击"新建"按钮，打开"创建新标注样式"对话框，命名为"立面标注"，如图 15-27 所示。

（2）单击"继续"按钮，新建标注样式，相关参数设置如图 15-28～图 15-30 所示。

图 15-27　"创建新标注样式"对话框

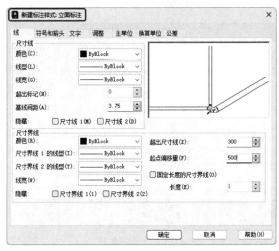

图 15-28　设置尺寸线

图 15-29　设置箭头

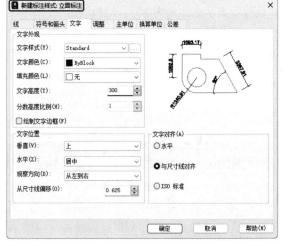

图 15-30　设置文字外观

（3）标注尺寸。

❶ 单击"注释"选项卡"标注"面板中的"线性"按钮和"连续"按钮，标注尺寸，结果

如图 15-31 所示。

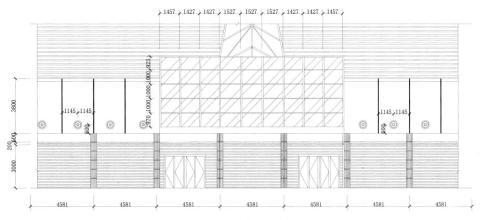

图 15-31　标注尺寸

❷ 单击"默认"选项卡"块"面板"插入"按钮下拉菜单中的"最近使用的块"选项，弹出"块"选项板，插入标高符号，结果如图 15-32 所示。

视频讲解

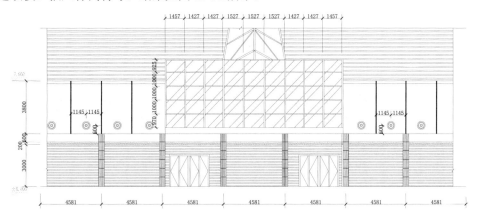

图 15-32　标注标高符号

❸ 利用前面章节讲述的绘制轴号的方法绘制轴号，如图 15-33 所示。

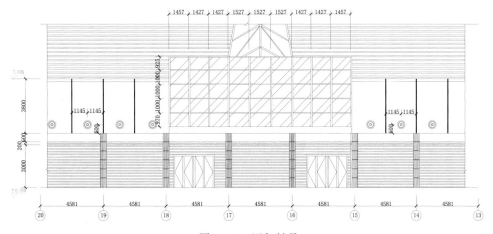

图 15-33　添加轴号

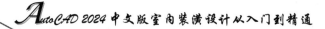

Note

📖 **说明**：处理字样重叠的问题，可以在标注样式中进行相关设置，这样计算机会自动处理，但处理效果有时不太理想；也可以通过单击"标注"工具栏中的"编辑标注文字"按钮 🄰 来调整文字位置，读者可以自行尝试。

（4）文字说明。在命令行中输入QLEADER，标注文字说明，结果如图15-1所示。

✍ **技巧**：在使用AutoCAD时，中、西文字高不等，一直困扰着设计人员，并影响图面质量和美观，若分成几段文字编辑又比较麻烦。通过对AutoCAD字体文件的修改，使中、西文字体协调，扩展了字体功能，并提供了对于道路、桥梁、建筑等专业有用的特殊字符，提供了上下标文字及部分希腊字母的输入。此问题可通过选用大字体并调整字体组合来解决，如gbenor.shx与gbcbig.shx组合，即可得到中英文字一样高的文本，其他组合，用户可根据各专业需要自行调整。

15.2　B立面图

B立面图与A立面图类似，设计的主要理念在于突出会议中心的文化气息以及公共使用的便利性，其基本绘制方法与A立面图类似，如图15-34所示。

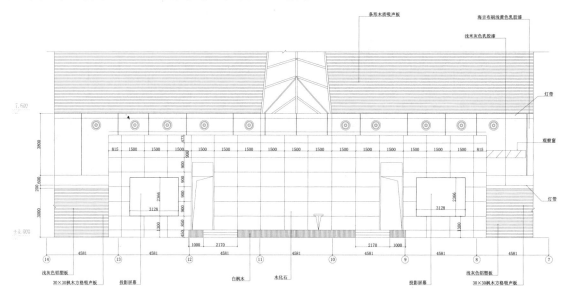

图15-34　绘制B立面图

15.2.1　绘制B立面图

对于会议中心B立面图的绘制，包括绘制B立面图和尺寸标注以及文字说明。

（1）单击"默认"选项卡"绘图"面板中的"直线"按钮 ╱，分别绘制长度为11400的竖直直线和长度为32067的水平轴线，结果如图15-35所示。

（2）单击"默认"选项卡"修改"面板中的"偏移"按钮 ⊑，将左端竖直直线向右偏移，偏移距离分别为500、3460、12065、12065、2977、1000。选取水平直线向上偏移，偏移距离分别为3000、200、600、3800、3800，结果如图15-36所示。

图 15-35　绘制直线

图 15-36　偏移直线

（3）单击"默认"选项卡"修改"面板中的"偏移"按钮，选取底边水平直线向上偏移，偏移距离分别为 450、850、900、900、900、900、900、473，结果如图 15-37 所示。

（4）单击"默认"选项卡"修改"面板中的"修剪"按钮，修剪偏移直线，结果如图 15-38 所示。

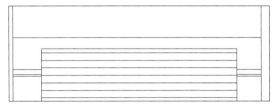

图 15-37　偏移直线

图 15-38　修剪偏移直线

（5）单击"默认"选项卡"修改"面板中的"偏移"按钮，选取修剪后的最左边竖直直线并对其进行偏移，偏移距离分别为 815、1500、1500、1500、1500、1500、1500、1500、1500、1500、1500、1500、1500、1500、1500、1500、815，结果如图 15-39 所示。

（6）单击"默认"选项卡"绘图"面板中的"图案填充"按钮，选择填充图案为 ANSI32，并设置图案填充比例为 20，设置填充角度为 135°，如图 15-40 所示。

视频讲解

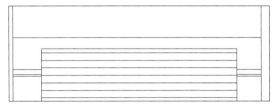

图 15-39　偏移竖直直线

图 15-40　填充图案

（7）单击"默认"选项卡"绘图"面板中的"矩形"按钮，在图形空白区域绘制一个边长为 2500×450 的矩形，结果如图 15-41 所示。

（8）单击"默认"选项卡"绘图"面板中的"直线"按钮，在矩形内绘制几条斜线，如图 15-42 所示。

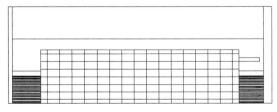

图 15-41　绘制矩形

图 15-42　绘制斜线

（9）单击"默认"选项卡"绘图"面板中的"图案填充"按钮▨，选择填充图案为 AR-SAND，并设置图案填充比例为 10，如图 15-43 所示。

（10）单击"默认"选项卡"绘图"面板中的"多段线"按钮⌐⊃，指定起点宽度为 10，端点宽度为 10，在步骤（9）中绘制的填充区域内绘制几段竖直多段线；单击"默认"选项卡"绘图"面板中的"直线"按钮∕，绘制一条竖直直线，结果如图 15-44 所示。

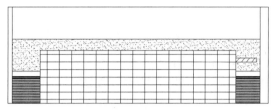

图 15-43　填充图形

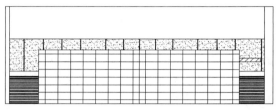

图 15-44　绘制多段线

（11）单击"默认"选项卡"绘图"面板中的"多段线"按钮⌐⊃，指定起点宽度为 10，端点宽度为 10，绘制长为 3128、宽为 2366 的连续多段线，形成一个长方形，结果如图 15-45 所示。

（12）单击"默认"选项卡"修改"面板中的"修剪"按钮⅍，修剪矩形内的多余线段，如图 15-46 所示。

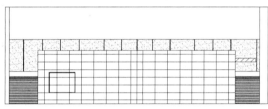

图 15-45　绘制多段线

图 15-46　修剪图形

（13）单击"默认"选项卡"绘图"面板中的"矩形"按钮▭，绘制一个边长为 6929×450 的矩形；单击"默认"选项卡"修改"面板中的"修剪"按钮⅍，修剪矩形内的多余线段，如图 15-47 所示。

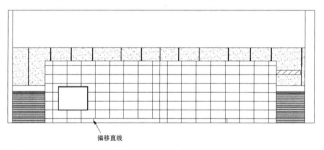

偏移直线

图 15-47　修剪图形

（14）单击"默认"选项卡"修改"面板中的"分解"按钮▱，分解矩形；单击"默认"选项卡"修改"面板中的"偏移"按钮⊏，选取矩形左边竖直直线向右偏移，偏移距离分别为 1000、2170，如图 15-48 所示。

（15）单击"默认"选项卡"修改"面板中的"偏移"按钮⊏，选取矩形上边水平直线向下偏移 150，偏移两次；单击"默认"选项卡"修改"面板中的"修剪"按钮⅍，修剪图形，如图 15-49 所示。

（16）单击"默认"选项卡"绘图"面板中的"图案填充"按钮▨，选择填充图案为 JIS_LC_8A，并设置图案填充比例为 10，设置填充角度为 45°，如图 15-50 所示。

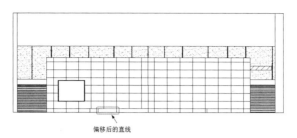

图 15-48 偏移直线

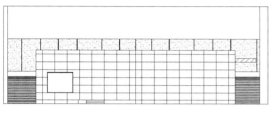

图 15-49 修剪图形

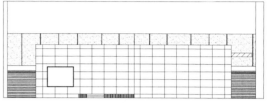

图 15-50 填充图形

（17）单击"默认"选项卡"绘图"面板中的"矩形"按钮▢，绘制一个边长为 1350×4150 的矩形，如图 15-51 所示。

（18）单击"默认"选项卡"修改"面板中的"修剪"按钮✂，修剪掉矩形内的多余线段，如图 15-52 所示。

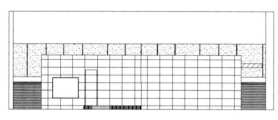

图 15-51 绘制矩形

图 15-52 修剪图形

（19）单击"默认"选项卡"绘图"面板中的"直线"按钮╱，在步骤（18）中绘制的矩形内绘制连续线段，如图 15-53 所示。

（20）单击"默认"选项卡"绘图"面板中的"图案填充"按钮▨，选择填充图案为 AR-SAND，并设置图案填充比例为 10，设置填充角度为 0°，填充图形，如图 15-54 所示。

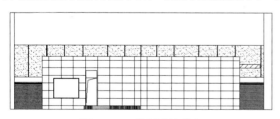

图 15-53 绘制连续线段

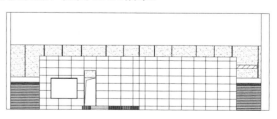

图 15-54 填充图形

（21）单击"默认"选项卡"修改"面板中的"镜像"按钮△，选取步骤（20）中绘制的图形，将绘制的垂直直线上端点作为镜像线第一点，竖直直线下端点作为镜像线第二点进行镜像。

（22）单击"默认"选项卡"修改"面板中的"修剪"按钮✂和"删除"按钮✎，对图形进行整理，如图 15-55 所示。

（23）单击"默认"选项卡"修改"面板中的"偏移"按钮⊟，选取最上边水平直线向下偏移，

视 频 讲 解

偏移距离分别为 4100 和 827；单击"默认"选项卡"修改"面板中的"修剪"按钮，修剪偏移直线，如图 15-56 所示。

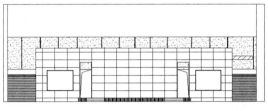

图 15-55　整理图形

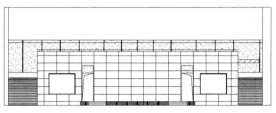

图 15-56　修剪偏移直线

（24）单击"默认"选项卡"绘图"面板中的"圆"按钮，分别绘制半径为 300、240、200、100、60 的同心圆，如图 15-57 所示。

（25）单击"默认"选项卡"修改"面板中的"复制"按钮，复制步骤（24）中绘制的圆，如图 15-58 所示。

图 15-57　绘制圆形

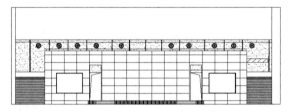

图 15-58　复制圆形

（26）单击"默认"选项卡"绘图"面板中的"直线"按钮，绘制连续线段；单击"默认"选项卡"修改"面板中的"修剪"按钮，修剪线段，如图 15-59 所示。

（27）单击"默认"选项卡"绘图"面板中的"图案填充"按钮，选择填充图案为 ANSI32，并设置图案填充比例为 20，设置填充角度为 135°，填充图形，如图 15-60 所示。

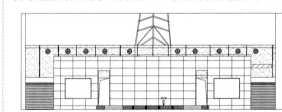

图 15-59　绘制连续线段

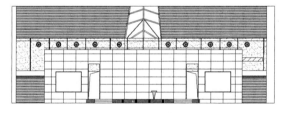

图 15-60　填充图形

（28）单击"默认"选项卡"绘图"面板中的"直线"按钮和"修改"面板中的"修剪"按钮，绘制折弯线；单击"默认"选项卡"修改"面板中的"删除"按钮，删除左右两侧竖直线段，如图 15-61 所示。

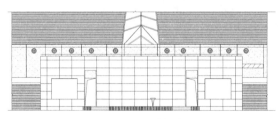

图 15-61　绘制折弯线

15.2.2　尺寸和文字的标注

1. 标注尺寸

（1）单击"默认"选项卡"注释"面板中的"标注样式"按钮，打开"标注样式管理器"对话框，单击"新建"按钮，打开"创建新标注样式"对话框，命名为"立面标注"。

（2）单击"继续"按钮，编辑标注样式，在"线"选项卡中设置"超出尺寸线"为 50，"起点偏移量"为 50；在"符号和箭头"选项卡中设置箭头样式为"建筑标记"，"箭头大小"为 50；在"文字"选项卡中设置"文字高度"为 200。

（3）单击"注释"选项卡"标注"面板中的"线性"按钮和"连续"按钮，标注尺寸，结果如图 15-62 所示。

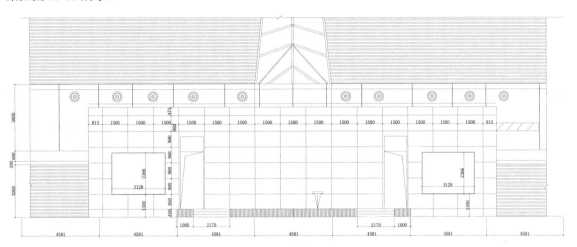

图 15-62　标注尺寸

（4）单击"默认"选项卡"块"面板"插入"按钮下拉菜单中的"最近使用的块"选项，插入标高符号，结果如图 15-63 所示。

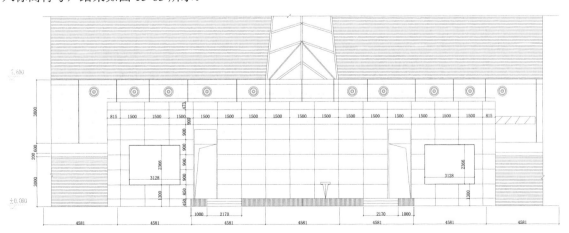

图 15-63　标注标高符号

（5）利用前面章节讲述绘制轴号的方法绘制轴号，如图 15-64 所示。

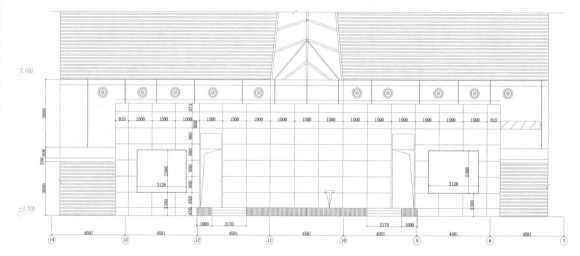

图 15-64　添加轴号

2．标注文字说明

（1）单击"默认"选项卡"注释"面板中的"文字样式"按钮 **A**，弹出"文字样式"对话框，新建"说明"文字样式，设置高度为 150，并将其置为当前。

（2）在命令行中输入 QLEADER，标注文字说明，结果如图 15-34 所示。

（3）利用上述方法绘制 C 立面图，如图 15-65 所示，这里不再赘述。

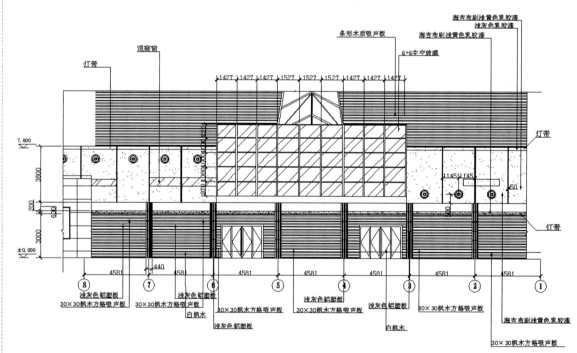

图 15-65　C 立面图

（4）利用上述方法绘制某学院会议中心 D 立面图，如图 15-66 所示，这里不再赘述。

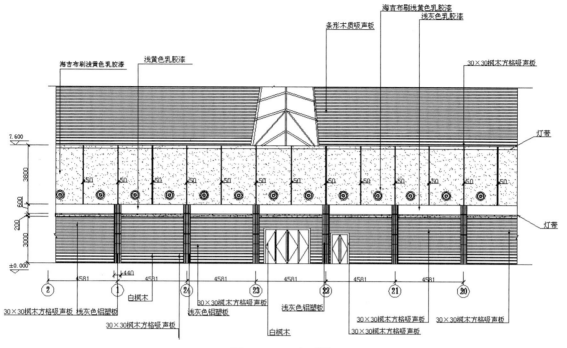

图 15-66　D 立面图

15.3　操作与实践

通过前面的学习，读者对本章讲解的知识应该有了大体的了解，本节通过操作实践使读者进一步掌握本章知识要点。

15.3.1　绘制书房立面图

1．目的要求

本实践主要要求读者通过练习以进一步熟悉和掌握立面图的绘制方法。通过本实践，可以帮助读者完成书房立面图绘制的全过程。

2．操作提示

（1）绘图前准备。

（2）绘制立面图。

（3）绘制图书装饰。

（4）标注尺寸。

（5）标注文字。

Note

绘制结果如图 15-67 所示。

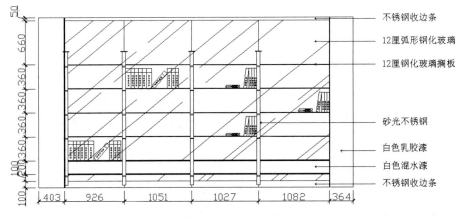

图 15-67　书房立面图

15.3.2　绘制宾馆客房室内立面图

1．目的要求

本实践主要要求读者通过练习以进一步熟悉和掌握立面图的绘制方法。通过本实践，可以帮助读者完成宾馆客房室内立面图绘制的全过程。

2．操作提示

（1）绘图前准备。

（2）绘制轴线和墙线。

（3）绘制装饰。

（4）标注尺寸和文字。

绘制结果如图 15-68 所示。

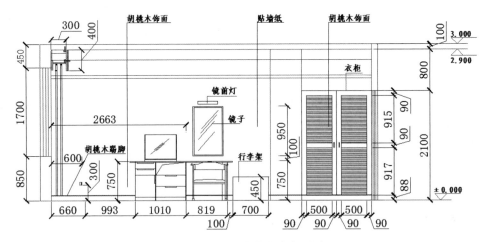

图 15-68　宾馆客房室内立面图

15.3.3　绘制宾馆大堂室内立面图

1．目的要求

　　本实践主要要求读者通过练习以进一步熟悉和掌握立面图的绘制方法。通过本实践，可以帮助读者完成宾馆大堂室内立面图绘制的全过程。

2．操作提示

　　（1）绘图前准备。

　　（2）绘制轴线和墙线。

　　（3）绘制装饰。

　　（4）标注尺寸和文字。

绘制结果如图 15-69 所示。

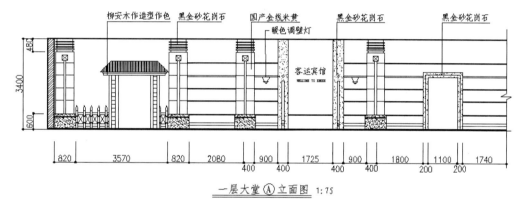

图 15-69　宾馆大堂室内立面图

15.3.4　绘制两室两厅户型立面图

1．目的要求

　　本实践主要要求读者通过练习以进一步熟悉和掌握立面图的绘制方法。通过本实践，可以帮助读者完成两室两厅户型立面图绘制的全过程。

2．操作提示

　　（1）绘制轮廓。

　　（2）绘制博古架立面。

　　（3）绘制电视柜立面。

　　（4）布置吊顶立面筒灯。

　　（5）绘制窗帘。

　　（6）调整图形比例。

　　（7）标注尺寸。

　　（8）标注标高。

　　（9）文字说明。

　　（10）标注其他符号。

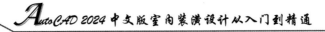

绘制结果如图15-70所示。

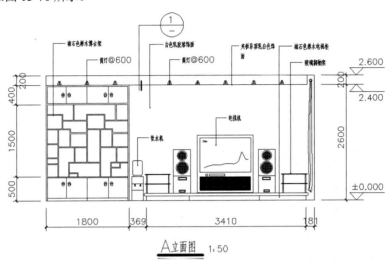

图15-70 两室两厅户型立面图

某学院会议中心剖面图

剖面图是指用一剖切面将建筑物的某一位置剖开，移去一侧后，剩下的一侧沿剖视方向的正投影图。

本章继续以第 13 章介绍的会议中心室内设计为例，详细讲述以会议中心为代表的大型公共建筑室内设计剖面图的绘制过程。

- ☑ 绘制会议中心剖面图
- ☑ 标注会议中心剖面图

任务驱动&项目案例

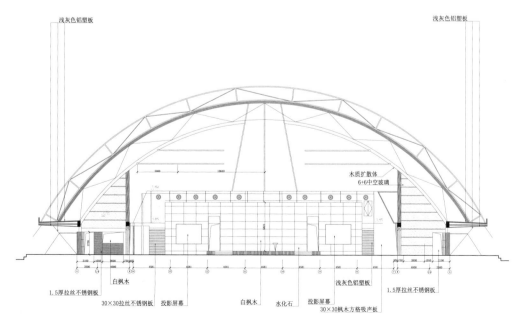

16.1　会议中心剖面图的绘制

首先在会议中心 B 立面图的基础上整理相关图线，增加室内相关剖切结构，添加穹形屋顶的剖切结构，并标注文字和尺寸，完成整个剖面图的绘制，如图 16-1 所示。

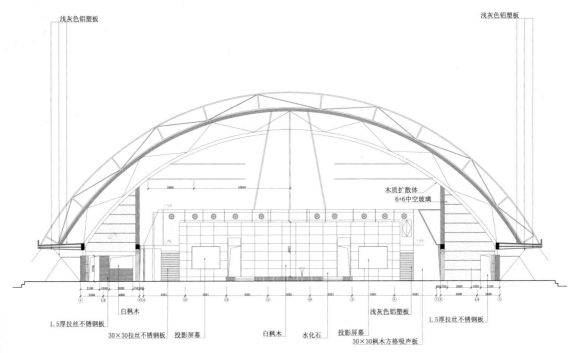

图 16-1　绘制某学院会议中心剖面图

16.1.1　绘制会议中心剖面图

（1）单击快速访问工具栏中的"打开"按钮，打开第 15 章绘制的会议中心 B 立面图。单击"默认"选项卡"修改"面板中的"删除"按钮，对图形进行整理，如图 16-2 所示。

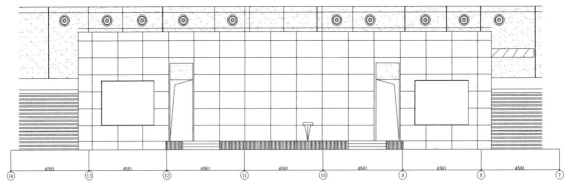

图 16-2　整理 B 立面图

（2）单击"默认"选项卡"绘图"面板中的"直线"按钮 ✐，补充部分图形，然后单击"默认"选项卡"修改"面板中的"修剪"按钮 ✂，修剪掉多余线段，如图 16-3 所示。

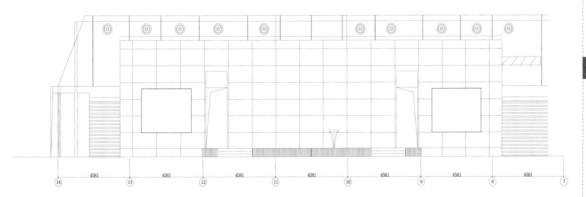

图 16-3　绘制图形

（3）单击"默认"选项卡"绘图"面板中的"图案填充"按钮 ▨，选择填充图案为 NET，并设置图案填充比例为 40，设置填充角度为 0°，填充效果如图 16-4 所示。

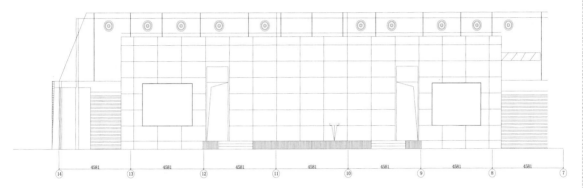

图 16-4　填充图形

（4）单击"默认"选项卡"修改"面板中的"删除"按钮 ✎，将右侧的填充矩形删除，如图 16-5 所示。

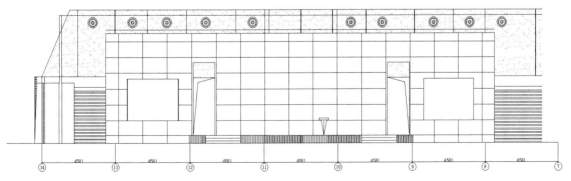

图 16-5　删除填充矩形

（5）单击"默认"选项卡"绘图"面板中的"矩形"按钮 ❑，绘制一个边长为 1006×1791 的矩

Note

视频讲解

形，并整理图形，结果如图 16-6 所示。

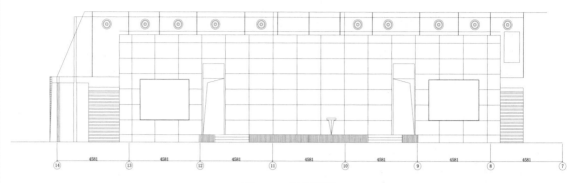

图 16-6　绘制矩形

（6）单击"默认"选项卡"绘图"面板中的"直线"按钮/，在矩形内绘制多条直线，如图 16-7 所示。

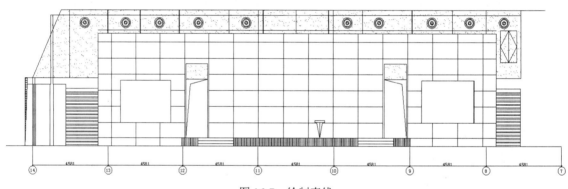

图 16-7　绘制直线

（7）单击"默认"选项卡"绘图"面板中的"矩形"按钮囗，绘制一个边长为 450×500 的矩形，如图 16-8 所示。

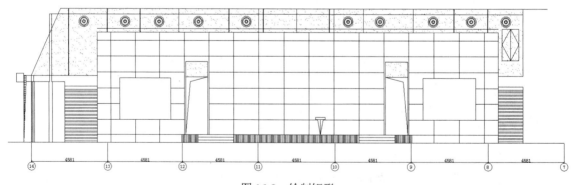

图 16-8　绘制矩形

（8）单击"默认"选项卡"绘图"面板中的"图案填充"按钮Ⓟ，选择填充图案为 SOLID，填充后效果如图 16-9 所示。

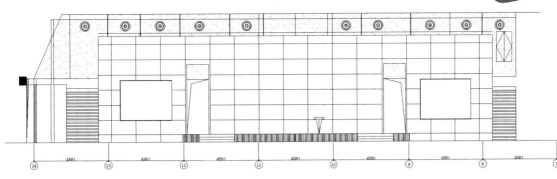

图 16-9 填充矩形

（9）单击"默认"选项卡"绘图"面板中的"矩形"按钮 ⬜，在填充矩形的下方绘制一个边长为 450×450 的矩形。

（10）单击"默认"选项卡"修改"面板中的"偏移"按钮 ⬜，将矩形向内偏移 100。

（11）单击"默认"选项卡"绘图"面板中的"直线"按钮 ／，绘制矩形的对角线，并在矩形的上方和下方绘制多条竖直线，结果如图 16-10 所示。

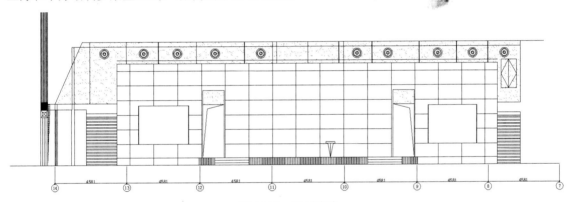

图 16-10 绘制直线

（12）利用相同的方法绘制右侧图形，如图 16-11 所示。

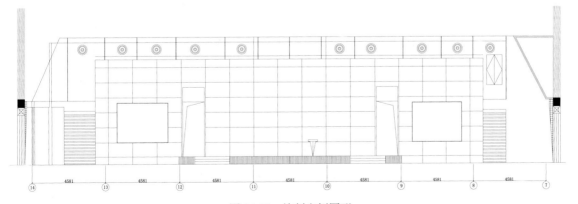

视频讲解

图 16-11 绘制右侧图形

（13）单击"默认"选项卡"绘图"面板中的"直线"按钮 ／，向左侧绘制一条长为 6500 的水平直线，如图 16-12 所示。

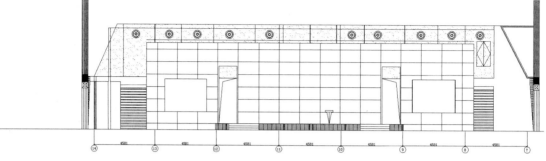

图 16-12　绘制水平直线

（14）单击"默认"选项卡"修改"面板中的"偏移"按钮，偏移步骤（13）中绘制的水平直线，偏移距离分别设置为 2720、450、945、50、945、50、945、50、945、50、945、50、945、50，如图 16-13 所示。

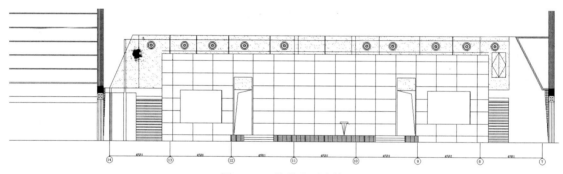

图 16-13　偏移水平直线

（15）单击"默认"选项卡"绘图"面板中的"直线"按钮，在底部绘制一条垂直直线，如图 16-14 所示。

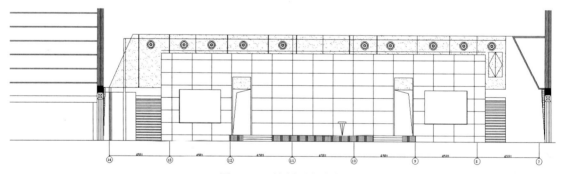

图 16-14　绘制垂直直线

（16）单击"默认"选项卡"修改"面板中的"偏移"按钮，选择步骤（15）中绘制的直线向左偏移，偏移距离分别设置为 2600、1050、1200、900，如图 16-15 所示。

（17）单击"默认"选项卡"绘图"面板中的"直线"按钮，绘制内部图形，如图 16-16 所示。

（18）单击"默认"选项卡"修改"面板中的"修剪"按钮，修剪掉多余直线，如图 16-17 所示。

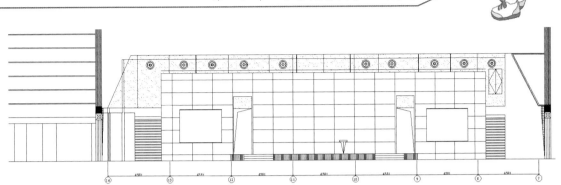

图 16-15　偏移垂直直线

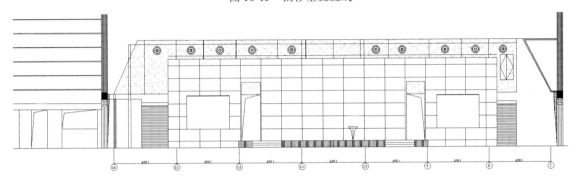

图 16-16　绘制内部直线

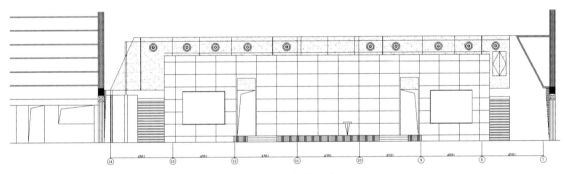

图 16-17　修剪直线

（19）单击"默认"选项卡"绘图"面板中的"图案填充"按钮，选择填充图案为 ANSI32，并设置图案填充比例为 10，设置填充角度为 135°，填充效果如图 16-18 所示。

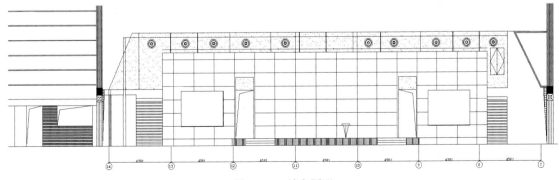

图 16-18　填充图形

（20）单击"默认"选项卡"绘图"面板中的"直线"按钮／，继续绘制内部图形，如图 16-19 所示。

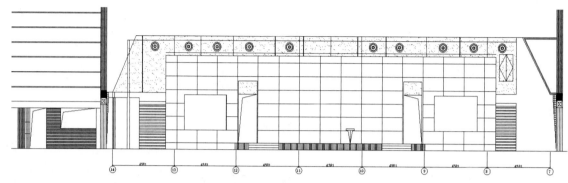

图 16-19　绘制内部图形

（21）单击"默认"选项卡"绘图"面板中的"直线"按钮／和"修改"面板中的"偏移"按钮 ⊑、"修剪"按钮 ▼，绘制左侧剩余图形，如图 16-20 所示。

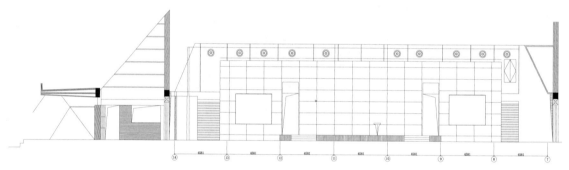

图 16-20　绘制左侧剩余图形

（22）利用上述方法绘制右侧图形，如图 16-21 所示。

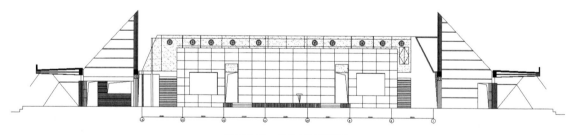

图 16-21　绘制右侧图形

（23）单击"默认"选项卡"绘图"面板中的"多段线"按钮 ⌐⌐⊃，绘制地平线，如图 16-22 所示。

（24）单击"默认"选项卡"绘图"面板中的"圆弧"按钮 ／，绘制几段圆弧，如图 16-23 所示。

（25）单击"默认"选项卡"绘图"面板中的"直线"按钮／，绘制出若干条斜向直线，如图 16-24 所示。

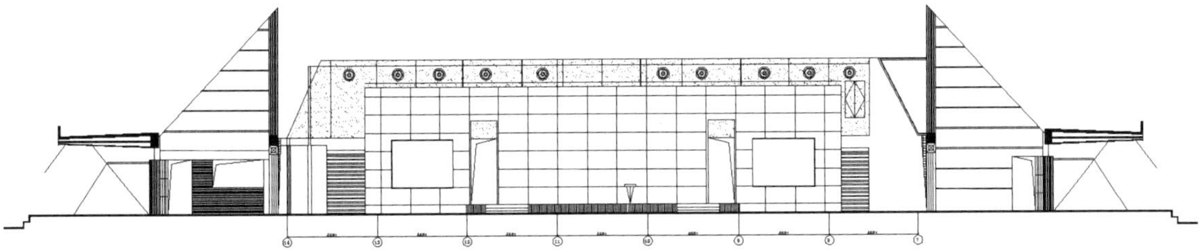

图 16-22　绘制地平线

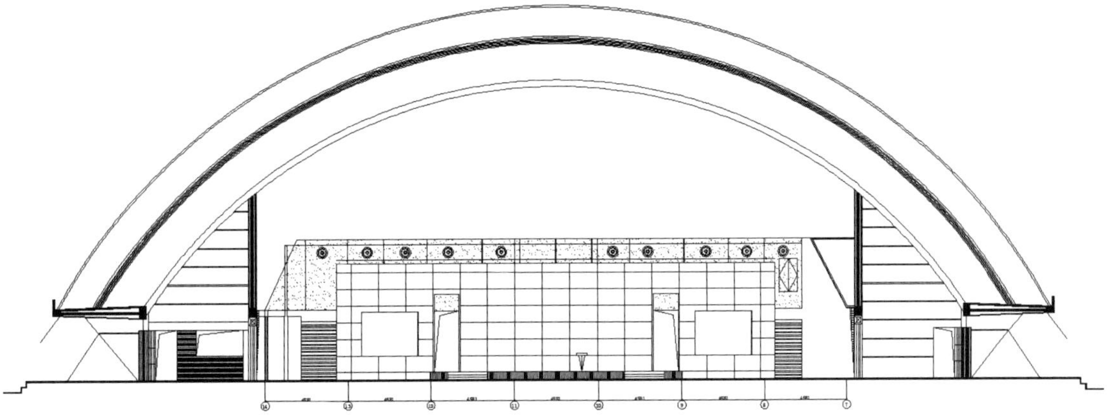

图 16-23　绘制圆弧

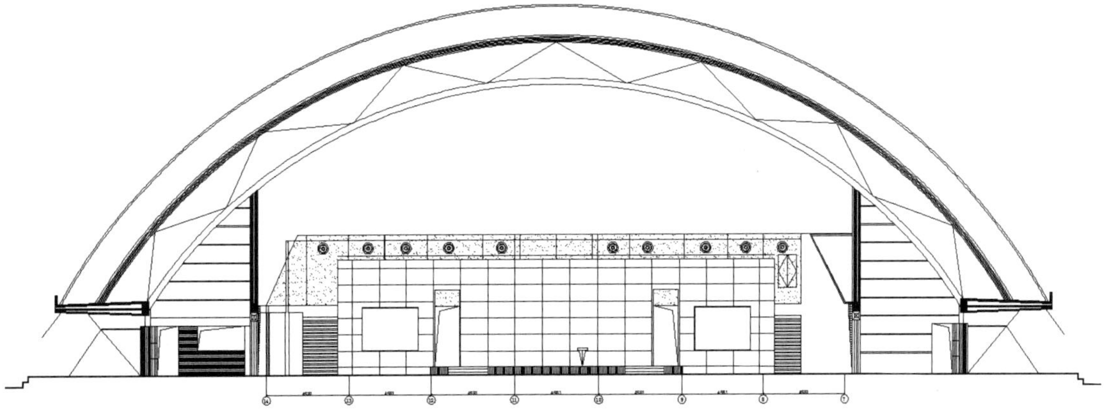

图 16-24　绘制斜向直线

（26）单击"默认"选项卡"绘图"面板中的"直线"按钮╱，绘制多条竖直直线；单击"默认"选项卡"修改"面板中的"偏移"按钮⊑，选择绘制的竖直直线分别向内偏移 100；单击"默认"选项卡"修改"面板中的"修剪"按钮┣，修剪掉多余线段，如图 16-25 所示。

（27）单击"默认"选项卡"绘图"面板中的"直线"按钮╱，在步骤（26）中偏移竖直直线组成的矩形方格内绘制斜向直线；单击"默认"选项卡"修改"面板中的"偏移"按钮⊑，选取绘制的斜向直线分别向两侧偏移 25；单击"默认"选项卡"修改"面板中的"删除"按钮✍，删除原始斜向直线；单击"默认"选项卡"修改"面板中的"修剪"按钮┣，修剪过长线段，如图 16-26 所示。

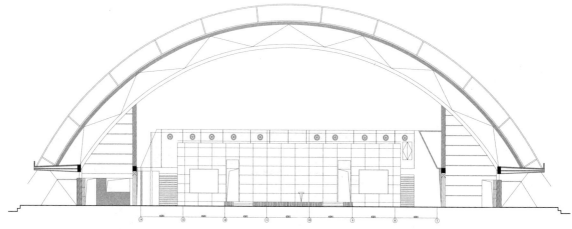

图 16-25　绘制竖直直线

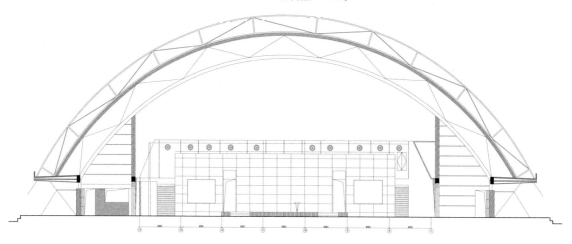

图 16-26　修剪图形

（28）单击"默认"选项卡"绘图"面板中的"图案填充"按钮，选择填充图案为 AR-SAND，并设置图案填充比例为 5，设置填充角度为 0°，填充效果如图 16-27 所示。

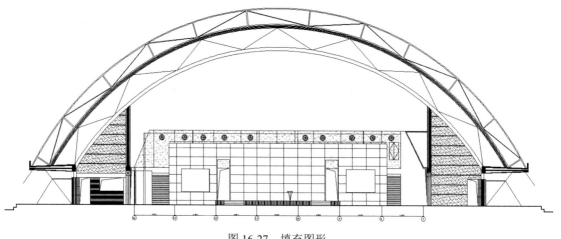

图 16-27　填充图形

（29）单击"默认"选项卡"绘图"面板中的"直线"按钮／和"修改"面板中的"修剪"按钮，绘制剩余图形，如图 16-28 所示。

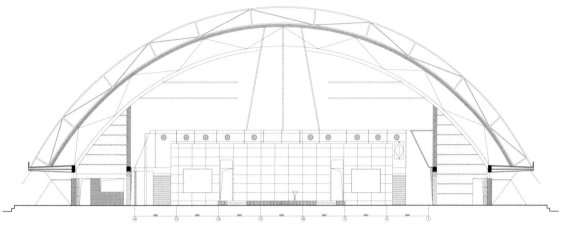

图 16-28 绘制剩余图形

16.1.2 标注会议中心剖面图

1. 标注尺寸

（1）单击"默认"选项卡"注释"面板中的"标注样式"按钮，弹出"标注样式管理器"对话框，新建"详图"标注样式。

（2）在"线"选项卡中设置"超出尺寸线"为 200，"起点偏移量"为 100；在"符号和箭头"选项卡中设置箭头符号为"建筑标记"，"箭头大小"为 200；在"文字"选项卡中设置"文字高度"为 250；在"主单位"选项卡中设置"精度"为 0，小数分割符为"句点"。

（3）单击"注释"选项卡"标注"面板中的"线性"按钮和"连续"按钮，标注详图尺寸，如图 16-29 所示。

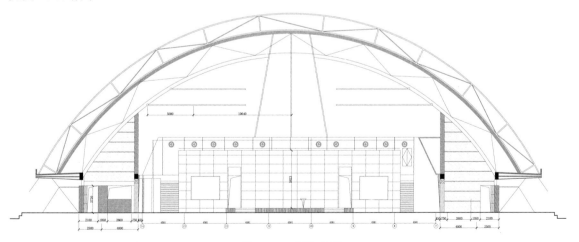

图 16-29 标注图形

（4）单击"默认"选项卡"修改"面板中的"复制"按钮，复制图形中的轴号到指定位置。双击并修改轴号内文字，如图 16-30 所示。

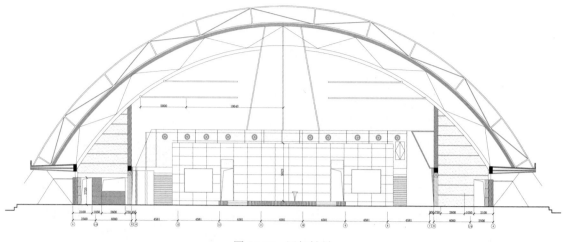

图 16-30　添加轴号

（5）单击"默认"选项卡"块"面板"插入"按钮下拉菜单中的"最近使用的块"选项，弹出"块"选项板，插入标高符号，结果如图 16-31 所示。

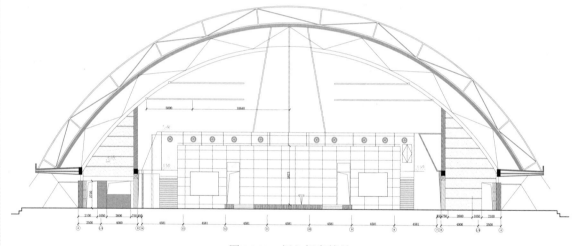

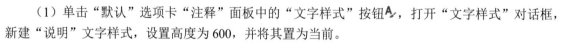

图 16-31　插入标高符号

2. 标注文字说明

（1）单击"默认"选项卡"注释"面板中的"文字样式"按钮A，打开"文字样式"对话框，新建"说明"文字样式，设置高度为 600，并将其置为当前。

（2）在命令行中输入 QLEADER，标注文字说明，结果如图 16-1 所示。

16.2　操作与实践

通过前面的学习，读者对本章知识有了大体的了解，本节通过一个操作练习使读者进一步掌握本章知识要点。

绘制董事长室 A 剖面图

1. 目的要求

本实践主要要求读者通过练习以进一步熟悉和掌握剖面图的绘制方法。通过本实践，可以帮助读者完成董事长室 A 剖面图的整个绘制过程。

2. 操作提示

（1）绘制剖面图形。

（2）绘制折线。

（3）标注尺寸及文字。

绘制结果如图 16-32 所示。

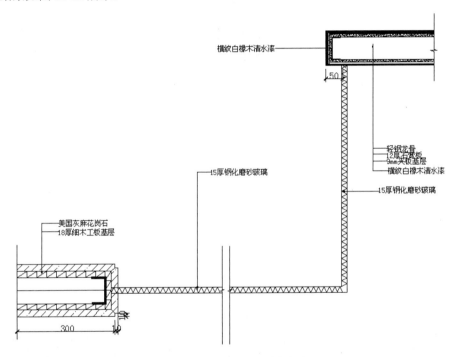

图 16-32　董事长室 A 剖面图

书 目 推 荐

  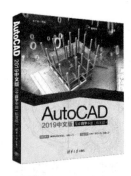

 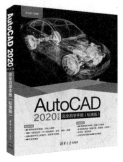 

◎ 面向初学者，分为标准版、CAXA、UG、SOLIDWORKS、Creo 等不同方向。

◎ 提供 AutoCAD、UG 命令合集，工程师案头常备的工具书。根据功能用途分类，即时查询，快速方便。

◎ 资深 3D 打印工程师工作经验总结，产品造型与 3D 打印实操手册。

◎ 选材+建模+打印+处理，快速掌握 3D 打印全过程。

◎ 涵盖小家电、电子、电器、机械装备、航空器材等各类综合案例。